高职高专计算机任务驱动模式教材

软件工程与UML项目化实用教程

刘振华　王晓蓓　编　著

清华大学出版社
北　京

内容简介

本书从实用的角度出发，通过一个案例项目"新闻发布系统"的开发过程来引领学习过程，进行教学内容的整合。通过引导学生完成一系列工作任务来实现本课程的学习目标，重点培养学生运用所学知识解决实际问题的能力。实现了项目导向、任务驱动、理论与实践教、学、做一体化。本书注重内容的先进性和系统性，注重实际应用。本书内容包括：软件工程概述、认识统一建模语言、新闻发布系统可行性研究与软件开发计划、需求分析与建模、概要设计、详细设计、编码的实现、软件的测试、项目的发布与维护，软件项目管理等。每章都有同步习题。

本书内容适量，难度适中，既可作为高职高专院校计算机类相关专业学生的教材，也可供应用型本科、软件工程师、软件项目管理人员和软件开发人员使用。

本书封面贴有清华大学出版社防伪标签，无标签者不得销售。

版权所有，侵权必究。侵权举报电话：010-62782989　13701121933

图书在版编目(CIP)数据

软件工程与UML项目化实用教程/刘振华，王晓蓓编著. --北京：清华大学出版社，2016(2018.8重印)

高职高专计算机任务驱动模式教材

ISBN 978-7-302-41977-8

Ⅰ. ①软…　Ⅱ. ①刘…　②王…　Ⅲ. ①软件工程—高等职业教育—教材　②面向对象语言—程序设计—高等职业教育—教材　Ⅳ. ①TP311.5　②TP312

中国版本图书馆CIP数据核字(2015)第263218号

责任编辑：张龙卿
封面设计：徐日强
责任校对：李　梅
责任印制：刘祎淼

出版发行：清华大学出版社
　　网　　址：http://www.tup.com.cn，http://www.wqbook.com
　　地　　址：北京清华大学学研大厦A座　　**邮　　编**：100084
　　社 总 机：010-62770175　　**邮　　购**：010-62786544
　　投稿与读者服务：010-62776969，c-service@tup.tsinghua.edu.cn
　　质 量 反 馈：010-62772015，zhiliang@tup.tsinghua.edu.cn
　　课 件 下 载：http://www.tup.com.cn，010-62795764
印 装 者：三河市少明印务有限公司
经　　销：全国新华书店
开　　本：185mm×260mm　　**印　　张**：15.25　　**字　　数**：348千字
版　　次：2016年3月第1版　　**印　　次**：2018年8月第5次印刷
印　　数：7001～9000
定　　价：34.00元

产品编号：060818-01

编审委员会

主　　任： 杨　云

主任委员：（排名不分先后）

张亦辉　高爱国　徐洪祥　许文宪　薛振清　刘　学　刘文娟

窦家勇　刘德强　崔玉礼　满昌勇　李跃田　刘晓飞　李　满

徐晓雁　张金帮　赵月坤　国　锋　杨文虎　张玉芳　师以贺

张守忠　孙秀红　徐　健　盖晓燕　孟宪宁　张　晖　李芳玲

曲万里　郭嘉喜　杨　忠　徐希炜　齐现伟　彭丽英　康志辉

委　　员：（排名不分先后）

张　磊　陈　双　朱丽兰　郭　娟　丁喜纲　朱宪花　魏俊博

孟春艳　于翠媛　邱春民　李兴福　刘振华　朱玉业　王艳娟

郭　龙　殷广丽　姜晓刚　单　杰　郑　伟　姚丽娟　郭纪良

赵爱美　赵国玲　赵华丽　刘　文　尹秀兰　李春辉　刘　静

周晓宏　刘敬贤　崔学鹏　刘洪海　徐　莉　高　静　孙丽娜

秘 书 长： 陈守森　平　寒　张龙卿

出版说明

我国高职高专教育经过近十年的发展，已经转向深度教学改革阶段。教育部 2006 年 12 月发布了教高〔2006〕第 16 号文件“关于全面提高高等职业教育教学质量的若干意见”，大力推行工学结合，突出实践能力培养，全面提高高职高专教学质量。

清华大学出版社作为国内大学出版社的领跑者，为了进一步推动高职高专计算机专业教材的建设工作，适应高职高专院校计算机类人才培养的发展趋势，根据教高〔2006〕第 16 号文件的精神，2007 年秋季开始了切合新一轮教学改革的教材建设工作。该系列教材一经推出，就得到了很多高职院校的认可和选用，其中部分书籍的销售量都超过了 3 万册。现重新组织优秀作者对部分图书进行改版，并增加了一些新的图书品种。

目前国内高职高专院校计算机网络与软件专业的教材品种繁多，但符合国家计算机网络与软件技术专业领域技能型紧缺人才培养培训方案，并符合企业的实际需要，能够自成体系的教材还不多。

我们组织国内对计算机网络和软件人才培养模式有研究并且有过一段实践经验的高职高专院校，进行了较长时间的研讨和调研，遴选出一批富有工程实践经验和教学经验的双师型教师，合力编写了这套适用于高职高专计算机网络、软件专业的教材。

本套教材的编写方法是以任务驱动、案例教学为核心，以项目开发为主线。我们研究分析了国内外先进职业教育的培训模式、教学方法和教材特色，消化吸收优秀的经验和成果。以培养技术应用型人才为目标，以企业对人才的需要为依据，把软件工程和项目管理的思想完全融入教材体系，将基本技能培养和主流技术相结合，课程设置中重点突出、主辅分明、结构合理、衔接紧凑。教材侧重培养学生的实战操作能力，学、思、练相结合，旨在通过项目实践，增强学生的职业能力，使知识从书本中释放并转化为专业技能。

一、教材编写思想

本套教材以案例为中心，以技能培养为目标，围绕开发项目所用到的知识点进行讲解，对某些知识点附上相关的例题，以帮助读者理解，进而将知识转变为技能。

考虑到是以“项目设计”为核心组织教学，所以在每一学期配有相应的实训课程及项目开发手册，要求学生在教师的指导下，能整合本学期所学的知识内容，相互协作，综合应用该学期的知识进行项目开发。同时在教材中采用了大量的案例，这些案例紧密地结合教材中的各个知识点，循序渐进，由浅入深，在整体上体现了内容主导、实例解析、以点带面的模式，配合课程后期以项目设计贯穿教学内容的教学模式。

软件开发技术具有种类繁多、更新速度快的特点。本套教材在介绍软件开发主流技术的同时，帮助学生建立软件相关技术的横向及纵向的关系，培养学生综合应用所学知识的能力。

二、丛书特色

本系列教材体现目前工学结合的教改思想，充分结合教改现状，突出项目面向教学和任务驱动模式教学改革成果，打造立体化精品教材。

(1) 参照和吸纳国内外优秀计算机网络、软件专业教材的编写思想，采用本土化的实际项目或者任务，以保证其有更强的实用性，并与理论内容有很强的关联性。

(2) 准确把握高职高专软件专业人才的培养目标和特点。

(3) 充分调查研究国内软件企业，确定了基于Java和.NET的两个主流技术路线，再将其组合成相应的课程链。

(4) 教材通过一个个的教学任务或者教学项目，在做中学，在学中做，以及边学边做，重点突出技能培养。在突出技能培养的同时，还介绍解决思路和方法，培养学生未来在就业岗位上的终身学习能力。

(5) 借鉴或采用项目驱动的教学方法和考核制度，突出计算机网络、软件人才培训的先进性、工具性、实践性和应用性。

(6) 以案例为中心，以能力培养为目标，并以实际工作的例子引入概念，符合学生的认知规律。语言简洁明了、清晰易懂，更具人性化。

(7) 符合国家计算机网络、软件人才的培养目标；采用引入知识点、讲述知识点、强化知识点、应用知识点、综合知识点的模式，由浅入深地展开对技术内容的讲述。

(8) 为了便于教师授课和学生学习，清华大学出版社正在建设本套教材的教学服务资源。清华大学出版社网站(www.tup.com.cn)免费提供教材的电子课件、案例库等资源。

高职高专教育正处于新一轮教学深度改革时期，从专业设置、课程体系建设到教材建设依然是新课题。希望各高职高专院校在教学实践中积极提出意见和建议，并及时反馈给我们。清华大学出版社将对已出版的教材不断地修订、完善，提高教材质量，完善教材服务体系，为我国的高职高专教育继续出版优秀的高质量的教材。

清华大学出版社

高职高专计算机任务驱动模式教材编审委员会

2014年3月

前　言

"软件工程"是计算机软件、计算机应用等相关专业的一门理论与实践并重的专业技术课程，是学生学习软件开发和维护的基本方法、基本技术，掌握软件项目开发规范的工程类课程。

传统的软件工程教材，教学内容庞杂、抽象，教学实践环节薄弱，教学实施方面存在较大的难度，不适合高职院校的学生使用。本书是编者在总结近几年教学经验的基础上，根据高职教育的职业性、实践性和先进性的要求进行编写的。以案例项目"新闻发布系统"为例，按照"可行性研究—需求分析—概要设计—详细设计—编码实现—测试—发布与维护—项目管理"这样一个项目开发过程展开教学过程。把该项目自始至终将设计开发过程的文档展现出来，对涉及的知识和技术进行了说明。将软件项目开发实践与软件工程理论自然地融为一体，将面向对象方法与传统方法融为一体。学生通过学习可以了解软件项目开发和维护的一般过程和项目开发规范，掌握结构化方法和面向对象方法等软件开发方法，能够规范地开发、维护软件，规范地编写软件工程文档资料，具备应用所学知识解决实际问题的实践能力，能够参与中小型规模软件的需求调研、设计、编码实现、测试和维护，为以后更深入地学习和从事软件工程实践打下良好的基础。

本书将"新闻发布系统"项目分解为若干项任务，每项任务又划分为若干项典型子任务。使学生在完成每项任务的过程中完成相关知识点和技术的学习，让学生带着问题学习，用解决实际问题的过程驱动学习过程，减少学习的盲目性，提高学习效率。

根据高等职业教育培养高级技能型人才的要求，本书适当削减了理论叙述方面的内容，增加了一些简单、易于理解的实例。这些实例与贯穿全书的案例项目"新闻发布系统"相辅相成，共同使抽象的理论变得形象、具体、直观，更利于学生学习、理解和掌握。

本书的特点如下。

(1) 案例项目导向，任务驱动，项目贯穿课程的始终。围绕项目整合与规范教学内容，以解决实际问题的过程驱动学习过程。

(2) 把面向对象方法和传统化方法自然地融合为一体，增加了面向对象方法在本书中所占的比重，突出了面向对象方法和UML技术的应用。

(3) 理论与实践紧密结合，实用性强、实践性强，实现了教、学、做一体化。

(4) 介绍了最新的软件文档编制规范，供读者参考使用。

本课程适宜在程序设计语言、数据库原理等专业课之后，毕业实习、毕业设计之前开设，建议学时数为72学时，适当安排实践环节，边学边做，分阶段逐步完成实践课题。为方便教师的教学与学生学习，本书配有电子课件供读者免费下载。

本书任务1和任务2由王晓蓓编写，刘振华修订，任务3～任务10由刘振华编写和修订，殷广丽参加了本书的编写工作，窦家勇对全书进行了审核。

在本书的编写过程中，作者参阅了大量文献资料，得到了山东师创软件工程有限公司的大力支持，在此向提供帮助的各位同仁表示感谢。

由于编者水平有限，书中难免有疏漏和不当之处，敬请广大读者和同仁批评指正，编者将不胜感激。

编　者

2015年12月

目录

任务1 软件工程概述

- **能力目标**
  - ➢ 能够针对具体软件开发项目选择合适的开发模型。
  - ➢ 能够熟练说出软件生命周期的各个阶段。
- **知识目标**
  - ➢ 掌握与软件工程相关的基本概念。
  - ➢ 了解软件危机产生的原因、表现形式和解决途径。
  - ➢ 掌握软件工程的基本目标和原则。
  - ➢ 掌握软件生命周期各个阶段的主要活动。
  - ➢ 理解典型的软件开发过程模型。
  - ➢ 领会软件工程的核心思想和意义。

任务导入

在信息社会中，需要大量高质量的计算机软件来进行信息的获取、处理、交换和供人们做出决策。人们对计算机软件的种类、数量、功能、质量、成本和开发时间、软件资源共享等提出越来越高的要求，并越来越重视软件、软件开发及运行环境的标准化。20世纪60年代发生的软件危机(Software Crisis)促使了“软件工程”这个概念的诞生。人们开始重视软件开发方法、工具和环境的研究，并在这些领域取得了重要成果。

如何以较低的成本开发出高质量的、满足用户需求的、易于维护的软件，如何延长软件的使用时间，这些都是软件工程学研究的问题。软件工程学是指导计算机软件开发和维护的工程学科。

任务清单

(1) 对软件的认知。
(2) 对软件危机的认知。
(3) 对软件工程的认知。
(4) 确定软件的生命周期。
(5) 选择软件开发过程模型。

(6) 计算机辅助软件工程。

1.1 软件认知

1.1.1 软件的概念和特点

软件(Software)是指使计算机运行所需的程序、数据和有关文档的总和。它包括三方面的内容。

(1) 能够完成预定功能和性能的程序。

(2) 运行程序需要的数据。

(3) 描述程序功能、使用和维护的各种文档。

提示:

(1) 软件产品的构成包括程序代码,开发、使用和维护程序所配套的文档。对于软件的概念要完整理解。

(2)"程序"不是软件的全部,与程序相关的文档是软件不可缺少的组成部分。文档是与软件开发、使用和维护相关的图文资料。软件是一种特殊产品,搞清楚软件开发与一般产品制作过程的区别,对深入了解软件工程方法中蕴含的软件工程思想非常重要。

软件具有以下的特点。

(1) 软件是逻辑产品,具有无形性的特点,通过计算机的执行才能体现它的功能和作用。

(2) 软件只会退化,不存在磨损和消耗问题。

(3) 成本主要体现在软件的开发和研制上,可进行大量的复制。

(4) 主要靠脑力劳动生产,开发和维护成本高。

1.1.2 软件的分类

按照不同的原则和标准,可将软件划分为不同的种类。

1. 根据软件的功能进行分类

根据软件的功能可将软件划分为系统软件和应用软件两大类。

(1) 系统软件

系统软件泛指为了有效地使用计算机系统、给应用软件开发与运行提供支持,或者能为用户管理与使用计算机提供方便的一类软件。如基本输入/输出系统(BIOS)、操作系统(如Windows)、程序设计语言处理系统(如C语言编译器)、数据库管理系统(如ORACLE、Access)、常用的实用程序(如磁盘清理程序、备份程序)等都是系统软件。

系统软件的主要特征是:它与计算机硬件有很强的交互性,能对硬件资源进行统一的控制、调度和管理。系统软件有一定的通用性,它并不是专为解决某个具体应用而开发的。在通用计算机系统中,系统软件是必不可少的。

(2) 应用软件

应用软件泛指专门用于解决各种具体应用问题的软件。由于计算机的通用性和应用的广泛性,应用软件比系统软件更丰富多样。

按照应用软件的开发方式和适用范围,应用软件可再分成通用应用软件和定制应用软件两大类。

① 通用应用软件。不论是学习、工作、娱乐,人们都需要阅读、书写、通信和查找信息。所有这些活动都有相应的软件为我们提供更方便、更有效地操作。这样的软件称为通用应用软件。

通用应用软件分若干类。如办公软件、信息检索软件、游戏软件、媒体播放软件、网络通信软件、绘图软件等。这些软件设计精巧、易学易用,多数用户几乎不经培训就能使用。在普及计算机应用的进程中,它们起到了很大的作用。

② 定制应用软件。定制应用软件是按照不同领域用户的特定应用要求而专门设计开发的软件。如超市的销售管理、大学教务管理系统、酒店客房管理系统等。这类软件专用性强,设计和开发成本相对较高,只有一些机构用户需要购买。

提示:由于应用软件是在系统软件的基础上开发和运行的,而系统软件又有多种,如果每种应用软件都要提供能在不同系统上运行的版本,将导致开发成本大大增加。目前,有一类称为"中间件"(middleware)的软件,它们作为应用软件与各种系统软件之间使用的标准化编程接口和协议,可以起到承上启下的作用,使应用软件的开发相对独立于计算机硬件和操作系统,并能在不同的系统上运行,实现相同的应用功能。

2. 按照软件权益进行分类

按照软件权益进行分类,软件可分为商品软件、共享软件(Shareware)和自由软件(Freeware)。

(1) 商品软件

用户需要付费才能得到其使用权。它除了受版权保护之外,通常还受到软件许可证的保护。软件许可证是一种法律合同,它确定了用户对软件的使用方式,扩大了版权法给予用户的权利。如版权法规定将一个软件复制到其他机器去使用是非法的,但软件许可证允许用户将购买的软件安装在本单位的若干台计算机上使用,或者允许所安装的软件同时被若干个用户使用。

(2) 共享软件

这是一种"买前免费试用"的具有版权的软件,它通常允许用户试用一段时间,也允许用户进行复制和散发。但过了试用期若还想继续使用,需要交纳注册费,成为注册用户。

(3) 自由软件

用户可共享自由软件,允许随意复制、修改其源代码,允许销售和自由传播。但对软件源代码的任何修改都必须向所有用户公开,允许此后的用户享有进一步复制和修改的自由。自由软件有利于软件共享和技术创新，它的出现成就了TCP/IP协议、Apache服务器软件和Linux操作系统等一大批软件精品的产生。

3. 根据软件的规模进行分类

根据开发软件所需的人力、时间以及完成的源程序大小，可划分为下述六种不同规模的软件。

(1) 微型软件。指一个人在几天之内完成的、自己编写的程序不超过500行语句的软件。

(2) 小型软件。指一个人在半年之内完成的、自己编写2000行以内的程序。

(3) 中型软件。5个人以内在一年左右时间里完成的、编写5000～50000行的程序。

(4) 大型软件。指10～20个人年(1个人年为一个人工作一年的工作量)完成的、编写5万～10万行的程序。

(5) 甚大型软件。100～1000人参加，用4～5年时间完成的、编写100万行程序的软件项目。

(6) 特大型软件。2000～5000人参加，10年左右时间完成的、编写1000万行以内的程序。

1.1.3 软件的发展过程

自从20世纪40年代电子计算机问世以来，计算机软件随着计算机硬件的发展而逐步发展，其发展经历了四个阶段。

1. 程序设计时期

1946年到20世纪60年代初，是计算机软件发展的初期，一般称为程序设计时期，其主要特征是程序生产方式为个体手工方式。软件设计往往是为了一个特定的应用而在指定的计算机上设计和编制程序，采用密切依赖于计算机的机器代码或汇编语言，软件的规模比较小，文档资料通常也不存在，很少使用系统化的开发方法，基本上是一种个人设计、个人使用、个人操作、自给自足的软件生产方式。

2. 程序系统时期

20世纪60年代初到70年代初，是计算机软件发展的第二个时期，这个时期一般称为程序系统时期。生产方式是作坊式小集团合作生产，生产工具是高级语言，并开始提出结构化设计方法。

这个时期程序的规模已经很大，需要多人分工协作，软件的开发方式由“个体生产”发展到了“软件作坊”。可是“软件作坊”基本上沿用了软件发展早期所形成的个体化的开发方式，软件的开发与维护费用以惊人的速度增加。许多软件产品根本不能维护，最终导致出现了严重的“软件危机”。

3. 软件工程时期

20 世纪 70 年代中期至 80 年代中期，是计算机软件发展的第三个时期，一般称为软件工程时期。软件的开发以工程化的思想为指导，用工程化的原则、方法和标准来开发和维护软件。

4. 面向对象时期

20 世纪 80 年代中期至今，面向对象方法学日益受到人们的重视，给软件产业带来了新的飞跃。这个时期一般称为面向对象时期，面向对象软件开发技术在迅速取代传统的软件工程开发方法。

1.2 对软件危机的认知

20 世纪 60 年代中期到 70 年代中期，软件开始作为一种产品被广泛使用，并出现了“软件作坊”，专门为他人的需求写软件。软件开发的方法基本上仍然沿用早期的个体化软件开发方式。

随着计算机应用范围的迅速扩大，对软件需求快速增长。软件规模逐步扩大，复杂程度提高，软件可靠性问题日益突出。落后的软件生产方式无法满足迅速增长的软件需求，从而导致软件开发与维护过程中出现一系列严重问题，“软件危机”就这样爆发了。

1968 年北大西洋公约组织的计算机科学家在联邦德国召开的国际学术会议上第一次提出了“软件危机”(Software Crisis)这个名词。软件危机包括两方面问题：如何开发软件以满足用户对软件日益增长的需求；如何维护数量迅速增长的已有软件。

1.2.1 软件危机的主要表现

(1) 软件开发生产率提高的速度远远不能满足用户的需要。

(2) 软件功能与实际需求不符。

(3) 软件产品质量差。软件开发团队缺少完善的软件质量评审体系及科学的软件测试规程，导致最终的软件产品存在很多缺陷。

(4) 对软件开发成本和进度的估计常常不准确。

(5) 软件文档既不完整也不合格。

(6) 软件的可维护性差，维护费用高。很多程序缺乏相应的文档资料，程序中的错误难以改正，有时改正了已有的错误又引入新的错误。随着软件的社会拥有量越来越大，维护占用了大量人力、物力和财力。

自 20 世纪 80 年代以来，尽管软件工程研究与实践取得了可喜的成就，软件技术水平有了长足的进步，但软件危机并没有消失，且有加剧之势。

1.2.2 软件危机产生的原因

软件危机的出现，使得人们去寻找产生软件危机的原因，发现其原因主要有以下几方面。

(1) 软件具有可运行的行为特性，在写出程序代码并在计算机上运行之前，软件开发过程的进展质量较难衡量，很难检验开发的正确性。

(2) 软件规模庞大，逻辑结构复杂。

(3) 对软件需求分析工作不够重视，导致最后研制出的软件产品无法满足用户的需求。

(4) 软件开发人员之间、软件开发人员与用户之间交流沟通过程中发生的理解差异。

(5) 软件开发技术和工具落后。

(6) 软件管理技术落后，没有统一的软件质量管理规范。

1.2.3 软件危机的解决途径

为了克服软件危机，北大西洋公约组织提出了"软件工程"的概念，运用其他工程学的基本原理和方法，设计和管理软件生产。软件工程学从此诞生了，这是目前发现的解决软件危机唯一有效的方法。

软件工程主要研究软件生产的客观规律性，建立与系统化软件生产有关的概念、原则、方法、技术和工具。指导和支持软件系统的生产活动，达到降低软件生产成本、改进软件产品质量、提高软件生产水平的目标。软件工程学从硬件工程和其他人类工程中吸收了很多成功的经验，明确提出了软件生命周期模型，发展了许多软件开发与维护阶段适用的技术和方法，并应用于软件工程实践，取得了良好的效果。

在软件开发过程中，人们开始研制和使用软件工具，用以辅助进行软件项目管理与技术生产。人们还将软件生命周期各阶段使用的软件工具有机地集合成为一个整体，形成能够连续支持软件开发与维护全过程的集成化软件支援环境，从管理和技术两方面解决软件危机问题。

此外，基于程序变换、自动生成和可重用软件等新技术的研究也取得了一定的进展，并把程序设计自动化的进程向前推进了一步。在软件工程理论的指导下，发达国家已经建立起较为完备的软件工业化生产体系，形成了强大的软件生产能力。软件标准化与可重用性得到了工业界的高度重视，这在避免重复劳动，缓解软件危机方面起到了重要作用。

1.3 对软件工程的认知

自 1970 年起，软件开发进入了软件工程阶段。由于"软件危机"的产生，迫使人们不得不研究、改变软件开发的技术手段和管理方法。从此，软件生产进入了软件工程时代。

1.3.1　软件工程的基本概念

自从 1968 年北大西洋公约组织在国际学术会议上正式提出“软件工程(Software Engineering)”一词，一门为研究和克服软件危机的工程学科——软件工程学应运而生，人们开始了对软件工程的研究。

软件工程有多种定义，概括地说：软件工程是用科学知识和技术原理来定义、开发、维护软件的一门学科。它应用工程的概念、原理、技术和方法，应用科学的开发技术和管理方法来开发软件。

软件工程研究的主要内容是软件开发技术和软件开发管理两个方面。软件开发技术包括软件开发方法学、软件开发过程、软件开发工具和环境；软件项目管理包括软件度量、项目估算、进度控制、人员组织、配置管理、项目计划等。

1.3.2　软件工程的目标

软件工程的目标是提高软件产品的质量和软件开发效率，减少软件维护的难度。衡量软件质量详细指标如下。

(1) 适用性。软件在不同的系统约束条件下，使用户需求得到满足的难易程度。

(2) 有效性。软件系统能最有效地利用计算机的时间和空间资源。各种软件无不把系统的时/空开销作为衡量软件质量的一项重要技术指标。时/空折中是经常采用的技巧。

(3) 正确性。软件能够准确无误地执行用户需求的各种功能，满足用户要求的各种性能指标。

(4) 可靠性。有时也称为健壮性，就是在硬件、操作系统出现小故障，或者人为操作不当的情况下，不会导致软件系统失效。

(5) 可理解性。可理解性包括两个方面的内容，一是软件系统结构清晰、容易理解；二是程序算法功能清晰，容易读懂。可理解性有助于控制系统软件的复杂性，并支持软件的维护、移植或重用。

(6) 可维护性。软件交付使用后，能够对它进行修改，以改正潜伏的错误，改进性能和其他属性，使软件产品适应环境的变化等。软件维护费用在软件开发费用中占有很大的比重。可维护性是软件工程中一项十分重要的目标。

(7) 可重用性。软件中的某个部分可以在系统的多处重复使用，或者在多个系统中使用。

(8) 可移植性。软件从一个计算机系统或环境搬到另一个计算机系统或环境的难易程度。

(9) 可追踪性。根据软件需求对软件设计、程序进行正向追踪，或根据软件设计、程序对软件需求的逆向追踪的能力。

(10) 互操作性。多个软件元素相互通信并协同完成任务的能力。

提示：软件工程目标的实现不论在理论上还是在实践中，均存在很多待解决的问题，它们形成了对过程、过程模型及工程方法选取的约束。

1.3.3 软件工程的发展历程

1. 传统软件工程

20世纪70年代，人们提出了软件开发工程化的思想，形成了软件工程的基本概念和框架。面对软件危机的挑战，人们进行了不懈努力，这些努力大致上是沿着两个方向同时进行的。

(1) 从管理的角度，希望实现软件开发过程的工程化

这方面最为著名的成果就是提出了"瀑布式"生命周期模型。它是在20世纪60年代末"软件危机"后出现的第一个生命周期模型。后来，针对该模型的不足，又提出了快速原型法、螺旋模型、喷泉模型等，对"瀑布式"生命周期模型进行了补充。目前，它们在软件开发的实践中被广泛采用。

这方面的努力，还使人们认识到了文档的标准以及开发者之间、开发者与用户之间的交流方式的重要性，从而确定了一些重要文档格式的标准，包括变量、符号的命名规则以及源代码的规范。

(2) 侧重对软件开发过程中分析、设计方法的研究

这方面的重要成果是在20世纪70年代风靡一时的结构化开发方法，以及结构化的分析、设计和相应的测试方法。

2. 过程软件工程

面向对象分析方法(OOA)和面向对象设计方法(OOD)的出现使传统的软件开发方法发生了巨大变化。这时，进一步提高软件生产率、保证软件质量就成为软件工程追求的更高目标。软件开发开始进入以过程为中心的第二阶段。随之而来的是面向对象建模语言(以UML为代表)、软件复用、基于组件的软件开发等新的方法和领域。

与之相应的是从企业管理的角度提出的软件过程管理。即关注于软件生存周期中所实施的一系列活动，并通过过程度量、过程评价和过程改进等一系列优化活动使得软件过程循环往复、螺旋上升式地发展。其中最著名的软件过程成熟度模型是美国卡内基梅隆大学软件工程研究所(SEI)建立的CMM(Capability Maturity Model)，即能力成熟度模型。此模型在建立和发展之初，主要目的是为大型软件项目的招投标活动提供一种全面而客观的评审依据。而发展到后来，又被应用于许多软件机构内部的过程改进活动中。

3. 构件软件工程

进入20世纪90年代后，软件开发技术的主要处理对象是网络计算和支持多媒体信息的国际互联网。为了适应企业规模、资源共享、群组协同工作的需求，需要开发大量的分布式处理系统。

因整体性软件系统难以更改,所以提倡基于部件(构件)的开发方法,即部件互联及集成。同时,人们认识到计算机软件开发领域的特殊性,不仅要重视软件开发方法和技术的研究,更要重视软件体系结构、软件设计模式、互操作性、标准化、协议等领域的重用经验。软件重用和软件构件技术正逐步成为主流软件技术。

1.3.4 软件工程的原则

软件工程的原则是指围绕工程设计、工程支持以及工程管理在软件开发过程中必须遵循的原则。

1. 选取适宜的开发模型

该原则与系统设计有关。在系统设计中,软件需求、硬件需求以及其他因素间是相互制约和影响的,需要权衡。因此,必须认识需求定义的易变性,并采用适当的开发模型,保证软件产品满足用户的要求。

2. 采用合适的设计方法

在软件设计中,通常需要考虑软件的模块化、抽象与信息隐蔽、局部化、一致性以及适应性等特征。合适的设计方法有助于这些特征的实现,以达到软件工程的目标。

3. 提供高质量的工程支撑

在软件工程中,软件工具与环境对软件过程的支持非常重要。软件工程项目的质量与开销直接取决于对软件工程所提供的支撑质量和效用。

4. 重视软件工程的管理

软件工程的管理直接影响可用资源的有效利用,能否生产出满足目标的软件产品以及提高软件组织的生产能力等问题。因此,软件过程予以有效管理,才能实现有效的软件工程。

1.3.5 软件工程方法学

软件工程学的三个基本要素是:方法、工具和过程。其中,方法是完成软件开发各项任务的技术方法;工具是开发软件的支撑环境;过程是完成开发软件各项任务的工作步骤。

目前使用得最广泛的软件工程方法学,主要有传统方法学和面向对象方法学。

1. 传统方法学

传统方法学也称为生命周期方法学。它采用结构化分析、结构化设计和结构程序设计来完成软件开发的各项任务,是一种面向数据流的开发方法。

传统方法学把软件开发工作的全过程依次划分为若干个阶段，然后按顺序地逐步完成每个阶段的任务。每一个阶段的开始和结束都有严格标准，在每一个阶段结束之前都必须进行正式严格的技术审查和管理复审。对于任何两个相邻的阶段而言，前一阶段的结束标准就是后一阶段的开始标准。该方法采用自顶向下、逐步完成的指导思想，应用较广，技术成熟。

传统方法的缺点是将结构化分析和结构化设计人为地分成两个独立的部分，将描述数据对象和描述作用于数据上的操作分别进行。而实际上，数据和对数据的处理是密切相关、不可分割的，分别处理会增加软件开发和维护的难度。特别是当软件规模较大，或者对软件的需求是模糊的或随时间变化时，使用传统方法学开发软件往往不成功，而且使用传统方法学开发出的软件，维护起来通常都很困难。

2. 面向对象方法学

面向对象(Objected Oriented，OO)方法是1979年以后发展起来的，是当前软件工程方法学的主要方向，也是目前最有效、最实用和最流行的软件开发方法之一。它是在汲取结构化方法的思想和优点的基础上发展起来的，是对结构化方法的进一步发展和扩充。

面向对象方法学的出发点和基本原则，是尽可能模拟人类习惯的思维方式，使开发软件的方法与过程尽可能接近人类认识世界解决问题的方法和过程。也就是使描述问题的问题空间(也称为问题域)与实现解法的空间(也称为求解域)在结构上尽可能一致。

面向对象方法学把对象(Object)作为融合了数据及在数据上的操作行为的统一的软件构件。把所有对象都划分成类(Class)。按照父类(或称为基类)与子类(或称为派生类)的关系，把若干个相关类组成一个层次结构的系统(也称为类等级)。对象彼此之间仅能通过发送消息互相联系。

面向对象开发方法包括面向对象分析、面向对象设计和面向对象实现。面向对象开发方法有Booch方法、Coad方法和OMT(Object Modeling Technology)方法等。为了统一各种面向对象方法的术语、概念和模型，1997年推出了统一建模语言，即UML语言。它是面向对象的标准建模语言，通过统一的语义和符号表示，使各种方法的建模过程和表示统一起来，将成为面向对象建模的工业标准。

1.3.6 软件工程过程

ISO 9000定义：软件工程过程是把输入转化为输出的一组彼此相关的资源和活动。定义支持了软件工程过程两个方面的内涵。

第一，软件工程过程是指为获得软件产品，在软件工具支持下由软件工程师完成的一系列软件工程活动。基于这一方面，软件工程过程通常包含4种基本活动。

(1) plan——软件规格说明。规定软件的功能及其运行时的限制。

(2) do——软件开发。产生满足规格说明的软件。

(3) check——软件确认。确认软件能够满足客户提出的要求。

(4) action——软件演进。为满足客户的变更要求，软件必须在使用的过程中演进。

事实上，软件工程过程是一个软件开发机构针对某类软件产品为自己规定的工作步骤，它应当是科学的、合理的，否则必将影响软件产品的质量。

第二，从软件开发的角度看，软件工程过程就是使用适当的资源(包括人员、硬软件工具、时间等)，为开发软件进行的一组开发活动，在过程结束时将输入(用户要求)转化为输出(软件产品)。

我们也可以将软件工程过程归纳为三个阶段。

(1) 定义阶段。可行性研究初步项目计划、需求分析。

(2) 开发阶段。概要设计、详细设计、实现、测试。

(3) 运行和维护阶段。运行、维护、废弃。

综上所述，软件工程过程是将软件工程的方法和工具综合起来，以达到合理、及时地进行计算机软件开发的目的。软件工程过程应确定方法使用的顺序、要求交付的文档资料、为保证质量和适应变化所需要的管理和软件开发各个阶段完成的任务。

1.4 软件生命周期

1.4.1 软件生命周期的基本概念

软件生命周期(Software Life Cycle)，也称为软件生存周期。同任何事物一样，一个软件产品或软件系统也要经历孕育、诞生、成长、成熟、衰亡等过程，是软件的产生直到报废的过程。

把整个软件生命周期划分为若干阶段，使得每个阶段有明确的任务。使规模大，结构复杂和管理复杂的软件开发变得容易控制和管理。

通常，软件生命周期包括问题定义、可行性研究、需求分析、软件设计(概要设计和详细设计)、编码、测试、验收与运行、维护升级到废弃等活动，可以将这些活动以适当的方式分配到不同的阶段去完成。

这种按时间分程的思想方法是软件工程中的一种思想原则，即按部就班、逐步推进，每个阶段都要有定义、工作、审查、形成文档以供交流或备查，以提高软件的质量。但随着新的面向对象的设计方法和技术的日益成熟，软件生命周期设计方法的指导意义正在逐步减少。

1.4.2 软件生命周期的八个阶段

(1) 问题定义。确定软件系统的目标、规模和基本任务。

(2) 可行性研究。从经济、技术、法律等方面分析确定软件系统是否值得开发。

(3) 需求分析。确定软件系统应具备的功能和性能。通常使用模型工具描述软件的逻辑模型，以防止出现开发出来的软件与用户实际需求不相符的后果。

(4) 概要设计。概要设计阶段确定软件的总体结构、软件的体系结构、软件的模块结构。

(5) 详细设计。这个阶段还不是编写程序,而是对每个模块设计具体的算法和数据结构,可以包括具体细节,类似于工程设计中的施工图纸。

(6) 程序编码。根据详细设计的结果,用一种程序设计语言来编写正确的源程序。

(7) 软件测试。在软件设计完成后要经过严密的测试,以发现软件在整个设计过程中存在的问题并加以纠正。整个测试过程分模块(单元)测试、集成测试以及确认测试三个阶段。测试的方法主要有白盒测试和黑盒测试两种。在测试过程中需要建立详细的测试计划,并严格按照计划进行测试,以减少测试的随意性。

(8) 运行维护。软件投入运行后,通常有四类维护活动:改正性维护、完善性维护、适应性维护和预防性维护。改正性维护是改正软件中的错误;完善性维护是根据用户的要求增加软件功能或改善软件性能;适应性维护是修改软件让其适应新的环境;预防性维护是为将来的维护做准备。

提示:软件生命周期和软件测试生命周期的联系是软件测试生命周期并行于软件生命周期,存在于软件生命周期的各个阶段。

1.5 软件开发过程模型

软件开发模型(Software Development Model)是指软件开发全部过程、活动、任务和管理的结构框架。软件开发模型能清晰、直观地表达软件开发的全过程,明确规定了要完成的主要活动和任务,用来作为软件项目工作的基础。选择合适的开发模型是非常重要的。

1.5.1 瀑布模型

在20世纪80年代之前,瀑布模型(Waterfall Model)一直是唯一被广泛采用的软件过程模型,现在它仍然是软件工程中应用得非常广泛的过程模型。

瀑布模型是基于软件生存周期的模型,它是传统软件工程的基础模型。其核心思想是按软件生命周期的8个阶段将问题化简,采用结构化的分析与设计方法,将功能的实现与设计分开,便于分工协作。并且规定了各个阶段自上而下、相互衔接的固定次序,如同瀑布流水,逐级下落。瀑布模型软件开发过程如图1-1所示。

按照瀑布模型开发软件,有三个特点。

(1) 具有顺序性和依赖性

在软件生命周期的各个阶段间具有顺序性和依赖性。

瀑布模型前一阶段的工作结束后,下一阶段的工作才能开始;前一阶段的输出文档是后一阶段的输入文档;每个阶段都要进行严格的测评和审查;下一阶段发现问题可以返回上一阶段进行重新设计。

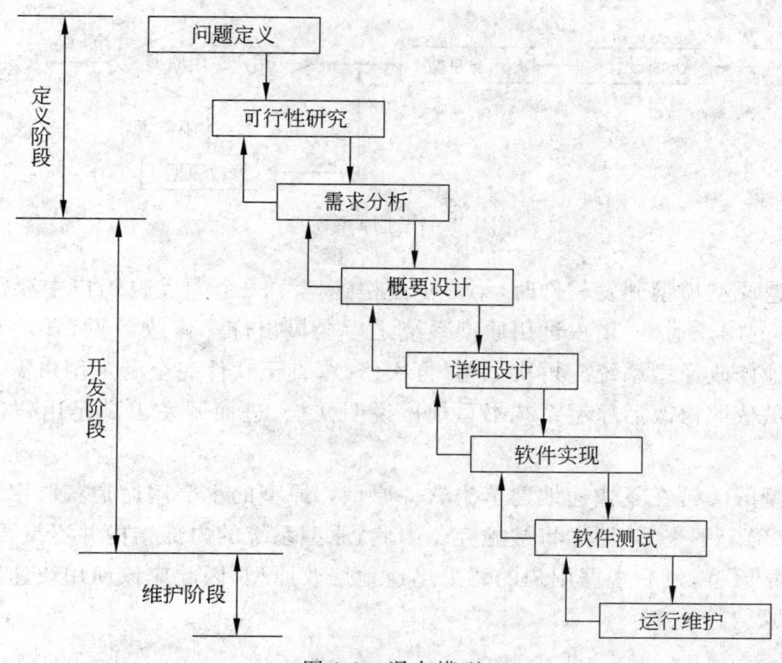

图 1-1　瀑布模型

(2) 推迟实现

瀑布模型清楚地区分逻辑设计与物理设计,尽可能推迟软件的物理实现。

(3) 保证质量

为了保证软件的质量,严格规定每个阶段必须提交的文档,每个阶段结束前都要对该阶段所完成的文档(或程序)进行评审(或测试),以便尽早发现问题,及时改正错误。约束软件开发人员采用规范的开发方法。

瀑布模型适合于在软件需求比较明确,开发技术比较成熟,工程管理比较严格的场合下使用。

本书主要以瀑布模型为典型的软件开发过程模型,依次介绍软件生命周期各个阶段的工作。

1.5.2　快速原型模型

快速原型模型(Rapid Prototype Model)是快速开发一个可以运行的程序,它能完成的功能往往是最终的软件产品所能完成的功能的一个子集。

20 世纪 80 年代后,随着计算机辅助设计的应用,产品造型和设计能力得到极大提高。然而在产品设计完成后、批量生产前,必须制造出样品以表达设计构想,快速获取产品设计的反馈信息,并对产品设计的可行性作出评估、论证。为了提高产品市场竞争力,从产品开发到批量投产的整个过程都迫切要求降低成本和提高速度。快速原型技术的出现,为这一问题的解决提供了有效途径。快速原型的开发过程如图 1-2 所示。

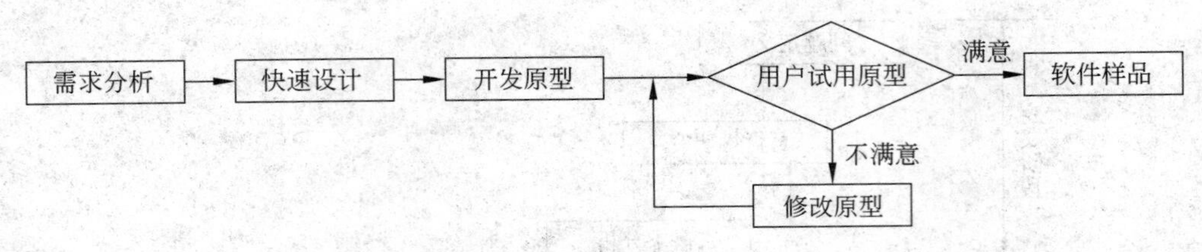

图 1-2　快速原型模型

按照快速原型模型开发软件时，第一步是快速建立一个能反映用户主要需求的原型系统，让用户试用。通常，用户试用原型系统之后会提出许多修改意见，开发人员按照用户意见快速地修改原型系统。再次试用，再次修改，直至软件完全满足用户需求为止。第二步开发人员依照修改后原型系统书写规格说明文档，进而开发出满足用户需要的软件产品。

快速原型的关键在于快速地建造出软件原型。原型的主要用途是获取用户的真实需求，一旦需求确定下来了，原型将被抛弃。因此，原型系统的内部结构并不重要，重要的是必须迅速建立原型，然后根据用户的意见迅速地修改原型，因此应该使用快速原型语言或工具来构建原型。

1.5.3　螺旋模型

风险是软件开发项目中普遍存在的、不可忽视的不利因素。项目越大，软件产品越复杂，承担该项目所冒的风险也就越大。软件风险会在不同程度上影响软件开发过程或软件产品质量。因此，在软件开发过程中必须及时分析、识别风险，制定对策，以消除或减少风险的危害。

1988 年，Barry Boehm 正式发表了软件系统开发的“螺旋模型”（Spiral Model），它将瀑布模型和快速原型模型结合起来，强调了其他模型所忽视的风险分析，特别适合于大型复杂的软件项目开发。可以把螺旋模型看作是在每个阶段之前都增加了风险分析过程的快速原型模型。

螺旋模型沿着螺线进行若干次迭代，图 1-3 中的四个象限代表了以下活动。

（1）制订计划。确定软件目标，选定实施方案，弄清项目开发的限制条件。

（2）风险分析。分析评估所选方案，考虑如何识别和消除风险。

（3）实施工程。实施软件开发和验证。

（4）客户评估。评价开发工作，提出修正建议，制订下一步计划。

图 1-3 中螺旋线旋过的角度值代表开发进度。螺旋线每个周期对应于一个开发阶段。每个阶段首先是确定该阶段的目标，完成这些目标的选择方案及其约束条件，然后从风险角度分析方案的开发策略，努力排除各种潜在的风险。如果某些风险不能排除，该方案立即终止，否则启动下一个开发步骤。最后，评价该阶段的结果，并设计下一个阶段。

螺旋模型强调约束条件和可选方案，注重软件质量和软件重用；维护与开发过程完全

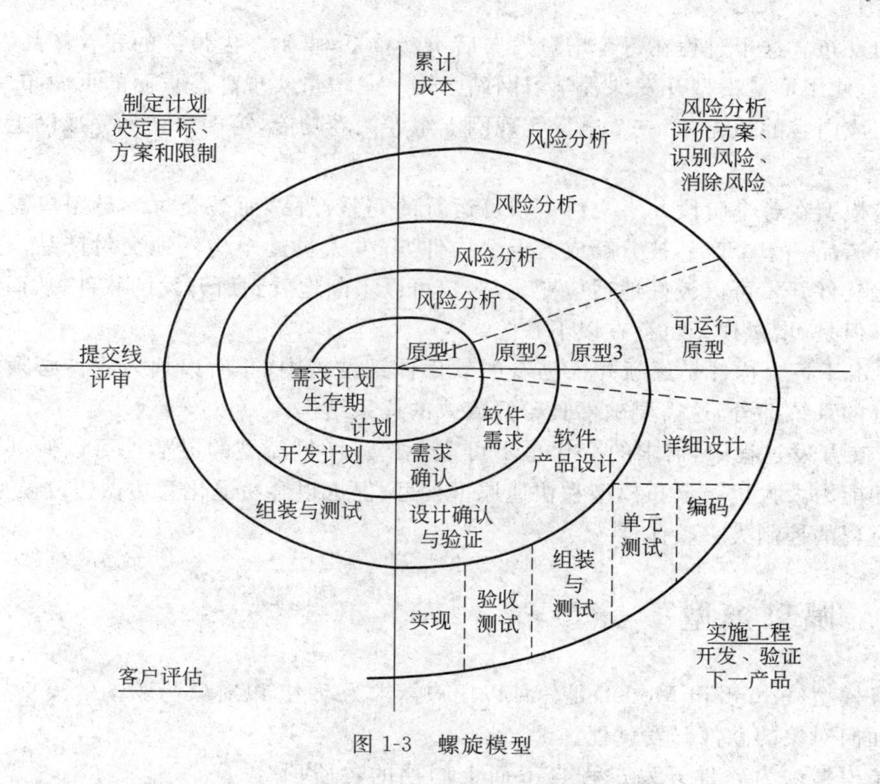

图 1-3 螺旋模型

一致，每次维护可以看作螺旋模型的又一个周期。

螺旋模型的缺点是很难正确评估软件开发风险。

1.5.4 增量模型

增量模型(Incremental Model)也称为渐增模型。在增量模型中，把软件产品作为一系列的增量构件来设计、实现、集成和测试。每个构件是由多个能够完成特定功能的、相互作用的模块构成的时。按照增量模型开发软件的过程如图 1-4 所示。

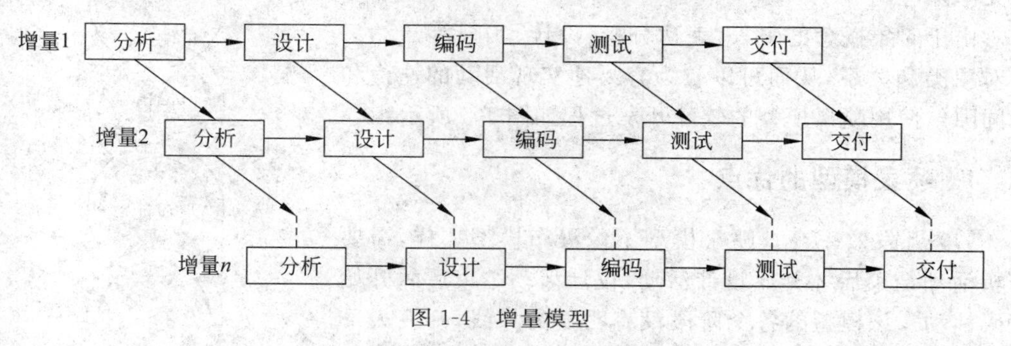

图 1-4 增量模型

使用增量模型开发软件时，第一个增量往往是实现基本需求的核心产品。核心产品交付用户使用后，经过评价形成下一个增量的开发计划，它包括对核心产品的修改和一些新功能的发布。这个过程在每个增量发布后不断重复，直到产生最终的完善产品。

例如，使用增量模型开发课程学习网站。第一个增量实现静态页面的页面布局，第二个增量完成内容的填充，第三个增量实现网上组卷阅卷功能，第四个增量完成网上学习交互功能。

增量模型在各个阶段并不交付一个可运行的完整产品，而是交付满足用户需求子集的可运行产品。整个产品被分解成若干个构件，开发人员逐个构件地交付产品。这样做的好处是软件开发可以较好地适应变化，客户可以不断地看到所开发的软件，从而降低开发风险。但是，增量模型也存在以下缺陷。

(1) 由于各个构件是逐渐并入已有的软件体系结构中的，所以加入构件必须不破坏已构造好的系统部分，这需要软件具备开放式的体系结构。

(2) 在开发过程中，需求的变化是不可避免的。增量模型的灵活性可以使其适应这种变化的能力大大优于瀑布模型和快速原型模型，但也很容易退化为边做边改模型，从而使软件过程的控制失去整体性。

1.5.5 喷泉模型

喷泉模型(Fountain Model)是一种以用户需求为动力，以对象为驱动的模型，主要用于描述面向对象的软件开发过程。

喷泉模型认为软件开发过程自下而上周期的各阶段是相互迭代和多次反复的，就像水喷上去又可以落下来，类似一个喷泉。各个开发阶段没有特定的次序要求，并且可以交互进行，可以在某个开发阶段中随时补充其他任何开发阶段的遗漏。

喷泉模型主要用于面向对象的软件项目，软件的某个部分常常被重复多次，相关对象在每次迭代中随之加入渐进的软件成分。各阶段之间无明显边界，这就是喷泉模型的无间隙性。

由于对象概念的引入，表达分析、设计、实现等活动只用对象类和关系，从而可以较为容易地实现活动的迭代和无间隙。使用喷泉模型的软件开发过程如图1-5所示。

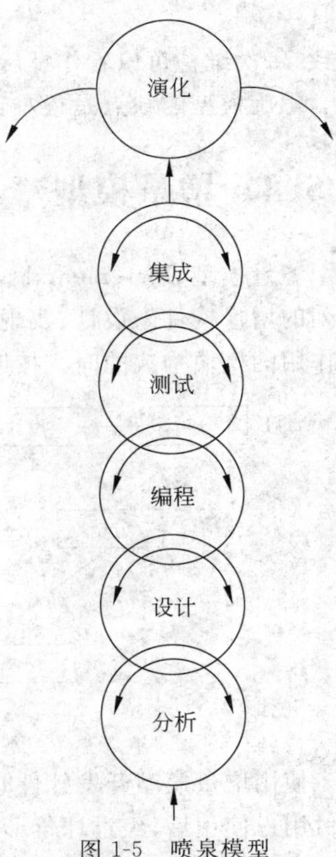

图1-5　喷泉模型

1. 喷泉模型的优点

(1) 开发效率高。喷泉模型不像瀑布模型那样，需要分析活动结束后才开始设计活动，设计活动结束后才开始编码活动。该模型的各个阶段没有明显的界线，开发人员可以同步进行开发，因而可以提高软件项目开发效率，节省开发时间，适应于面向对象的软件开发过程。

(2) 利于及时改错。可以从任何一个开发阶段转到其他任意一个开发阶段，各个阶段之间没有明显的界线。即整个开发过程中补漏、纠错的切入点多，不受开发阶段的限制。

2. 喷泉模型的缺点

(1) 管理难。由于喷泉模型在各个开发阶段是重叠的，因此在开发过程中需要大量的开发人员，因此不利于项目的管理。

(2) 文档审核难。这种模型要求严格管理文档，使得审核的难度加大，尤其是面对可能随时加入各种信息、需求与资料的情况。

1.5.6 基于构件的开发模型

基于构件的软件开发模型是近几年出现的一种新的软件设计方法，它被开发人员普遍看好而且发展很快，这种方法以面向对象技术为基础，将对象类作为构造系统的基本模块，通过对组件的选择、例化和集成来构造新的应用系统。即在确定需求描述的基础上，开发人员首先进行构件分析和选择，然后设计或者选用已有的体系结构框架，复用所选择的构件，最后将所有的组件集成在一起，并完成系统测试。

1.6 计算机辅助软件工程

计算机辅助软件工程(Computer Aided Software Engineering，CASE)，是计算机技术在软件开发活动、技术和方法中的应用，是软件工具与开发方法的结合体。CASE的一个基本思想就是通过一系列集成化的软件工具、技术和方法，实现分析、设计与程序开发、维护的自动化，提高软件开发的效率和软件的质量，最终实现软件系统开发的全面自动化。

随着CASE的发展，出现了各种各样的CASE工具，种类繁多，适应了不同方面的要求。目前，国内大多数软件开发机构仅在部分软件开发过程应用了一些CASE工具，只有少数软件开发机构建立起了集成化的CASE工具软件开发环境全程支持软件开发过程。下面对CASE工具作简要介绍。

1. 分析建模工具

(1) Visio

Visio是微软公司办公程序中的流程图绘制软件，是目前国内用得最多的CASE工具。它提供了日常使用中的绝大多数框图的绘画功能(包括信息领域的各种原理图、设计图)，同时提供了部分信息领域的实物图。

(2) SmartDraw

SmartDraw是专业的图表制作软件。可以用它轻松制作组织机构图、流程图、地图、房间布局图、数学公式、统计表、化学分析图表、解剖图表、界面原型等。附带的图库里包含数百个示例、数千个符号和外形可直接套用，充分满足制作各类图表的需要。

(3) Rational Rose

Rational Rose是Rational公司出品的一种面向对象的统一建模语言的可视化建模工具。用于可视化建模和公司级水平软件应用的组件构造。Rational是专门从事CASE工具研制与开发的软件公司。2003年被IBM收购，该公司所研发的Rational系列软件是完整的CASE集成工具，贯穿从需求分析到软件维护整个软件生命周期。Rational Rose可视化开发工具与多种开发环境无缝集成，目前所支持的开发语言包括：Visual Basic、Java、PowerBuilder、C++、Ada、Smalltalk、Fort等。Rose现在已经退出市场，不过仍有一些公司在使用。IBM推出了Rational Software Architect来替代Rational Rose。

2. 编码工具

(1) Source Insight

Source Insight是一个面向项目开发的程序编辑器和代码浏览器，它拥有内置的对C/C++、C#和Java等程序的分析。能分析源代码并在工作的同时动态维护它自己的符号数据库，并自动显示有用的上下文信息。Source Insight是目前最好用的语言编辑器，支持几乎所有的语言。

(2) Source Navigator

Source Navigator是原来Redhat开发的一个源代码管理分析工具，它可以在Windows、Linux等多种平台下工作。功能类似于Windows下的Source Insight，它可以显示类、函数以及成员之间的关系，对阅读分析源代码尤其有用。它最大的特点是把源代码始终和文件联系在一起，提供到文件的导航。

Source Navigator支持C、C++、Java、Tcl、FORTRAN和COBOL，并且提供SDK给开发者开发自己的语言解析器。

3. 配置管理工具

(1) Visual SourceSafe

Visual SourceSafe是美国微软公司出品的版本控制系统，简称VSS。它提供了还原点和并行协作功能，从而使应用程序开发组织能够同时处理软件的多个版本。VSS提供了基本的认证安全和版本控制机制，包括CheckIn(入库)、CheckOut(出库)、Branch(分支)、Label(标识)等功能，能够对文本、二进制、图形图像几乎任何类型的文件进行控制，提供历史版本对比。

(2) PVCS

PVCS包含多种工具。PVCS系列软件是Merant公司出品实现配置管理的CASE工具，可以为配置管理提供良好的自动化支持。其中PVCS Version Manager是用来实现文件的版本管理的，它是整个套件的核心。PVCS Version Manager会完整、详细地记录开发过程中出现的变更和修改，并使修订版本自动升级；PVCS Tracker、PVCS Notify会自动地对上述变更和修改进行追踪；PVCS Requisite Pro提供了一个独特的Microsoft Word界面和需求数据库，从而可以使开发机构实时、直观地对来自于最终用户的项目需求及需求变更进行追踪和管理，可有效地避免重复开发，保证开发项目按期、按质、按原有的资金预算交付用户。

（3）ClearCase

ClearCase 是 Rational 公司开发的配置管理工具，类似于 VSS、CVS 的作用，但是功能比 VSS、CVS 强大得多，是目前世界上最强大的配置管理工具之一。它可以与 Windows 资源管理器集成使用，并且还可以与很多开发工具集成在一起使用。但是都得通过命令行的形式来操作，对配置管理员的要求比较高，不便使用。

4. 数据库建模工具

（1）ERWin

ERWin 是 CA 公司出品的强大的数据建模工具，支持各主流数据库系统。ERWin 界面简洁漂亮，ERwin 支持信息建模，适合中小型数据库设计，不适合非常大的数据库的设计，因为它对 Diagram 欠缺更多层次的组织，对内存要求较高。

（2）Power Designer

Power Designer 是 Sybase 公司的 CASE 工具集，使用它可以方便地对管理信息系统进行分析设计，它几乎包括了数据库模型设计的全过程。利用 Power Designer 可以制作数据流程图、概念数据模型、物理数据模型，还可以为数据仓库制作结构模型，也能对团队设计模型进行控制。它可以与许多流行的软件开发工具，例如 PowerBuilder、Delphi、VB 等相配合，使开发时间缩短和使系统设计更优化。

5. 测试工具

测试工具见本书新闻发布系统软件测试部分。

1.7　习　　题

1. 简答题

（1）什么是软件？软件和程序有哪些区别？

（2）什么是软件危机？软件危机的主要表现是什么？如何解决软件危机？

（3）什么是软件工程？简述软件工程的发展历程。

（4）软件工程的发展目标有哪些？软件工程的基本原则有哪些？

（5）什么是软件工程过程？

（6）什么是软件生命周期？

（7）比较典型的软件开发过程模型的特点。

2. 填空题

（1）软件生产的发展经历了________、________、________和________四个时期。

(2) 根据软件的功能将软件划分为________和________两大类。

(3) 按照软件权益进行分类,软件可分为________、________和________三大类。

(4) 根据软件的规模可将软件分为________、________、________、________、________、________六类。

(5) 软件工程方法学有________和________。

(6) ________模型的关键在于快速地建造出软件原型。

(7) ________模型强调风险分析,特别适合于大型复杂的软件项目开发。

(8) ________是基于软件生存周期的模型,是传统软件工程的基础模型。

(9) 在________模型中,把软件产品作为一系列的增量构件来设计、实现、集成和测试。

(10) ________是以对象为驱动的模型,主要用于描述面向对象的软件开发过程。

3. 操作题

(1) 搜集软件工程常用工具的资料,自学常用工具的使用方法。

(2) 组建项目组。5人左右为一组,根据各人的性格、特长,合理分工,分别担任组长、技术员、分析员、编程员、文档资料员和测试员等不同角色。

(3) 每个小组初步确定与课程同步的实训项目。

任务 2　认识统一建模语言

- **能力目标**
  - ➢ 能够读懂 UML 模型图。
  - ➢ 能够掌握 UML 各种图的绘制方法。
  - ➢ 能分析并绘制简单的 UML 模型。
- **知识目标**
  - ➢ 掌握 UML 的表示法和建模方法。
  - ➢ 掌握 UML 中的视图和图。
  - ➢ 理解静态建模和动态建模方法及其作用。
  - ➢ 了解 RUP 的概念和分析设计方法。

任务导入

统一建模语言(Unified Modeling Language,UML)是由信息系统(Information System,IS)和面向对象领域三位著名的方法学家 Grady Booch、James Rumbaugh 和 Ivar Jacobson 提出的,由对象管理组织(Object Management Group,OMG)采纳为业界标准。它是一个支持模型化和软件系统开发的图形化语言,为软件开发的所有阶段提供模型化和可视化支持,从需求分析到规划,再到构造和配置。

UML 不仅统一了 Booch、Rumbaugh 和 Jacobson 的表示方法,而且对其作了进一步的改进,并最终统一为大众所接受的标准建模语言。UML 取代目前软件业众多的分析和设计方法(Booch、Coad、Jacobson、Wirfs-Brock 等)成为一种标准,使软件界第一次有了一个统一的建模语言。

UML 是一种定义良好、易于表达、功能强大且普遍适用的建模语言。它融入了软件工程领域的新思想、新方法和新技术,作用域不仅支持面向对象的分析与设计,还支持从需求分析开始的软件开发的全过程。

任务清单

(1) 初识 UML。

(2) UML 的表示方法。

（3）绘制 UML 静态模型。

（4）绘制 UML 动态模型。

2.1 初识 UML

2.1.1 UML 简介

UML(Unified Modeling Language)为面向对象软件设计提供统一的、标准的、可视化的建模语言。适用于描述以用例为驱动，以体系结构为中心的软件设计的全过程。

UML 不是一个独立的软件工程方法，UML 只是一种标准的系统分析和设计的语言，用于系统的建模。

UML 不是程序设计语言，不能用来直接书写程序，实现系统的功能。UML 所建立的系统模型（逻辑模型和实现模型）必须转换为某个程序设计语言的源代码程序，然后经过该语言的编译系统才能生成可执行的软件系统。

1. UML 的定义

UML 的定义包括 UML 语义和 UML 表示法两个部分。

（1）UML 语义

UML 语义给出了基于 UML 精确的元模型定义。元模型为 UML 的所有元素在语法和语义上提供了简单、一致和通用的定义性说明，使开发者能在语义上取得一致，消除了因人而异的表达方法所造成的影响。此外 UML 还支持对元模型的扩展定义。

（2）UML 表示法

UML 表示法定义了 UML 符号的表示法，为开发者或开发工具使用这些图形符号和文本语法为系统建模提供了标准。这些图形符号和文字所表达的是应用级的模型，在语义上它是 UML 元模型的实例。

2. UML 模型图的构成

（1）事物(Things)。UML 模型中最基本的构成元素，是具有代表性的成分的抽象。

（2）关系(Relationships)。关系把事物紧密联系在一起。

（3）图(Diagrams)。图是事物和关系的可视化表示。

2.1.2 UML 发展简史

20 世纪 70 年代面向对象技术出现以后，出现了多种面向对象的软件工程方法，比较流行的有 Booch、Rumbaugh(OMT)、Jacobson(OOSE)、Coad-Yourdon、Fusion、Shlaer-Mellor、Berard、Firesmith、Martin-Odell、Seidewitz-Stark、Wirf-Brock 等，它们各有长处，也各有缺陷。

1994—1996年软件工程学家Grady Booch、Ivar Jacobson、James Rumbaugh先后齐集于Rational公司，携手合作，以各自原创的方法为基础，并汲取其他方法的长处，共同提出了新的面向对象的分析与设计语言——统一模型语言UML。

1997年1月Rational公司向美国工业标准化组织OMG递交了UML 1.0标准文本。

1997年11月OMG宣布接受UML，并正式颁布了UML 1.1作为官方的标准文本。

此后，OMG修改任务组对UML不断进行扩充与完善，相继推出了UML 1.2、UML 1.3、UML 1.4、UML 1.5和UML 2.0。

提示：UML建模的过程是开发面向对象设计方法的第一步，它的标记起源并统一于三种面向对象设计和分析方法的标记。以下是三个代表人物。

- Grady Booch：是面向对象方法最早的倡导者之一，他提出了面向对象软件工程的概念。描述对象集合和它们之间关系的方法(Booch)。
- James Rumbaugh：提出了面向对象的建模技术(OMT，一种软件开发方法)方法，采用了面向对象的概念，并引入各种独立于语言的表示符。这种方法用对象模型、动态模型、功能模型和用例模型，共同完成对整个系统的建模，所定义的概念和符号可用于软件开发的分析、设计和实现的全过程，软件开发人员不必在开发过程的不同阶段进行概念和符号的转换(OMT)。
- Ivar Jacobson：创立了OOSE方法，其最大特点是面向用例(Use-Case)，并在用例的描述中引入了外部角色的概念。用例的概念是精确描述需求的重要武器，用例贯穿于整个开发过程，包括对系统的测试和验证。OOSE比较适合支持商业工程和需求分析(OOSE)。

2.1.3 UML的特点和用途

1. UML的特点

(1) 统一标准。UML统一了各种方法对不同类型的系统、不同开发阶段以及不同内部概念的不同观点，从而有效地消除了各种建模语言之间不必要的差异。作为一种通用的建模语言，已被许多面向对象建模方法的用户广泛使用。UML可以贯穿软件开发周期中的每一个阶段。

(2) 面向对象。(略)

(3) 可视化、表示能力强大。UML建模能力比其他面向对象建模方法更强大。它不仅适合于一般系统的开发，对并行、分布式系统的建模更为适用。UML最适于数据建模、业务建模、对象建模、组件建模。

(4) 独立于开发过程。UML作为一种模型语言，它使开发人员专注于建立产品的模型和结构，而不是选用什么程序语言和算法实现。当模型建立之后，模型可以被UML工具转化成指定的程序语言代码。UML是一种建模语言，而不是一个开发过程。

(5) 概念明确，建模表示法简洁，图形结构清晰，容易掌握使用。

2. UML的用途

UML适用于以面向对象技术描述的任何类型的系统，而且适用于系统开发的全过程，从需求规格描述直至系统完成后的测试和维护。

(1) 建立软件系统模型

UML的目标是以面向对象图的方式来描述任何类型的系统，具有很大的应用领域。其中最常用的是建立软件系统的模型。UML也可用于描述非软件领域的系统，如机械系统、企业机构或业务过程，以及处理复杂数据的信息系统、具有实时要求的工业系统或工业过程等。

模型是现实系统的简化，它是抓住现实系统的主要方面而忽略次要方面的一种抽象。因此，模型既反映了现实系统，又不等同于现实系统。模型是理解、分析、开发或改造现实系统的常用手段。模型和现实系统之间的关系如图2-1所示。

为了建立复杂的系统，软件开发人员必须先抽象出不同的视图，并用精确的表示法来建立模型，最后在模型转换为实现的过程中逐渐添加细节。如图2-2所示，表示法、过程和工具是成功建模的三个要素，三者缺一不可。

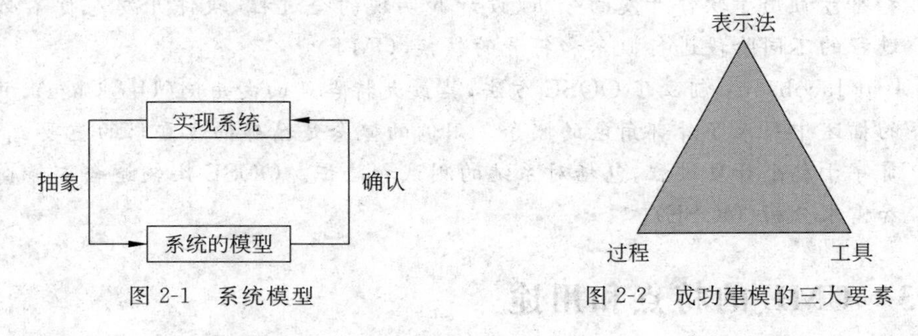

图2-1 系统模型

图2-2 成功建模的三大要素

UML是一种通用的标准建模语言，可以对任何具有静态结构和动态行为的系统进行建模。

(2) 系统开发过程中，从需求规格描述到系统完成后测试的不同阶段

在需求分析阶段，可以用用例来捕获用户需求。通过用例建模，描述对系统感兴趣的外部角色及其对系统(用例)的功能要求。分析阶段主要关心问题域中的主要概念(如抽象、类和对象等)和机制，需要识别这些类以及它们相互间的关系，并用UML类图来描述。为实现用例，类之间需要协作，这可以用UML动态模型来描述。在分析阶段，只对问题域的对象(现实世界的概念)建模，而不考虑定义软件系统中技术细节的类(如处理用户接口、数据库、通信和并行性等问题的类)。这些技术细节将在设计阶段引入，因此设计阶段为构造阶段提供更详细的规格说明。

编程(构造)是一个独立的阶段，其任务是用面向对象编程语言将来自设计阶段的类转换成实际的代码。在用UML建立分析和设计模型时，应尽量避免把模型转换成某种特定的编程语言。因为在早期阶段，模型仅仅是理解和分析系统结构的工具，过早考虑编码问题不利于建立简单正确的模型。

(3) 作为测试和维护阶段的依据

系统通常需要经过单元测试、集成测试、系统测试和验收测试。不同的测试小组使用不同的 UML 图作为测试依据。

2.2　UML 的表示方法

UML 由视图(View)、图(Diagram)、模型元素(Model Element)和通用机制(General Mechanism)等几部分组成。

2.2.1　UML 视图

为了完整地描述一个系统,往往需要描述该系统的许多方面。用视图可以表示被建模系统的各个方面,也就是说,从不同目的出发可以为系统建立多个模型,这些模型都描述同一个系统,只是描述的角度不同,它们之间具有一致性。

UML 的五大视图如下。

(1) Use Case 视图。用例视图描述系统应具备的功能,也就是外部用户所能观察到的功能。用例视图是由用例图组成的,是主要的需求模型,用例视图是其他视图的核心,它的内容直接驱动其他视图的开发。

(2) 逻辑视图(Logical View)。逻辑视图描述系统的设计特性,包括静态结构和动态行为等。系统的静态结构在类图和对象图中进行描述,而动态行为则在状态图、顺序图、协作图以及活动图中进行描述。

(3) 过程视图(Process View)。描述系统的内部控制机制。过程视图由状态图、协作图以及活动图组成。

(4) 实现视图(Implementation View)。实现视图描述软件系统实现的不同方面。例如,源代码结构、运行时的实现结构、软件发行的配置管理。可用组件图来表示系统的实现视图。

(5) 配置视图(Deployment View)。描述系统的物理配置特性及节点结构,由配置图表示。

在建立一个系统模型时,上述的视图和图可根据需要采用。

2.2.2　图

图是用来表达一个视图的内容的,通常,一个视图由多张图组成。

UML 定义的图有以下 5 类。

(1) Use Case 图。

(2) 静态图(包括类图、对象图和包图)。

(3) 行为图(包括状态图和活动图)。

(4) 交互图(包括时序图和协作图)。

(5) 实现图(包括组件图和配置图)。

上述UML图加上支持说明文档组成系统模型。

提示:UML中的图和视图的区别是视图由多个图构成,从不同的角度或目的描述系统;图由各种图片(模型元素符号)构成,用来描述视图的一个内容。

2.2.3 UML模型元素

UML语言中的模型元素包括事物和事物之间的联系。事物是UML中重要的组成部分,它代表任何可定义的东西。事物之间的关系能够把事物联系在一起,组成有意义的结构模型。每一个模型元素都有一个与之相对应的图形元素。

UML由三种基本的构造块组成:事物(Things)、关系(Relationships)、图(Diagrams)。

1. UML语言中的事物

UML语言中事物可以分为结构事物、动作事物、组织事物和注释事物。

(1) 结构事物

结构事物分为类、接口、协作、用例、活动类、构件和节点。

① 类。类是对具有相同属性、方法、关系和语义的对象的抽象。类用包括类名、属性和方法的矩形表示。

② 接口。接口是指类或组件所提供的、可以完成特定功能的一组操作的集合。

③ 协作。描述了一组事物间的相互作用的集合。协作用虚线构成的椭圆表示。

④ 用例。代表一个系统或系统的一部分行为,是一组动作序列的集合。用例用标注了用例名称的实线椭圆表示。

⑤ 活动类。活动类是类对象有一个或多个进程或线程的类。在UML中活动类的表示法和类相同,只是边框用粗线条。

⑥ 构件。构件也称组件,是物理上可替换的,实现了一个或多个接口的系统元素。

⑦ 节点。节点是一个物理元素,它在运行时存在,代表一个可计算的资源,比如一台数据库服务器。

(2) 动作事物

UML语言中动作事物是UML模型中的动态部分,它们是模型的动词,代表时间和空间上的动作。

交互和状态机是UML模型中最基本的两个动态事物元素。

① 交互。交互是一组对象在特定上下文中,为达到某种特定的目的而进行的一系列消息交换组成的动作。在交互中组成动作的对象的每个操作都要详细列出,包括消息、动作次数(消息产生的动作)、连接(对象之间的连接)。

② 状态机。状态机由一系列对象的状态组成。

(3) 组织事物

组织事物也称分组事物,在 UML 模型中只有一种,称为包。包与组件的最大区别在于,包纯粹是一种概念上的东西,仅存在于开发阶段结束之前,而组件是一种物理的元素,存在于运行时。

(4) 注释事物

注释事物是 UML 模型的解释部分,用来对模型中的元素进行说明、解释。在 UML 图中,一般表示为折起一角的矩形。

UML 中基本事物的图形表示如图 2-3 所示。

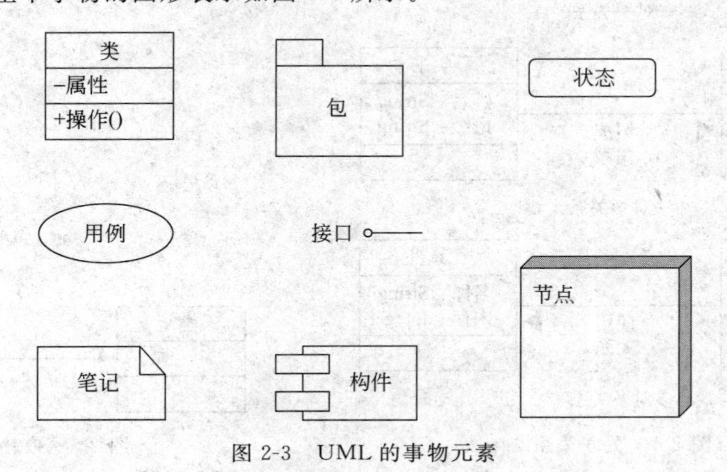

图 2-3 UML 的事物元素

2. UML 语言中的关系

(1) 关联关系

关联关系(Association)是一种结构化的关系,指一种事物与另一种事物有联系。在 UML 图中,关联关系用一条实线表示,在关联的两端可以标注关联双方的角色和多重性标记。类的关联关系如图 2-4 所示。

关联可以有方向,表示该关联在某方向被使用。只在一个方向上存在的关联,称为单向关联,在两个方向上都存在的关联,称为双向关联。

(2) 依赖关系

依赖关系(Dependency)是两个事物之间的语义关系。对于两个事物 A、B,如果事物 A 发生变化,可能会引起对另一个事物 B 的变化,则称 B 依赖于 A。在 UML 图中,依赖关系用一条带有箭头的虚线来表示,如图 2-5 所示。

(3) 泛化关系

泛化关系(Generalization)表示一般与特殊的关系,也称为继承关系。泛化用一条带空心三角箭头的实线表示,从子类指向父类,如图 2-6 所示。

(4) 实现关系

实现关系(Realization)表示一个元素实现另一个元素。例如:类实现接口,协作实现用例,如图 2-7 所示。

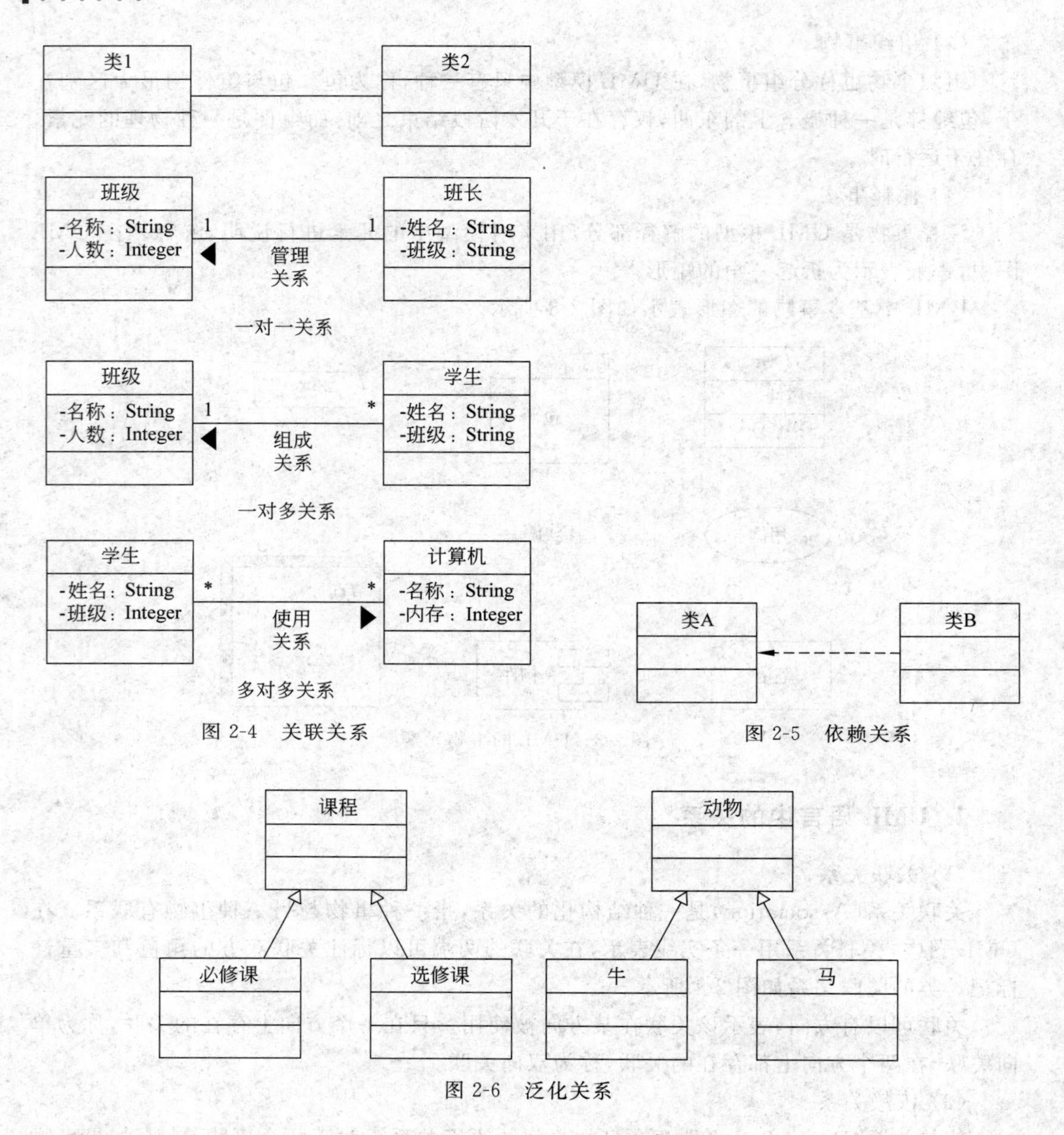

图 2-4　关联关系

图 2-5　依赖关系

图 2-6　泛化关系

（5）聚合关系

聚合关系(Aggregation)，也称为聚集关系，是一种特殊的关联关系，它描述元素之间部分和整体的关系，即一个表示整体的模型元素可能由几个表示部分的模型元素聚合而成，如图 2-8 所示。

图 2-7　实现关系

图 2-8　聚合关系

(6) 组合关系

组合关系(Composition)表示类之间整体和部分的关系,是一种特殊的聚合关系。组合关系中部分和整体具有统一的生存期。一旦组合对象不存在,部分对象也将不存在。即部分对象只能作为组合对象的一部分与组合对象同时存在,如图 2-9 所示。

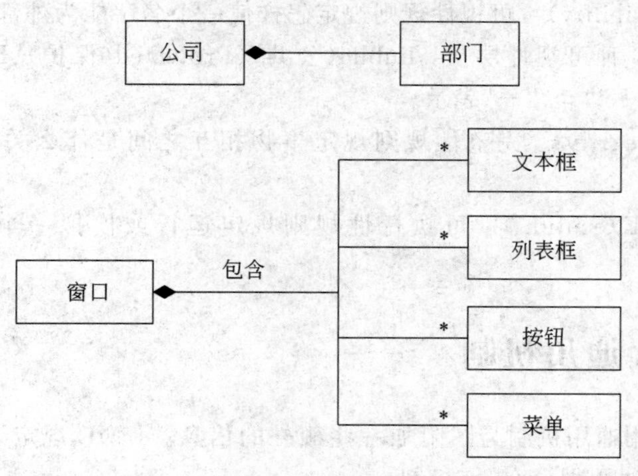

图 2-9　组合关系

提示:聚合和组合的区别在于聚合关系表示整体与部分的关系比较弱,而组合比较强。聚合关系中代表部分事物的对象与代表聚合事物的对象的生存期无关,删除了聚合对象,代表部分事物的对象也可存在;组合关系中一旦删除了组合对象,同时也就删除了代表部分事物的对象。

UML 中关系与符号如表 2-1 所示。

表 2-1　UML 建模关系

关系	用途	表示法	说明
关联	表示类实例(对象)之间连接的描述	—————— ——————→	普通关联 单向关联(导航关联)
依赖	表示两个模型元素之间的依附关系	- - - - - - - -→	从依赖类指向被依赖类
泛化	表示一般与特殊的关系,适用于继承操作	——————▷	从子类指向父类
实现	表示类与接口之间的关系	- - - - - - - -▷	从类指向接口
聚合	表示聚合对象由部分对象组成	——————◇	从部分指向整体
组合	表示类之间整体和部分的关系	——————◆	从部分指向整体

3. 语义规则

UML 定义了一系列的语义规则,用于建立良构模型(Well-formed Model)。

所谓良构模型是指本身在语义上是一致的，且与其他相关的模型协调的模型。

UML对于每一个模型元素规定了以下语义规则。

① 命名(Name)。

② 范围(Scope)。

③ 可视性(Visibility)。可视性规则规定怎样使一个名字能为外部识别和使用。

UML规定了3种可视性层次：Public(公共)、Protected(保护)、Private(私用)。可视性，分别用符号“+”“#”“-”表示。

④ 完整性(Integrity)。完整性规则规定事物相互之间是什么关系才是合适的、一致的。

⑤ 可执行性(Execution)。可执行性规则规定运行或模拟一个动态模型意味着什么。

2.2.4 UML通用机制

UML语言利用通用机制为图附加一些额外的信息。UML规定了语言的4种通用机制：说明、修饰、通用划分、扩展机制。

1. 说明

UML的说明用来描述系统的细节。UML不仅是一种图形语言，其每个图形表示法都有一个说明，提供了对构造块的语法和语义上的文字叙述。

2. 修饰

UML元素有唯一的直接图形表示法，表达该元素最重要的特征。此外，还可以对该元素加上各种装饰，说明其他方面的性质、细节、特征，如可视性标记等。

3. 通用划分

UML语言对其模型元素规定了两种类型的通用划分：类—对象二分法和接口—实现二分法。

(1) 类—对象。描述一个通用描述符与单个元素之间的对应关系。如用例和用例实例(场景)、构件和构件实例、节点和节点实例等。实例元素名字带有下划线，而且后面还要加上冒号和通用描述符的名字。

(2) 接口—实现。接口声明了一个规定了服务的约定，接口的实现负责执行接口的全部语义定义，并实现该项服务。

4. 扩展机制

对UML图示符号的扩展。包括构造型(Stereotype)、标注值(Tagged Value)和约束(Constraint)。

2.3 UML 静态建模

UML 从考虑系统的不同角度出发，定义了用例图、类图、对象图、状态图、活动图、序列图、协作图、组件图、配置图 9 种图。这些图从不同的侧面对系统进行描述，如图 2-10 所示。

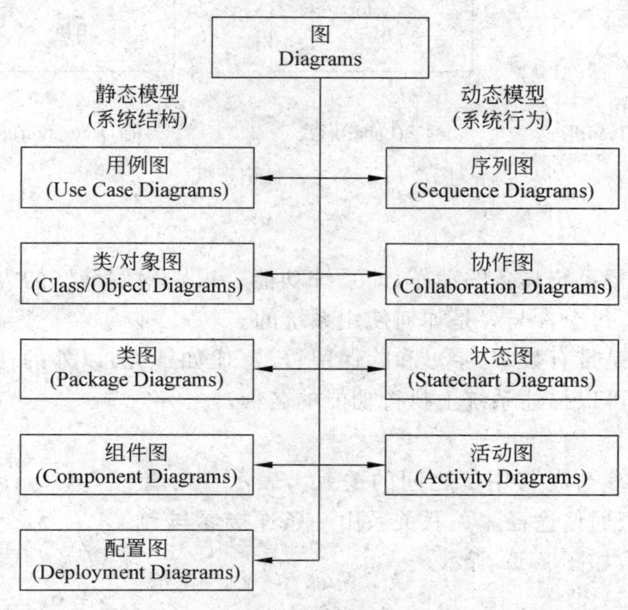

图 2-10 UML 的各种图

任何建模语言都以静态建模机制为基础。UML 的静态建模机制包括用例图、类图、对象图、组件图和配置图等，可以使用它们建立系统的静态结构。

2.3.1 用例图

用例图是从用户角度描述系统功能，是用户所能观察到的系统功能的模型图，用例是系统中的一个功能单元。其用途是帮助开发团队以一种可视化的方式理解系统的功能需求。

用例图是使用 UML 设计新系统的起点。构建用例模型是通过开发者与客户对需求规格说明达成的共识，明确系统的基本功能，为后续阶段的工作打下基础。

在 UML 中，一个用例模型由若干个用例图描述，用例图的主要元素是用例和执行者。

1. 用例图的主要元素

用例图包括六个基本元素：参与者（Actor）、用例（Use Case）、关联关系

(Association)、包含关系(Include)、扩展关系(Extend)和泛化关系(Generalization)。

(1) 参与者

参与者表示使用系统的对象,即系统用户,可以是一个人或另一个系统。通过向系统输入或请求系统输入某些事件来触发系统的执行。

参与者是角色(Role)而不是具体的人,它代表了参与者在与系统打交道的过程中所扮演的角色。标记符号如图 2-11 所示。

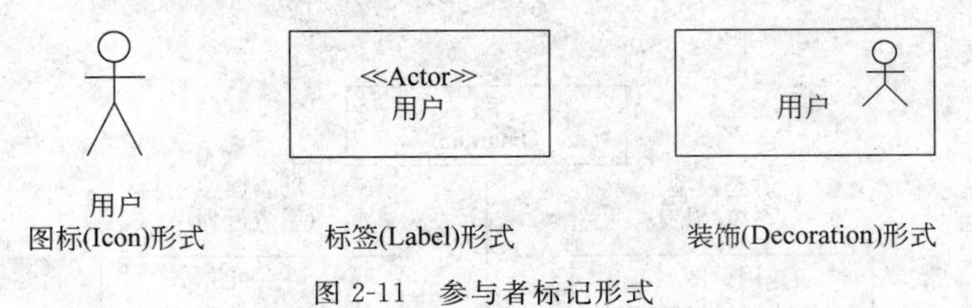

图 2-11 参与者标记形式

(2) 用例

用例是用户希望系统具备的动作,即系统功能。识别用例最好的方法是从分析系统的参与者开始,分析每个参与者是如何使用系统的。

用例名称可以是带有数字、字母和除保留符号(比如冒号)以外的任何符号的任意字符串。要尽量使用可以描述系统上执行功能的名称。

(3) 关联关系

关联关系是指参与者与用例之间的关系。表示参与者与用例之间的交互、通信途径。关联关系由一条连接参与者和用例的线来表示,如图 2-12 所示。

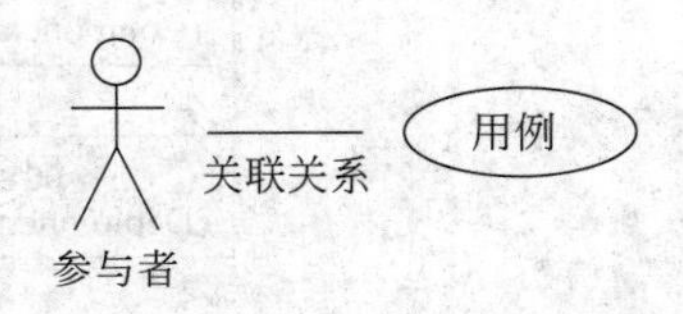

图 2-12 关联关系

(4) 包含关系

包含关系是指用例之间的关系。客户用例可以简单地包含提供者用例具有的行为,并把它所包含的用例行为作为自身行为的一部分。在包含关系中,箭头指向被包含的用例,如图 2-13 所示。

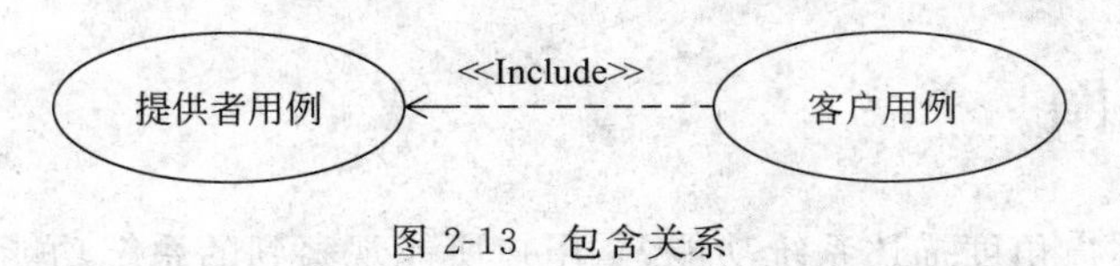

图 2-13 包含关系

(5) 扩展关系

在一个用例中增加一些新的动作,则构成了另一个用例。这两个用例之间的关系成为扩展关系,属于泛化关系的一种。在扩展关系中,箭头出发的用例为基用例,箭头指向的用例为被扩展的用例,称为扩展用例,如图 2-14 所示。

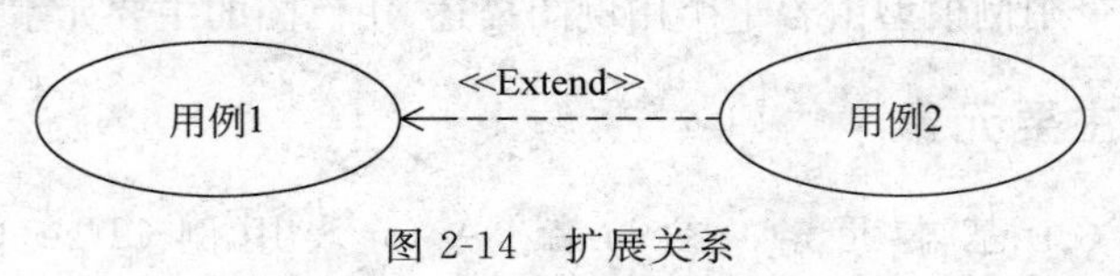

图 2-14 扩展关系

(6) 泛化关系

在用例图中，使用泛化关系来表示一般和特殊的关系。泛化关系既可以存在于用例之间，也可以存在于参与者之间，发出箭头的一方代表特殊的一方，箭头指向的一方代表一般的一方，特殊方继承了一般方的特性并增加了新的特性。泛化关系如图 2-15 所示。

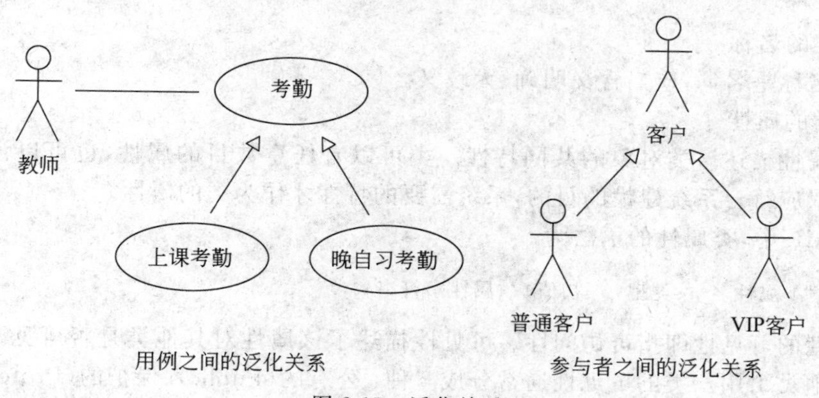

图 2-15 泛化关系

2. 用例图实例

学生上网浏览新闻的用例图如图 2-16 所示。

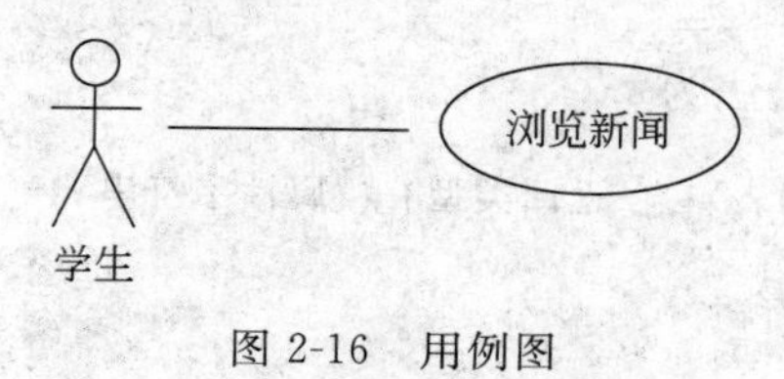

图 2-16 用例图

2.3.2 类图

类图是描述类、接口及它们之间关系的图。类图显示系统中各个类的静态结构。

类图是面向对象系统建模中最常用的图。类图是定义其他图的基础，在类图的基础上，可以用状态图、协作图等进一步描述系统其他方面的特性。

系统可有多个类图，单个类图仅表达了系统的一个方面。一般在高层给出类的主要职责，在低层给出类的属性和操作。

1. 类

类(Class)是构成类图的基础，也是面向对象系统组织结构的核心。类包括名称(Name)、属性(Attribute)和操作(Operation)三个组成部分。类图的表示方法如图 2-17 所示。

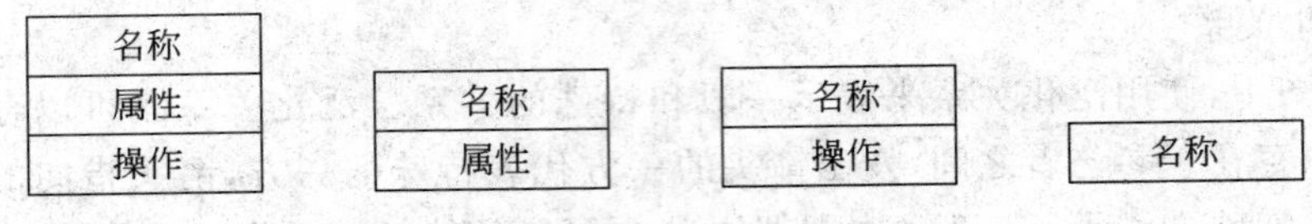

图 2-17 类图表示方法

(1) 类的名称

类的名称是名词,应当含义明确、无歧义。

(2) 类的属性

类的属性描述该类对象的共同特性。类可以有任意数目的属性,也可以没有属性。属性的选取应符合系统建模的目的,系统需要的特性才作为类的属性。

在 UML 中,类属性的语法为

[可见性] 属性名 [:类型] [=初值] [{属性字符串}]

类属性的可见性即指可访问性。可见性描述了该属性对其他类是否可见,以及是否可以被其他类引用。类的可见性通常分成 3 种:公有的(Public)、保护的(Protected)和私有的(Private),分别用加号(+)、井号(#)和减号(-)表示。

属性字符串是用户对该属性性质的一个约束说明。例如:{只读}。

(3) 类的操作

类的操作用于修改、检索类的属性或执行某些动作。一个类可以有任意数量的操作或者根本没有操作。

在 UML 中,类操作的语法为

[可见性] 操作名 [(参数列表)] [:返回类型] [{属性字符串}]

2. 接口

在 UML 中接口(Interface)通常只包含操作而不包含属性。一个类可以实现一个或多个接口。

3. 类图中的关系

类图中的关系有依赖关系(Dependency)、泛化关系(Generalization)、关联关系(Association)、实现关系(Realization)、聚合关系(Aggregation)和组合关系(Composition)。这些关系前面已经介绍过,在此不再赘述。

计算机的类图如图 2-18 所示。

2.3.3 对象图

对象是类的实例。因此,对象图可以看作是类图的实例,表示在某一时刻类的具体实例和这些实例之间的具体连接关系。对象图几乎使用与类图完全相同的标识,它们的区别在于对象图中对象的名字下面要加下划线。

对象图并不是单独存在的,通常出现在协作图、时序图中,也用于类图建模技术。

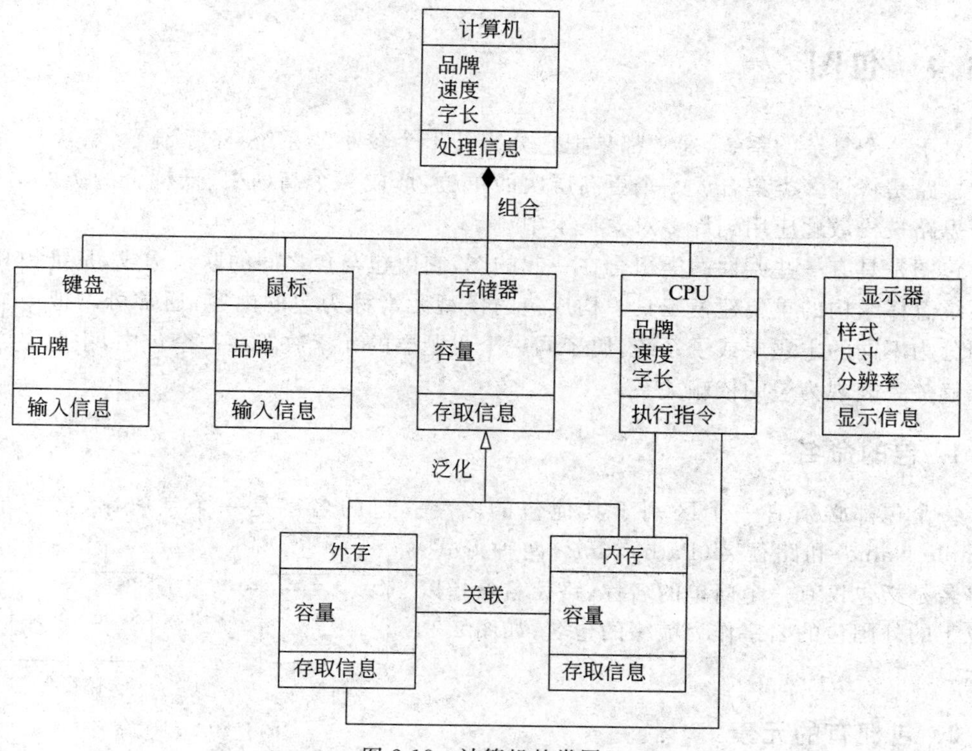

图 2-18 计算机的类图

对象有以下 3 种表示方式。

(1) 对象名：类名。

(2) ：类名。

(3) 对象名。

对象图如图 2-19 所示。

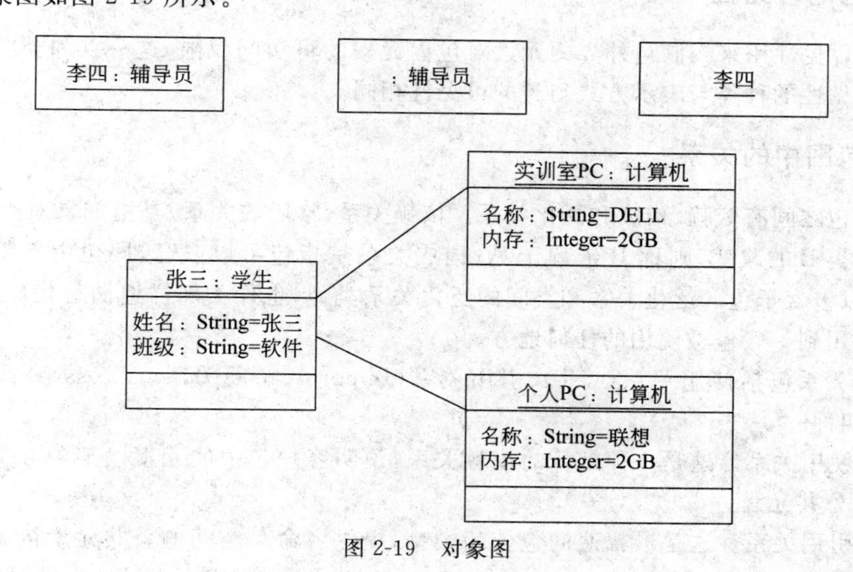

图 2-19 对象图

2.3.4 包图

对于一个复杂的系统，通常都是把它分为若干个较小的系统（子系统）。解决这个问题的思路是将许多类集合成一个更高层次的单位，形成一个高内聚、低耦合的类的集合。这个思路被松散地应用到许多对象技术中。

包图是具有一些共性的类组合在一起的图，它由包与包之间的联系构成，是维护和控制系统总体结构的重要建模工具。构成包的模型元素称为包的内容，通常可以把一个系统划分为不同的主题层或子系统，属于同一个主题层的元素放置在一个包中，主题层之间的依赖关系表现为包的依赖关系。

1. 包的命名

每个包都必须有一个区别于其他包的名字。包的名字是一个字符串，有简单名(Simple Name)和路径名(Path Name)两种形式。简单名是指包仅有一个简单的名称，路径名是指以包位于的外围包的名字作为前缀的包名，如图2-20所示。

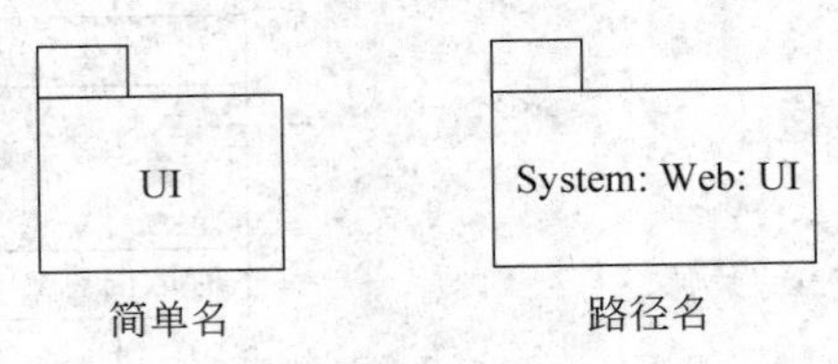

图2-20　包图命名

2. 包拥有的元素

包是对模型元素进行分组的机制，它把模型元素划分成若干个子集。包可以拥有UML中的其他元素，包括类、接口、组件、节点、协作、用例和图，包甚至还可以包含其他包。可以用文字或者图形的方式来显示包的内容。一个模型元素不能被一个以上的包所拥有。如果包被撤销，其中的元素也要被撤销。

3. 包的可见性

包的可见性用来控制包外界的元素对包内元素的可访问权限，这一点和类的可见性类似。可见性的种类与表示方式与类的可见性相同。

4. 包图中的关系

包与包之间有依赖、构成和泛化关系。依赖关系（常用的关系）是指如果对类A的修改将导致类B的改变，则称B依赖于A；构成关系是指包可以嵌套，即包中不仅可包含类，还可以包含子包。泛化关系和类间的泛化关系类似，也像类那样遵循替代原则，特殊包可以应用到一般包被使用的任何地方。

依赖关系包括使用关系(Use)、引用关系(Import)、访问关系(Access)和跟踪关系(Trace)四种。

(1) 使用关系。这是一种默认的依赖关系，说明客户包中的元素以某种方式使用提供者包的公共元素。

(2) 引用关系。这是最普遍的包依赖类型，提供者命名空间的公共元素被添加为客户包命名空间上的公共元素。

(3) 访问关系。提供者命名空间的公共元素被添加为客户包命名空间上的私有元素。

(4) 跟踪关系。通常表示一个元素历史地发展成为另一个进化版本。

2.3.5 组件图

UML 中的物理实现图包括组件图(构件图)和配置图(部署图)两种类型。组件图(Component Diagram)可以描述软件的各个组件以及它们之间的关系,配置图可以描述硬件以及它们之间的关系。

1. 组件

组件(Component)是定义了良好接口的物理实现单元,是系统中可替换的物理部件,它包装了实现而且遵从并统一提供一组接口的实现。

组件一般表示实际存在的、物理的物件,它具有很广泛的定义。程序源代码、子系统、动态链接库、ActiveX 控件、JavaBean、Java Servlet、Java Server Page 都可以被认为是组件。

在 UML 中,组件用一个左侧带有两个突出小矩形的矩形来表示。每个组件都必须有一个不同于其他组件的名称。组件的名称是一个字符串,位于组件图的内部,如图 2-21 所示。组件的名称有两种:简单名和路径名。通常,UML 图中的组件只显示其名称。

Component

图 2-21 组件图

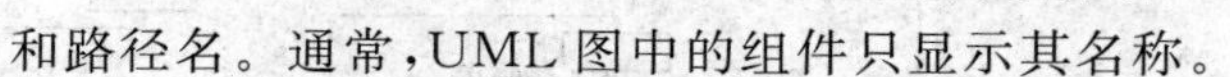

组件类型有 3 种:配置组件、工作产品组件和执行组件。

(1) 配置组件是运行系统需要配置的组件,是形成可执行文件的基础。操作系统、Java 虚拟机和数据库管理系统都属于配置组件。

(2) 工作产品组件包括模型、源代码和用于创建配置组件的数据文件,它们是配置组件的来源。工作产品组件包括 UML 图、Java 类和 JAR 文件、动态链接库(dll)和数据库表等。

(3) 执行组件是在运行时创建的组件,是最终可运行的系统产生的允许结果。EJB、Servlets、HTML 和 XML 文档、COM+和.NET 组件以及 CORBA 组件都是执行组件的例子。

2. 组件接口

组件可以通过其他组件的接口,使用其他组件中定义的一些操作。在 UML 中,接口使用一个小圆圈来表示。接口和组件之间的关系有实现关系(Realization)和依赖关系(Dependency)两种。接口和组件之间用实线连接表示实现关系,用虚线连接表示依赖关系,如图 2-22 所示。

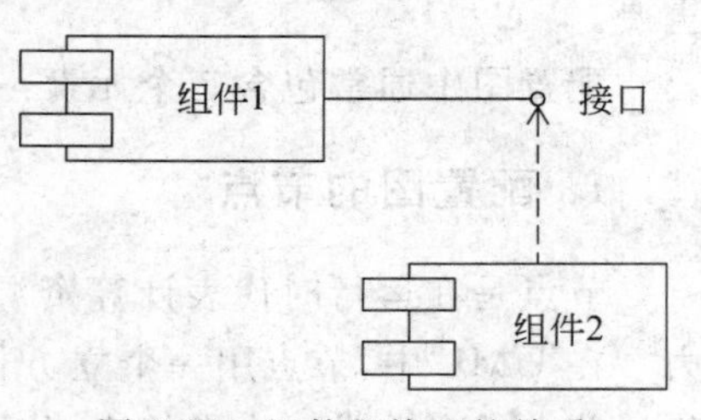

图 2-22 组件和接口的关系

组件的接口分为两种类型:导入接口(Export Interface)和导出接口(Import Interface)。其中导入接口由访问操作的组件使用,导出接口由提供操作的组件提供。例如,图 2-22 中的接口对组件 1 来说是导出接口,对组件 2 来说是导入接口。

3. 组件的依赖关系

组件图用依赖关系表示各组件之间存在的关系类型。在 UML 中,组件图中依赖关系的表示方法与类图中依赖关系相同,都是一个由客户指向提供者的虚线箭头。

在图 2-23 中,表示了"客户"和"提供者"两个组件,"客户"端组件依赖于"提供者"组件。

图 2-23 组件之间的依赖关系

4. 组件的嵌套

组件可以嵌套在其他组件中。在图 2-24 中事务处理组件由事物逻辑、数据访问和用户接口三个组件组成。

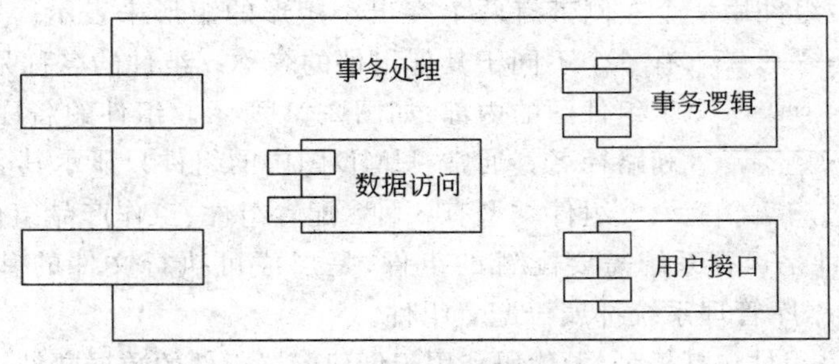

图 2-24 组件的嵌套

2.3.6 配置图

配置图(也称为部署图)用来描述系统中硬件和软件的物理架构。如系统中包括的计算机和其他硬件设备,它们的位置以及它们之间是如何相互连接的,系统程序和进程在哪一台计算机上运行等。配置图对于嵌入式、客户/服务器和分布式系统的可视化建模很重要。

配置图中通常包含三个元素:节点、组件和连接(关系)。

1. 配置图的节点

节点是在运行时代表计算资源的物理元素,节点通常拥有一些内存,并具有处理能力。在 UML 中,节点用一个立方体来表示,每一个节点都有一个区别于其他节点的名称。节点的名称是一个字符串,位于节点图标内部。节点名称通常是从现实的词汇表中抽取出来的短名词或名词短语。节点的名称有两种：简单名和路径名。

在实际的建模过程中，可以把节点分成两种类型，如图 2-25 所示。

(1) 处理器(Processor)。处理器是能够执行软件构件、具有计算能力的节点。例如，PC、服务器、工作站等都属于处理器。

(2) 设备(Device)。设备是没有计算能力的节点，通常是通过其接口为外界提供某种服务。例如，打印机、扫描仪等都是设备。

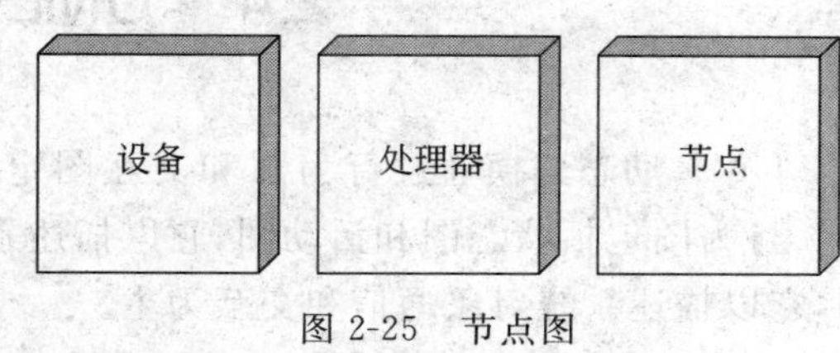

图 2-25　节点图

2. 配置图中的组件

(1) 配置图可以将节点和组件结合起来，处理资源和软件实现之间的关系。

(2) 当组件驻留在某个节点时，可以将它建模在该节点的内部，表示它们处在同一个节点上，并且在同一个节点上执行。

(3) 为显示组件之间的逻辑通信，可以通过虚线箭头将不同组件连接在一起，表示它们之间的依赖关系。

驻留在节点上的组件如图 2-26 所示。

3. 配置图中的关系

配置图中通常包括依赖关系和关联关系。

(1) 依赖关系使用虚线箭头表示，它通常用在配置图的组件和组件之间。

(2) 关联关系表示各节点之间的通信路径，用一条直线表示，说明在节点间存在某类通信路径，节点通过这条通信路径交换对象或发送信息。关联关系一般不使用名称，如图 2-27 所示。

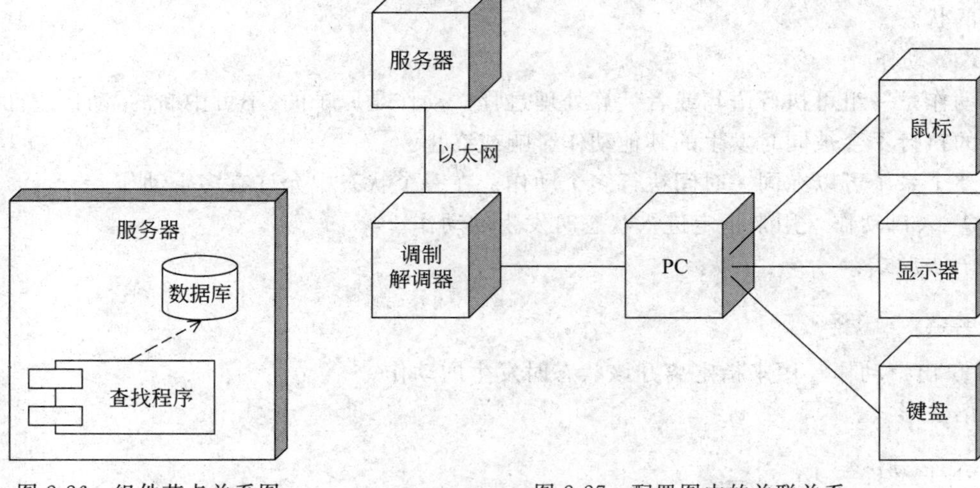

图 2-26　组件节点关系图

图 2-27　配置图中的关联关系

2.4 UML动态建模

UML动态建模通过行为图和交互图定义并描述了系统结构元素的动态特性及行为。行为图包括状态图和活动图,它以描述系统状态转移为主;交互图包括协作图和顺序图,它以描述系统对象通信和交互为主。

UML动态建模主要采用面向对象技术。在面向对象技术中,对象间的交互是通过对象间消息的传递来完成的。具体表现为一个对象对另一个对象方法(操作)的调用。

2.4.1 状态图

1. 状态图的基本概念及特点

状态图(State Diagram)用来描述一个特定对象的所有可能状态及其引起状态转移的事件。大多数面向对象技术都用状态图表示单个对象在其生命周期中的行为。

2. 状态图的基本要素

(1) 状态

对象的状态是指在这个对象的生命期中的一个条件或状况,在此期间对象将满足某些条件、执行某些活动,或等待某些事件。

(2) 转移

转移是由一种状态到另一种状态的迁移。这种转移由被建模实体内部或外部事件触发。转换用带箭头的直线表示,一端连接源状态即转出的状态,箭头一端连接目标状态即转入的状态。

(3) 动作

动作是一组可执行语句或者计算处理过程。动作是原子的、不可中断的,动作或动作序列的执行不会被同时发生的其他动作影响或终止。

整个系统可以在同一时间执行多个动作。在一个状态中允许有多个动作。

① 入口动作。用来指定进入状态时发生的动作。

语法形式:

```
entry/动作名
```

② 出口动作。用来指定离开该状态时发生的动作。

语法形式:

```
exit/动作名
```

入口动作和出口动作状态图如图2-28所示。

③ 内部转移。用于标记内部活动,用来指定处于该状态时执行的动作。

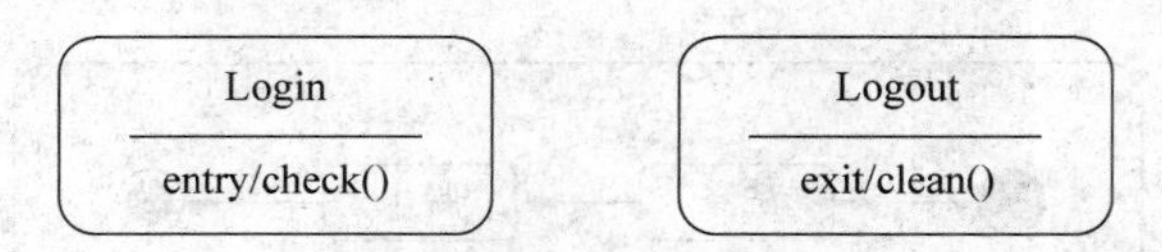

图 2-28 入口动作和出口动作状态图

语法形式：

do/动作名

3. 状态图的可视化图标

状态图的常用可视化图标表示见表 2-2 所示。

表 2-2 常用状态图图标

可视化图标	名　称	描　　述
	初始状态	在一个状态图中只允许有一个，用一个实心圆表示
状态	中间状态	圆角的矩形，表示状态图的简单状态
	终止状态	套有一个实心圆的空心圆，表示状态图的终点
	条件判断	表示状态间的条件分支转移
	并发条	表示并发状态
	转移	说明两个对象间存在某种关系，如满足某个条件并当某一事件发生时，对象将从一个状态变迁到另一个状态，同时执行一些活动
	注释体	对 UML 实体进行文字描述
	注释连接	将注释体与要描述的实体相连接，说明该 Note 是针对该实体所进行的描述

4. 状态图实例

【实例 2-1】 顺序状态图。

例如，人一生经历的各个阶段的状态变化是单方向的，其状态图如图 2-29 所示。

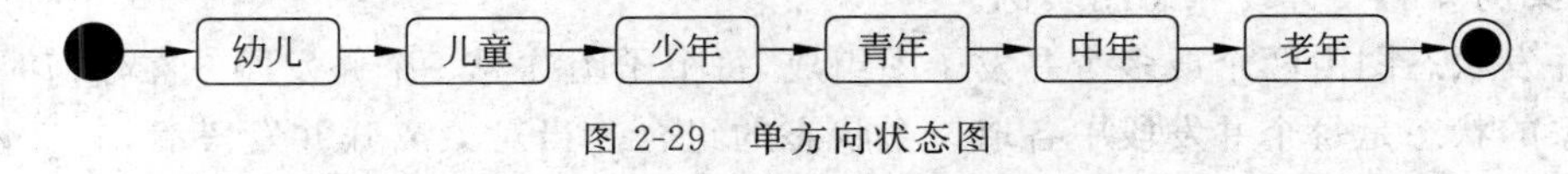

图 2-29 单方向状态图

【实例 2-2】 组合状态图。

洗衣机的工作状态含有洗涤和脱水两种子状态，是组合状态。其工作状态图如图 2-30 所示。

【实例 2-3】 转移状态图。

对于一个给定状态，只能产生一个转移。因此从相同状态出来的、事件相同的几个转

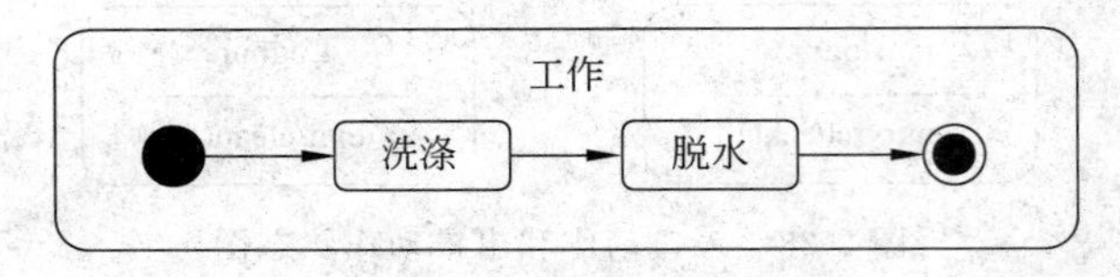

图 2-30　组合状态图

移条件是互斥的。

发货检查状态图就是转移状态图，如图 2-31 所示。

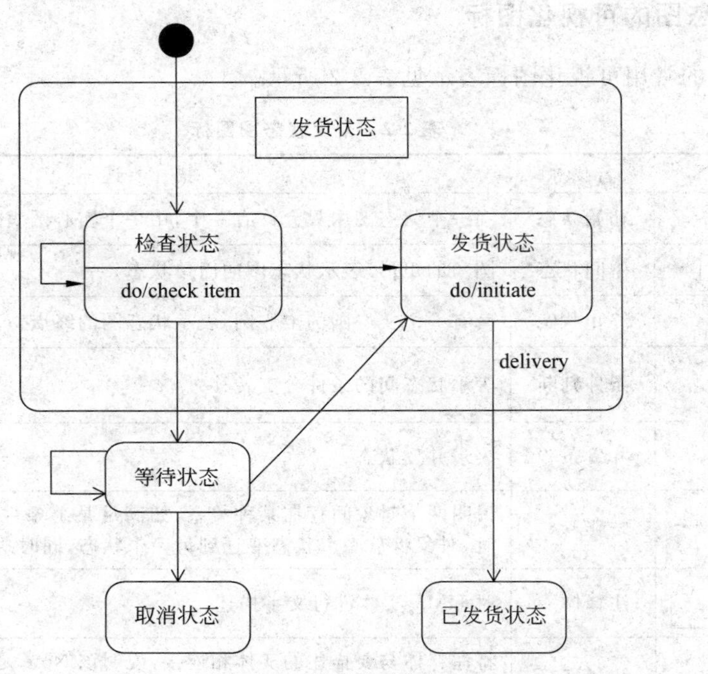

图 2-31　转移状态图

图中列出了从检查状态引出的三个条件。

(1) 若没有检查完所有项，则取下一项并回到检查状态继续检查。

(2) 若已检查完所有项，且都有足够的货物，则转移到发货状态。

(3) 若已检查完所有项，但有一些项缺货，则转移到等待状态。

【实例 2-4】 并发状态图实例。

并发状态图由两个或多个并发子图组成，每个子图称为一个并发段。在任何时刻，一个对象的状态是每个并发段中各取一个状态的组合。当对象离开并发段后，它又恢复成一个单一的状态。

如果并发子图中的一个状态首先完成，它将首先转入下一个状态。但是，如果异常事件发生，则进入唯一的异常状态。

当一个对象有几个相互独立的行为时，并发状态图可以方便地刻画它的行为。但一个对象的并发行为不应太多。如果太多，应将其状态图细分。

如图 2-32 所示的发货检查状态图属于并发状态图。

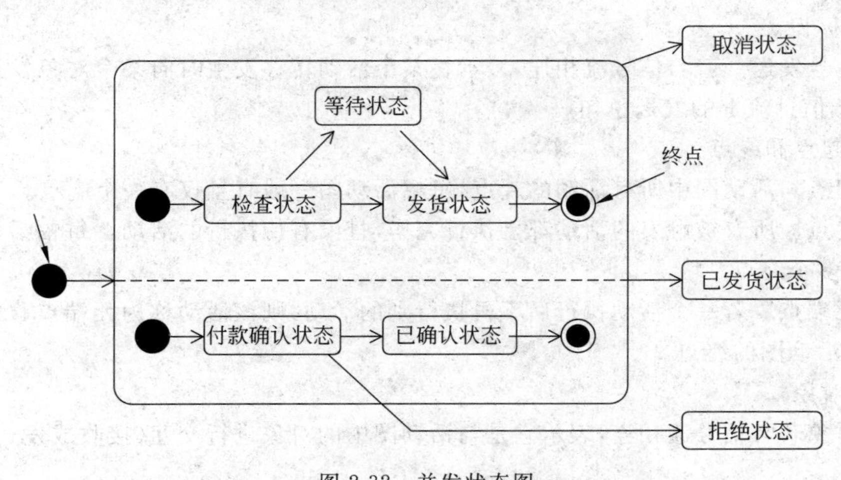

图 2-32 并发状态图

2.4.2 活动图

1. 活动图的基本概念及特点

活动图(Activity Diagram)是状态转换图的扩展,状态图显示了一个对象的状态及其转换的过程。而活动图用于描述动作(执行的工作和活动),对象状态改变的结果,突出了活动本身。活动图被设计用于简化和描述一个过程或操作的工作步骤。

活动图类似于程序流程图,不同之处在于它支持并行活动。活动图的核心符号是活动,通过连接将活动组成活动图,如图 2-33 所示。

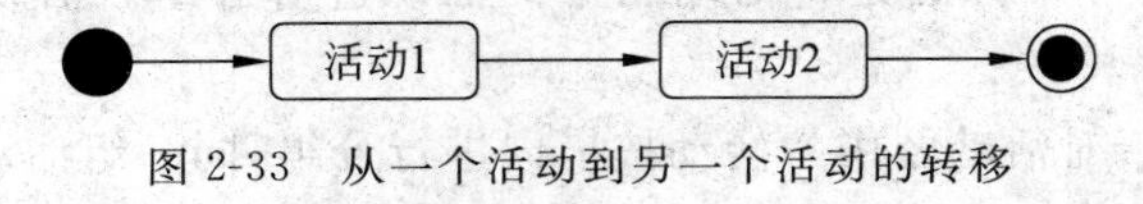

图 2-33 从一个活动到另一个活动的转移

2. 活动图的基本要素

(1) 活动和组合活动

① 活动。活动图所描述的过程中的某一原子活动(即不可再被细分)。

② 组合活动。活动图所描述的过程中的某一活动可再分为成多个活动(一般用另一张活动图加以描述)的活动。

(2) 特殊活动

① 条件判断。表示活动流程中的判断。通常有多个信息流从它引出,表示决策后的不同活动分支。

② 同步条。表示活动之间的同步。一般有一个或多个信息流向它引入,有一个或多个信息流从它引出。表示引入的信息流同时到达,引出的信息流被同时触发。

③ 信号接收。若与信号流相连，表示它是某个活动转移的必要条件，等价于信息流上的事件标识。

④ 信号发送。若与信号流相连，表示在某个活动转移发生时向某个对象发送一个信号，等价于信息流上的发送子句。

(3) 起点和终点

① 起点。活动图中所有活动的起点，每幅活动图一般有且仅有一个起点。

② 终点。所有被触发的活动都已执行完毕，且没有待执行的活动。每幅活动图一般有一个或多个终点。

③ 死端点。若一个活动执行后不再执行别的活动，则该活动称为死端点。此时没有定义该幅活动图的终点。

(4) 对象

① 对象若与信号流相连，表示它是与活动图中的对象进行交互(接收或发送信号)的其他对象。

② 对象若与数据流相连，表示它是活动的输入或输出。

(5) 信息流、数据流、信号流

① 信息流。用于连接活动、组合活动及特殊活动(如起点、终点、同步条及判断等)，表示活动的转移。

② 数据流。用于连接活动与对象，表示该对象是该活动的输入或输出。

③ 信号流。将一个控制信号发送(或控制信号接收)与一个对象相连接，表示向该对象发送(或由该对象接收)一个控制信号。

(6) 泳道和时标

活动图能指出发生了什么，但不能指出该项活动由谁来完成。因而无法描述每个活动由谁来负责。活动图也不能指出该项活动需要在哪个阶段完成，因而无法描述项目计划。

解决这个问题的一种方法是将活动图中的活动进行分组。活动图有以下三种分组方法。

① 泳道法。用于对活动图中的活动按横向进行分组，同一组活动由一个或多个对象负责完成。用线条将活动分成一些纵向的矩形，这些矩形称为泳道。每个矩形属于一个特定的对象或部门的责任区。

② 时标法。用于对活动图中的活动也是按横向进行分组，同一组活动都是属于在同一阶段要完成的活动。

③ 泳道和时标相结合的方法。横向按时标分组、纵向按泳道分组。

(7) 注释体和注释连接

① 注释体。用于对UML实体进行文字描述。

② 注释连接。用于将注释体与要描述的实体相连，说明该注释体是针对该实体所进行的描述。

3. 活动图的可视化图标

活动图的常用可视化图标表示见表2-3所示。

表 2-3 常用活动图图标

可视化图标	名 称	描 述
●	起点	活动图中所有活动的起点，一般每幅活动图有且仅有一个起点
◉	终点	活动图中活动的终点，一般每幅活动图有一个或多个终点
活动	活动	活动图所描述的过程中的某一活动，不可再被细分
组合活动	组合活动	活动图所描述的过程中的某一活动。该活动可再细分成多个活动（一般用另一张活动图加以描述）
对象	对象	若与信号流相连，表示它是与活动图中的对象进行交互（接收或发送信号）的其他对象；若与数据流相连，表示它是活动的输入产品或输出产品
泳道	泳道	用于对活动图中的活动进行分组，同一组活动由一个或多个对象负责完成
▬	同步条	一种特殊活动，表示活动之间的同步。一般有一个或多个信息流向它引入，有一个或多个信息流从它引出，表示引入的信息流同时到达，引出的信息流被同时触发
信号接收	信号接收	一种特殊活动，若与信号流相连，表示相应信号的接收是某个活动转移的必要条件
信号发送	信号发送	一种特殊活动，若与信号流相连，表示在某个活动转移发生时向某个对象发送一个信号
→	信息流	用于连接活动、组合活动及特殊活动（如起点、终点、同步条及判断等），表示活动的转移
→	数据流	连接活动与对象，表示该对象是该活动的输入或输出
- - - - - - - ->	信号流	将一个信号发送（或信号接收）与一个对象相连接，表示向该对象发送（或由该对象接收）一个信号
- - - - - - - - - -	注释连接	将注释体与要描述的实体相连，说明该注释体是针对该实体所进行的描述
◇	分支	根据条件，控制执行方向
	分叉	以下的活动可并发执行
	结合	以上的并发活动在此结合

4. 活动图实例

【实例 2-5】 带泳道的活动图——“师生讨论问题”的活动图，如图 2-34 所示。

“师生讨论问题”活动图实例的特点是：一个活动是由多个对象共同完成的。这样的活动标在泳道线上，表示这个活动是由多个对象共同完成的。

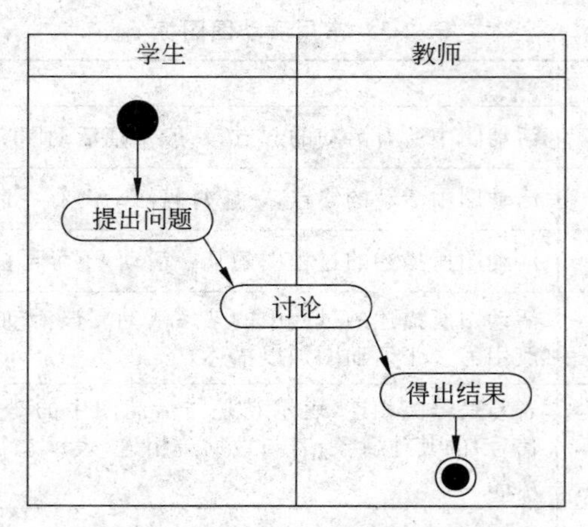

图 2-34 “师生讨论问题”的活动图

【实例 2-6】 带泳道的活动图——“打印文件”的活动图,如图 2-35 所示。

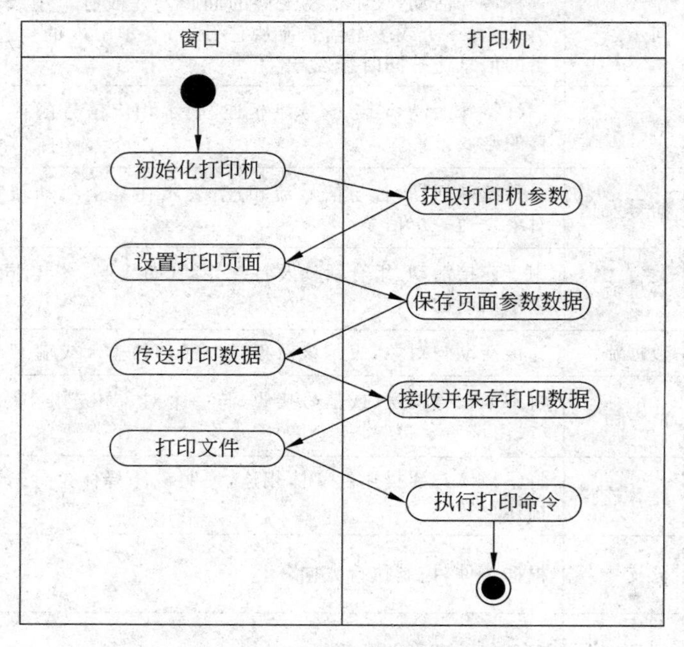

图 2-35 “打印文件”的活动图

“打印文件”活动图实例的特点是:这些活动分别属于两个对象(“窗口”和“打印机”)。这是一个比较简单的活动图,每个活动都属于单一的对象。

【实例 2-7】 带分支的活动图——“课程选择”的活动图,如图 2-36 所示。

【实例 2-8】 带分叉的活动图——“购买商品”的活动图,如图 2-37 所示。

与分支不同,交叉表示同时开始多个分支。“商品打包”和“付款”两个活动是并行的,即这两个活动的执行次序是随意的,可以先执行“商品打包”活动,再执行“付款”活动,或可以先执行“付款”活动,再执行“商品打包”活动,也可以两个活动同时交叉进行。

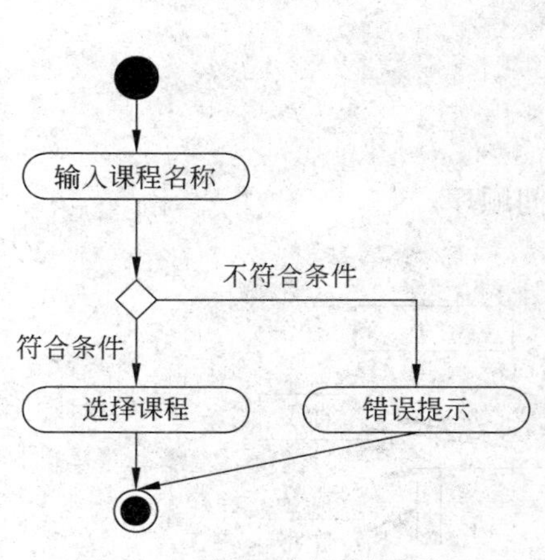

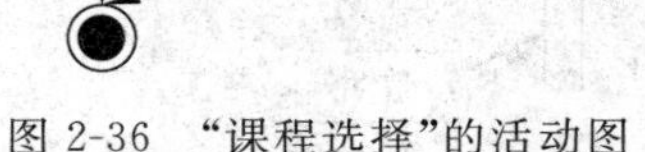
图 2-36 “课程选择”的活动图

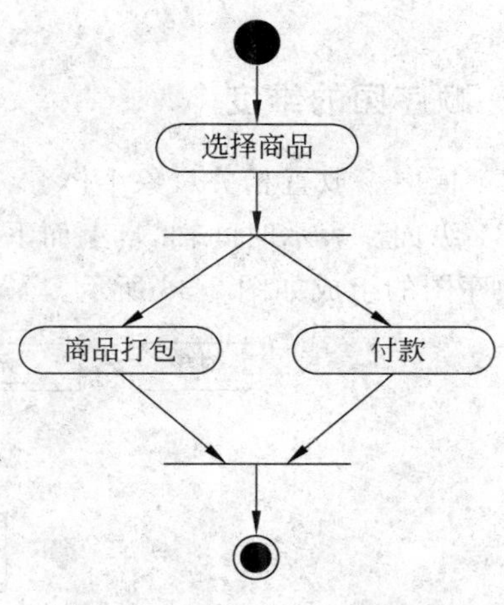

图 2-37 “购买商品”的活动图

2.4.3 顺序图

1. 顺序图的基本概念及特点

顺序图(Sequence Diagram)是用来描述为了完成某确定事务,对象之间按照时间顺序进行消息交互的图。顺序图的一个用途是用来表示用例中的行为顺序。顺序图具备了时间顺序的概念。

顺序图直观地表示出了对象的生命周期,对象可以对输入消息作出响应,并且可以返回消息。

2. 顺序图中的基本要素

(1) 对象。顺序图的横轴上是与序列有关的对象。顺序图中对象的符号和对象图中对象所用的符号一样。对象间的排列顺序并不重要,但一般把表示参与者的对象放在图的两侧,主要参与者放在最左边,次要参与者放在最右边(或表示人的参与者放在最左边,表示系统的参与者放在最右边)。将对象置于顺序图的顶部意味着在交互开始的时候对象就已经存在了。如果对象的位置不在顶部,那么表示对象是在交互的过程中被创建的。

(2) 生命线。生命线在顺序图中表示为从对象图标向下延伸的一条虚线,表示对象存在的时间。每个对象都有自己的生命线,如果对象生命线结束,则用注销符号表示。

(3) 激活。如果对象接收到消息后立即执行某个动作,称对象被激活,激活用细长的矩形框表示,写在该对象的下方。表示该对象正在执行某个操作,激活条的长短表示执行操作的时间。

(4) 消息。消息用从一个对象的生命线到另一个对象生命线的带箭头的线表示。箭头方向指向接收消息的对象,消息线的箭头形状表示消息的类型。消息出现的次序自上而下,对象也可以向自己发送消息。消息线上标注消息名,也可以加上参数并标注一些控制信息。

3. 顺序图的维度

(1) 横向。放置相关对象个体。

(2) 纵向。表示时间轴，自上而下地表示时间顺序。

顺序图的组成如图 2-38 所示。

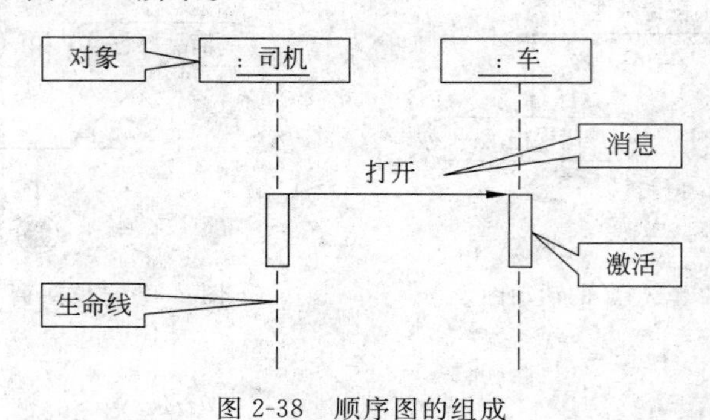

图 2-38 顺序图的组成

4. 顺序图的可视化图标

顺序图的常用可视化图标表示见表 2-4 所示。

表 2-4 常用顺序图图标

可视化图标	名 称	描 述
Object: Class	带有生命线的对象	表示顺序图中参与交互的对象，每个对象的下方都带有生命线，用于表示该对象在某段时间内是存在的
	激活的对象	表示对象正在执行某一动作，在对象的生命线之间发送消息的同时激活对象
	分支生命线	生命线可分成多条生命线，表示条件，接收分支消息
×	删除标志	标于生命线或激活上。表示已删除该对象或活动的执行
	简单消息	表示简单的控制流。用于描述控制如何在对象间进行传递
	同步消息	表示嵌套的控制流。操作的调用是一种典型的同步消息。调用者发出消息后必须等待消息的返回。当处理消息的操作执行完毕，调用者才可继续执行自己的操作
	异步消息	表示异步控制流。当调用者发出消息后不用等待消息的返回即可继续执行自己的操作。异步消息主要用于描述实时系统中的并发行为
	返回消息	表示从同步消息激活的动作返回到调用者的消息

续表

可视化图标	名 称	描 述
- - - - - - - - - -	注释连接	将注释体与要描述的实体相连，说明该注释体是对该实体所进行的描述
(注释体图标)	注释体	对 UML 实体进行文字描述

5. 顺序图实例

【实例 2-9】 学生使用计算机编程准备工作顺序图如图 2-39 所示。

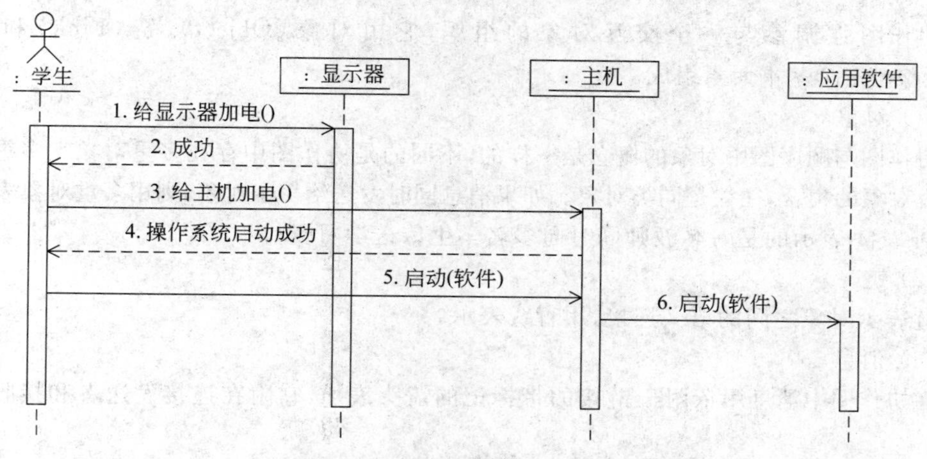

图 2-39 学生编程准备工作顺序图

【实例 2-10】 用户使用计算机打印文件，计算机向打印服务器发送打印命令，打印机如果空闲，则直接打印，否则把打印文件存储在打印队列中。打印文件顺序图如图 2-40 所示。

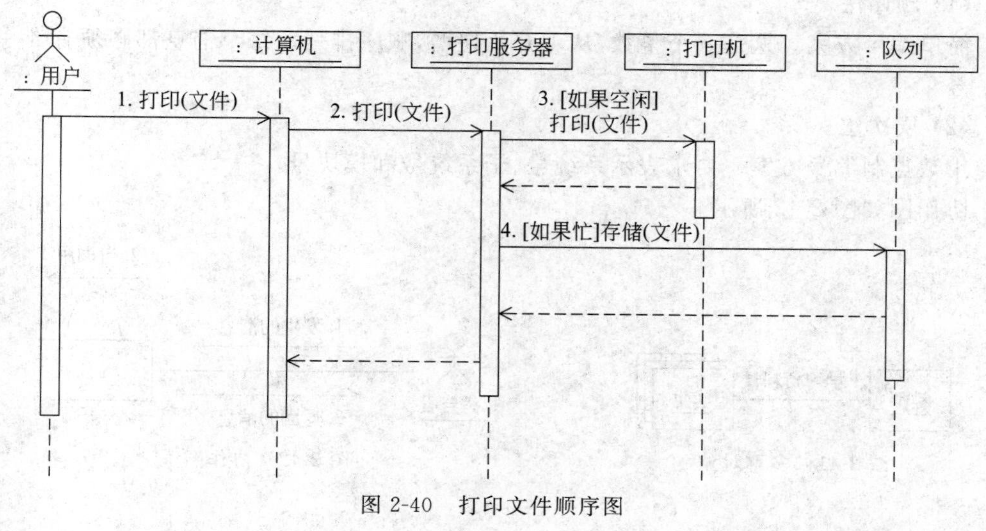

图 2-40 打印文件顺序图

2.4.4 协作图

1. 协作图的基本概念及特点

协作图(也称为合作图)描述对象间的协作关系,协作图跟顺序图相似,显示对象间的动态合作关系。除显示信息交换外,协作图还显示对象以及它们之间的关系。

协作图的一个用途是表示一个类操作的实现。

2. 协作图的基本元素

协作图强调参与一个交互对象的组织,它由对象(Object)、链(Link)和消息(Message)三个基本元素组成。

(1) 对象

协作图与顺序图中对象的概念是一样的,不同的是协作图中存在多重对象。多重对象是多个对象的集合,往往是同类对象。如果消息同时发送给多个对象,则用多重对象表示。图 2-41 表示的是一名教师同时向多名学生传送学习资料。

(2) 链

链表示对象之间的语义连接,用直线表示。

(3) 消息

在协作图中消息用依附于链接的带标记的箭头表示,它附在连接发送者和接收者的链上。

为了说明交互过程中消息的时间顺序,需要给消息添加顺序号。每个消息包括一个顺序号以及消息的名称。消息的名称可以是一个方法,包含一个名字和参数表、可选的返回值表。消息的各种实现的细节也可以被加入,如同步与异步等。

消息执行顺序的编号方案如下。

(1) 顺序法

简单编号方案。这是一个整数,从 1 开始递增,顺序排列。每个消息都必须有唯一的顺序号。

(2) 层次法

小数点制编号方案。要求表示系统号、子系统号和模块号。

协作图如图 2-42 所示。

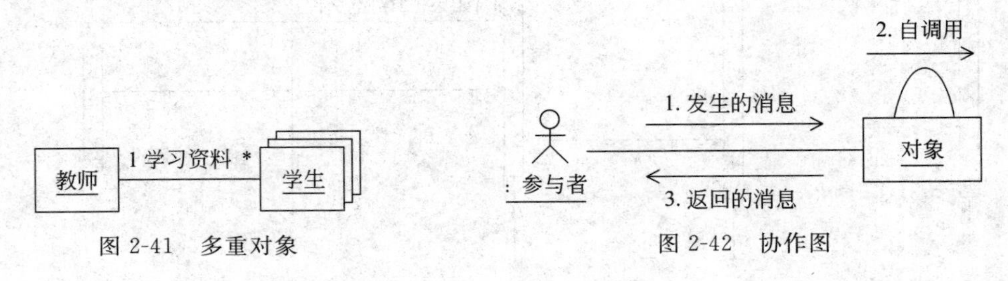

图 2-41 多重对象

图 2-42 协作图

3. 协作图实例

【实例 2-11】 学生使用计算机启动应用软件操作协作图如图 2-43 所示。

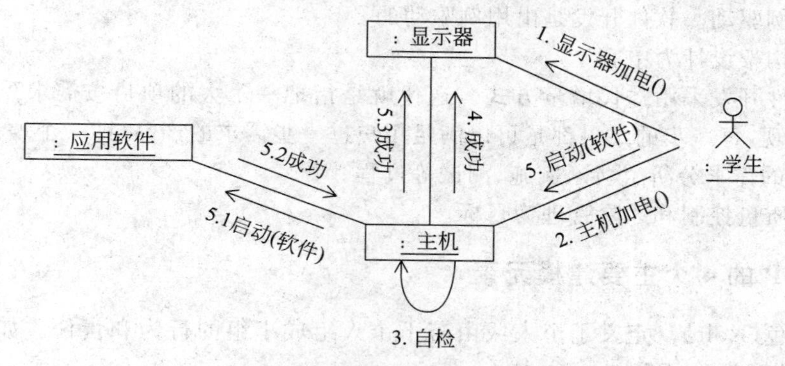

图 2-43 学生使用计算机启动应用软件操作协作图

【实例 2-12】 用户使用计算机打印文件操作协作图如图 2-44 所示。

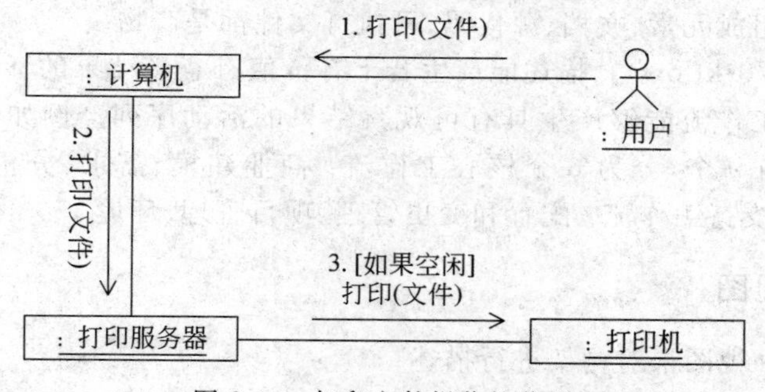

图 2-44 打印文件操作协作图

2.5 统一过程 RUP

RUP(Rational Unified Process,Rational 统一过程)是 UML 的创始者在创建 UML 的同时提出的一种面向对象的软件开发过程。RUP 描述了如何有效地利用商业的可靠方法开发和部署软件,特别适用于大型软件团队开发大型项目。

在目前比较流行的软件开发过程中,使用 RUP 可以更好地进行 UML 建模,RUP 能够为软件开发团队提供指南、文档模板和工具,从而使软件开发团队能够最有效地利用当前软件开发实践中所获得的最好经验。

RUP 以一种能够被大多数项目和软件开发组织适应的形式建立整个过程,是最佳软件开发经验的总结,它包括了软件开发中的六大经验。迭代式软件开发、需求管理、基于构件的架构应用、可视化建模、软件质量验证和软件变更控制。

1. RUP的主要特点

(1) 面向对象。

(2) 用例驱动。软件开发是由用例驱动的。

(3) 以构架设计为中心。

(4) 软件开发采用迭代增量方式。迭代就是指把一个大的项目按需求重要性等,分成若干步实现,每一步的结果都是可以满足用户进一步需求的产品(即一个增量),而每一步都有系统的需求分析、设计、实施、测试等过程。

(5) 以质量控制和风险管理为目标。

2. RUP的4个主要建模元素

(1) 角色(Role)。定义了个人或由若干个人组成小组的行为和责任。如构架师、系统分析员、测试设计师等

(2) 活动(Activity)。角色执行的行为。例如用例分析、用例设计等。

(3) 制品(Artifact)。被过程产生的修改或过程所使用的一段信息,是项目有形的产品。模型、模型的组成元素、文档、源代码、可执行文件都是产物。

(4) 工作流(Workflow)。描述能产生若干有价值有意义结果的活动序列,显示角色之间的交互作用,工作流能够产生具有可观察结果的活动序列。例如活动图和顺序图。RUP的工作流共有9个,分为6个核心工作流:商业建模、需求、分析和设计、实现、测试、部署;3个核心支持工作流:配置和变更管理、项目管理、环境。

3. RUP的视图

RUP采用5种视图来对构架进行描述。

(1) 逻辑视图。用来设计对象的模型。

(2) 过程视图。用来捕获设计的并发和同步特性。

(3) 物理视图。用来描述软件到硬件的映射。

(4) 部署视图。描述在开发环境中软件的静态组织结构。

(5) 用例视图。描述其他视图如何工作。

4. RUP的开发模式

RUP把软件项目的开发过程划分为4个阶段:初始阶段、细化阶段、构造阶段和移交阶段。根据需求,每个阶段都可以细分为小的迭代,每个迭代都是一个完整的开发过程,类似小型的瀑布模式。项目每一次的迭代都会产生一个可以发布的版本,这个版本是最终产品的一个子集。

(1) 初始阶段。确定项目开发的目标和范围。

(2) 细化阶段。确定系统架构和明确需求。

(3) 构建阶段。通过循环重复的工作具体建造软件系统。每一次的循环都包含了常规的软件生命周期阶段的活动——分析、设计、实现、测试等。每一次循环都将得到一个更准确的接近未来系统的系统模型或原型。

（4）移交阶段。完成软件的产品化工作，将软件移交给客户。

5. 基于 RUP 的软件分析设计过程

分析设计按照 RUP 大致可细分为如下几个步骤。

（1）创建参与者(Actors)。

（2）创建用例(Use Cases)，并对每个用例功能描述。

（3）创建顺序图(Sequence Diagrams)、状态图(Statechart Diagrams)，得到系统对象(Objects)。

（4）从顺序图分析出的对象入手，创建系统类(Classes)和包(Packages)。

（5）为类添加属性(Property)和方法(Methods)，并画出类图(Class Diagrams)，细化类的设计。

（6）为顺序图中对象指定对应类。

（7）设计系统实现结构，为各个类和包指定实现的组件(Component)，并画出初步组件图(Component Diagrams)。

2.6 习　　题

1. 填空题

（1）UML 视图有______、______、______、______、______有五种。

（2）UML 的图分为______、______、______、______、______五类。

（3）UML 语言中的事物可以分为______、______、______、______。

（4）UML 中的关系有______、______、______、______、______、______六种。

（5）UML 的图细分为______、______、______、______、______、______、______、______、______九种。

（6）用例图是从______角度来描述系统的功能。

2. 简答题

什么是用例图？它的主要元素是什么？

3. 操作题

（1）技能考核。银行提供存款、取款、转账等业务。一个客户可以在银行开设多个账户，客户可以向账户中存钱，也可以从账户中取钱，或将存款从一个账户转到另一个账户，客户也有权撤销一个账户。

根据描述银行的基本功能，对其进行面向对象的系统分析与设计，利用 UML 语言为系统建模。

（2）自学 Rational Rose 工具的使用方法。

任务3　新闻发布系统可行性研究与软件开发计划

- **能力目标**
  - ➢ 能够独立对较简单项目从技术、经济、社会等方面进行可行性研究，确定项目是否立项。
  - ➢ 能够使用系统流程图进行项目可行性研究。
  - ➢ 能够编写项目可行性研究报告。
  - ➢ 能够制订初步的项目开发计划。
  - ➢ 能够使用 Project 进行项目的计划安排。
- **知识目标**
  - ➢ 掌握软件项目立项时可行性研究的方法、内容和步骤。
  - ➢ 掌握可行性研究报告的编写方法。

任务导入

在软件生命周期中的软件计划时期要进行软件定义。这个阶段的时间最短，要通过对用户的调查研究，尽快明确软件开发的目标、规模和基本要求，研究系统开发的可行性并制订软件开发计划。

任务清单

(1) 软件的定义。
(2) 研究项目可行性。
(3) 绘制系统流程图和业务流程图。
(4) 编写项目可行性研究报告。
(5) 制订项目开发计划。

3.1 案例——新闻发布系统可行性分析报告

3.1.1 引言

1. 编写目的

说明该软件开发项目的实现在技术、经济和社会条件方面的可行性;说明并论证所选定方案的可行性。

2. 项目背景

校园网作为学校信息化建设的一个平台,在完成新闻发布、资源共享、互联网访问等方面发挥了重要作用。宣传展示学校风采、发布日常办公等事务通知和通告、政策信息的上传与下达是新闻发布系统建设的目标所在。本系统立足于校园实际,着眼于未来发展,建成符合标准化协议、通用性较强、实用的系统,以提高高校现代化管理水平,实现信息资源的共享,向数字化校园更进一步。校内新闻管理系统目前从学校的实际条件出发,充分利用学校所拥有的计算机硬件设备和软件条件,为学校教学、行政和其他日常工作提供有力的信息和知识保障。更好地服务于师生,方便师生及时了解校内外的实时资讯及学校的最新动态。

3. 参考资料

略。

3.1.2 可行性研究的前提

1. 基本要求

实现校内新闻的管理,使得对信息的管理更加及时、高效,功能主要包括前台新闻浏览、评论及后台的管理。

本系统主要功能及性能要求如下。

(1) 用户登录验证。

(2) 管理员进行新闻类别管理和新闻管理。类别管理内容包括新闻类别的添加、删除、修改;新闻发布管理内容包括新闻信息的添加、删除、修改、查询。

(3) 普通用户浏览新闻,可以对新闻进行评论,管理员可以对评论进行管理。

(4) 能方便快捷地完成新闻发布工作,录入数据合法性校验程度高,数据查询速度快。

(5) 完成期限的要求。

2. 目标

(1) 人力与设备费用的相对减少。

(2) 使用此系统后可以及时发布校内外重要信息。

3. 条件、假定和限制

说明项目开发中所具备的条件、假定和所受到的限制。

(1) 系统运行寿命的最小值应达三年。

(2) 系统方案选择比较的时间为一个月。

(3) 经费、投资方面的来源。

(4) 运行环境和开发环境方面的条件。

客户要求校园新闻发布系统应能运行于机房常见的操作系统之上,还应具有较高的效率。JSP的特点能很好地满足客户的需求。

Tomcat是一个运行JSP非常好的容器,性能稳定,功能强大,使用方便,便于项目迁移,而且受到Sun公司的全力支持,并由非常强大的开发组织Apache来进行发展,使得它成为下一代Java Web Server的主流,也使得选用Tomcat作为运行平台的系统在性能、稳定性和扩展性上都有了很好的保证。

(5) 可利用的信息和资源。

① 可参考已有的应用程序和数据库管理系统。

② 系统投入使用的最晚时间为当年的6月。

4. 可行性研究方法

可行性研究采用的方法如下。

(1) 客户调查。

(2) 参考其他同类网站、同类产品。

3.1.3 所建议技术可行性研究

(1) 风险分析。此软件可维护,可扩展,风险小。

(2) 资源分析。必需的软件、硬件、工作环境都已经具备。

(3) 技术分析。此网站使用JSP技术,采用MyEclipse JSP Editor和SQL Server 2000及以上版本的DBMS开发工具。采用三层架构,使网站将来具有更好的扩展性和可维护性,由于项目没有复杂的业务,逻辑要求简单,所以利用现有技术方面完全可以达到。

3.1.4 经济可行性分析

校园内部局域网络已经建成;不需要很大投入,充分利用学校所拥有的计算机硬件设备和软件条件。

3.1.5　社会因素可行性分析

1. 法律方面的可行性

新系统的研制和开发，将不会侵犯他人、集体和国家的利益，不会违反国家政策和法律。

2. 使用方面的可行性

具有体安排操作简单、界面友好，许多选项只需要单击鼠标就可以完成，实现了网站对即时新闻的管理要求，新闻的发布具有预览功能。系统运行应该快速、稳定、高效和可靠；在结构上应具有很好的可扩展性，便于将来的功能扩展和维护。

3.1.6　结论

经上述可行性分析，系统研制和开发可以立即开始进行。

3.2　软件定义

在软件工程项目开始时，往往先进行系统定义，确定系统硬件、软件的功能和接口。通过对用户进行详细的调查研究，仔细阅读和分析有关的资料，确定所开发的软件系统的名称，明确系统的目标规模、基本要求，并对现有系统进行分析，明确开发新系统的必要性，设计新系统可能的解决方案。

【实例】　新闻发布系统的软件定义。

开发一个新闻发布系统，将校园信息集中管理，并通过信息的某些共性进行分类，最后系统化、标准化发布到网站上，使师生可以及时了解校内外动态。新闻发布系统的用户有管理员和普通用户。管理员负责新闻类别管理、新闻发布管理、用户管理和评论管理，普通用户可以浏览新闻、发布评论。录入数据合法性校验程度高，数据查询速度快。

3.3　项目的可行性研究

可行性研究是软件项目在正式立项前必须进行的工作，目的不是解决问题，而是确定软件项目是否值得做以及能否用尽可能小的代价在尽可能短的时间内解决。可行性研究最根本的任务是对以后的行动方针提出建议，如果问题没有可行的解，应建议停止这项开发工程，以避免时间、资源、人力和金钱的浪费；如果问题值得解，则推荐一个好的解决方案，并制订一个初步的工程计划。

可行性研究需要的时间长短取决于工程的规模，一般说来，可行性研究的成本只是预期工程总成本的5%～10%。

3.3.1 可行性研究的任务

可行性研究工作要从技术可行性、经济可行性、社会因素三个方面进行，并写出软件工程项目的可行性研究报告。

1. 技术可行性

对要开发的项目的功能、性能和限制条件进行分析，确定在现有的资源条件下，技术风险有多大，项目是否能够实现。

技术可行性分析主要分析现有技术条件能否顺利完成开发工作，硬件、软件配置能否满足开发者的需要，各类技术人员的数量、水平、来源等。如果一个项目在现有的技术条件下无法解决，则它在技术上不是可行的。

2. 经济可行性

进行开发成本的估算以及对预期收益的评估，确定要开发的项目是否值得投资开发。

软件开发公司希望以最少的成本开发出具有最佳经济效益的软件产品。如果一个项目的开发成本超过了它的经济效益，那么它在经济上不是可行的。

（1）支出。说明所需的费用。包括购置软、硬件及有关设备费用，系统安装和维护费用，人员工资、调研培训费用等。

（2）收益。包括开支的减少、性能的改善和管理方面的改进、一次性收益、非一次性收益、不可定量的收益等。

（3）收益/投资比。

（4）投资回收周期。

（5）敏感性分析。

3. 社会因素方面的可行性

（1）法律方面的可行性。确认系统开发过程中是否涉及各种合同、侵权、责任等与法律、法规不吻合或抵触的问题。

（2）使用方面的可行性。确认系统的操作方式在这个用户组织内是否行得通。它包括用户单位的管理制度、用户的人员素质能否满足要求，在现有的环境下是否行得通等。

3.3.2 可行性研究的步骤

（1）分析系统的目的。

（2）分析当前系统的状况。

（3）当前系统的业务流程。

(4) 分析当前系统的不足。

(5) 提出新的目标系统。

(6) 检查目标系统是否满足要求。

(7) 制订新系统的技术方案。

(8) 方案分析比较。对不同的系统开发方案进行分析、比较和论证,选择合理的方案。

(9) 推荐方案。

(10) 编制新系统的开发计划。

(11) 编制可行性研究报告。

3.3.3　可行性研究的结果

可行性研究最终得出的结果是可行性研究报告,GB/T 8567—2006要求可行性研究报告的主要内容如下。

1. 引言

引言具体包括标识、背景、目标概述和文档概述。

2. 引用文件

引用文件列出参考的相关文件。

3. 可行性分析的前提

可行性分析的前提具体包括项目的要求,项目的目标,项目的环境、条件、假定和限制,进行可行性分析的方法。

4. 可选的方案

可选的方案具体包括原有方案的优缺点、局限性及存在的问题,可重用的系统,与要求之间的差距,可选择的系统方案,可选择的系统方案和选择最终方案的准则。

5. 所建议的系统

所建议的系统具体包括对所建议系统的说明,数据流程和处理流程,与原系统的比较(若有原系统),设备、软件、运行、开发、环境和经费方面的要求,局限性。

6. 经济可行性(成本—效益分析)

经济可行性具体包括投资,预期的经济效益(包括一次性收益、非一次性收益、不可定量的收益、收益/投资比和投资回收周期)和市场预测。

7. 技术可行性

技术可行性包括技术实力、已有工作基础、设备条件等内容。

8. 法律可行性

法律可行性指系统开发可能导致的侵权、违法和责任。

9. 用户使用的可行性

用户使用的可行性具体包括用户单位的行政管理、工作制度和使用人员的素质。

10. 其他与项目有关的问题

可行性研究报告首先由项目负责人审查，再上报给上级主管审阅。应当从可行性研究中得出“行或不行”的结论。

3.4 可行性研究工具的使用

3.4.1 绘制系统流程图

系统流程图(System Flow Diagram)是描述系统物理模型的一种传统工具。一个系统可以包含人员、硬件、软件等多个子系统。系统流程图的作用就是在抽象等级的黑盒级上描述系统内部的主要成分(例如人工处理过程、数据处理、数据库、文件、设备等)，表达信息在各个成分之间流动的情况。系统流程图可用于描述系统的工作流程及处理功能的工作流程情况。尽管系统流程图使用的某些符号和程序流程图中用的符号相同，但是它却是物理数据流图而不是程序流程图。

1. 系统流程图的符号

常用的系统流程图的符号如表3-1所示。

表3-1 系统流程图常用的符号

符号	名称	说明
	处理	能改变数据值或数据位置的加工或部件，例如，程序、处理机、人工加工等都是处理
	输入/输出	表示输入或输出(或既输入又输出)，是一个广义的不指明具体设备的符号
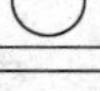	连接	指出转到图的另一部分或从图的另一部分转来，通常在同一页上
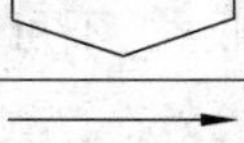	换页连接	指出转到另一页图上或由另一页图转来
	数据流	用来连接其他符号，指明数据流动方向
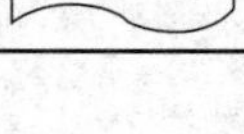	文档	通常表示打印输出，也可以表示用打印终端输入数据

续表

符　号	名　称	说　明
	联机处理	表示任何类型的联机存储,包括磁盘、软件和海量存储器件等
	磁盘	磁盘输入/输出,也可表示存储在磁盘上的文件和数据库
	显示	CRT 终端或类似的显示部件,可用于输入或输出,也可既输入又输出
	人工输入	人工输入数据的联机处理,例如,填写表格等
	人工操作	人工完成的处理,例如,会计在工资汇票上签名
	辅助操作	使用设备进行的脱机操作
	通信链路	通过远程通信线路或链路传送数据

2. 系统流程图的画法

系统流程图的习惯画法是使信息在图中从顶向下或从左向右流动。

面对复杂的系统时,一个比较好的方法是分层次地描绘这个系统。首先用一张高层次的系统流程图描绘系统的总体概貌,表明系统的关键功能,然后分别把每个关键功能扩展到适当的详细程度,画在单独的一页纸上。这种分层次的描绘方法便于阅读者按从抽象到具体的过程逐步深入地了解一个复杂的系统。

3. 新闻发布系统流程图

后台管理流程图如图 3-1 所示。

如图 3-1 所示的后台管理流程图还可以进一步细化,如添加新闻栏目流程图、修改栏目流程图、删除栏目流程图等。

3.4.2　绘制业务流程图

业务流程图(Transaction Flow Diagram,TFD)就是用一些规定的符号及连线来表示某个具体业务处理过程。它是一种系统分析人员都懂的共同语言,用来描述系统的业务流程。

业务流程图的绘制是按照业务的实际处理步骤和过程进行的。

1. 业务流程图的基本符号及含义

业务流程图的基本符号和含义说明如图 3-2 所示。

2. 画新闻发布系统业务流程图

在画业务流程图之前,要对系统业务流程进行详细调查,并写出系统业务流程总结。

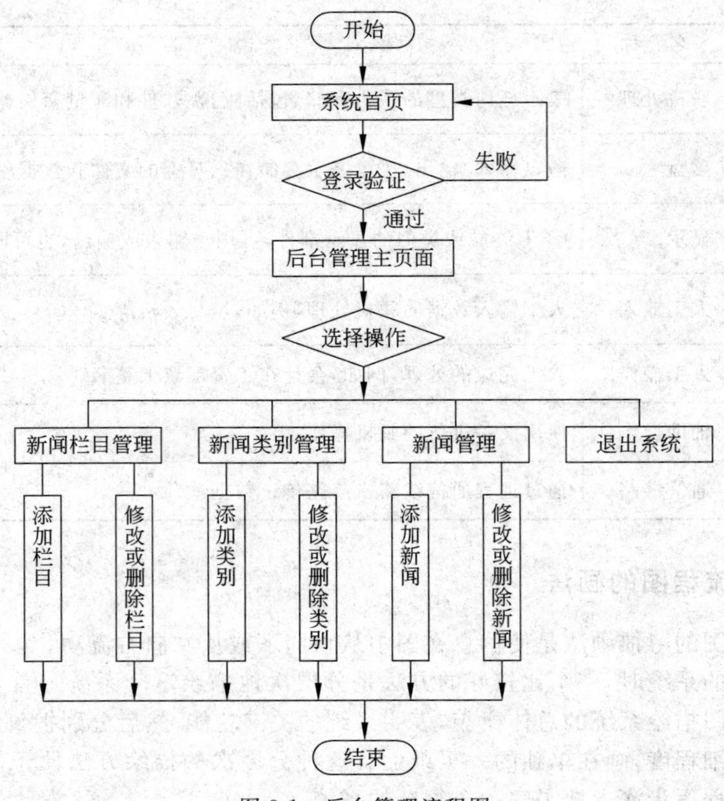

图 3-1　后台管理流程图

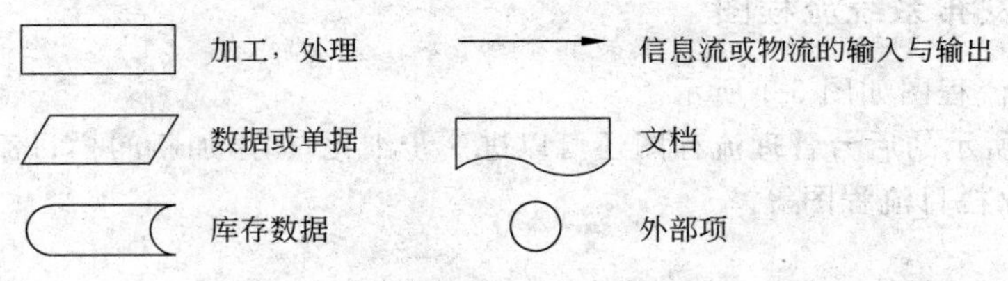

图 3-2　业务流程图的基本符号和含义说明

(1) 新闻类别管理业务流程图

新闻类别管理业务如下。

① 添加新闻类别信息。

② 修改新闻类别信息。首先读取数据库，显示新闻类别信息，然后修改选定的新闻类别信息，把修改结果保存到数据库中。

③ 删除新闻类别信息。首先读取数据库，显示新闻类别信息，然后删除选定的新闻类别信息，把结果保存到数据库中。

新闻类别管理业务流程图如图 3-3 所示。

(2) 新闻信息管理业务流程图

新闻信息管理业务如下。

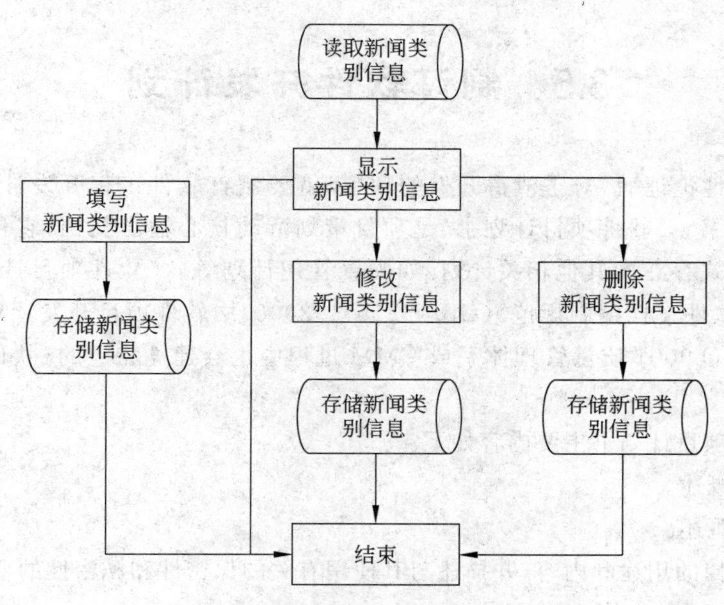

图 3-3 新闻类别管理业务流程图

① 添加新闻信息。

② 修改新闻信息。首先读取数据库,显示新闻信息,然后修改选定的新闻信息,把修改结果保存到数据库中。

③ 删除新闻信息。首先读取数据库,显示新闻信息,然后删除选定的新闻信息,把结果保存到数据库中。

新闻信息管理业务流程图如图 3-4 所示。

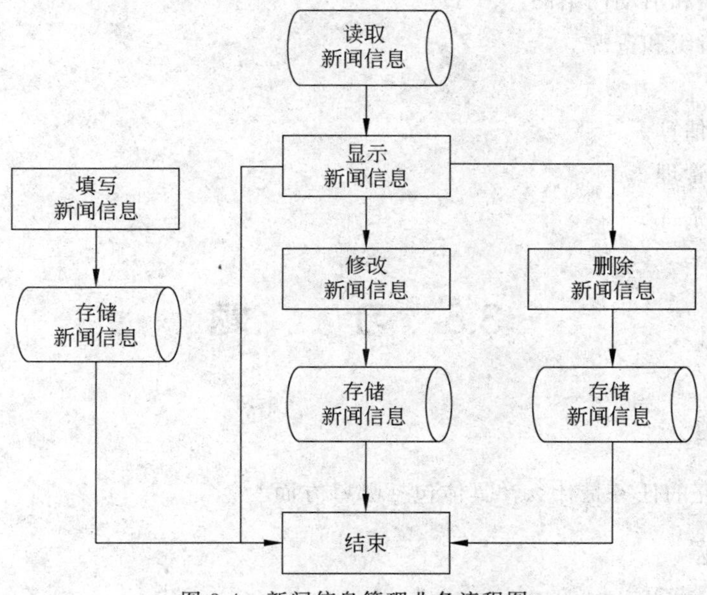

图 3-4 新闻信息管理业务流程图

3.5 制订软件开发计划

经过可行性论证后，对于值得开发的项目，就要制订软件工程开发计划，写出软件工程开发计划书。《软件项目计划书》是项目策划活动核心输出文档，它包括计划书主体和以附件形式存在的其他相关计划，如配置管理计划等。《软件项目计划书》的编制参考《计算机软件文档编制规范》(GB/T 8567—2006)中软件项目开发计划的要求。各企业在建立ISO 9001质量管理体系或CMM过程中也会建立相应的《软件开发项目计划书规范》。

软件开发项目计划书主要内容如下。

(1) 系统概述。

(2) 文档概述。

概述本文档的用途和内容，并描述与其使用有关的保密性和私密性的要求。

(3) 交付产品。

具体内容包括程序、文档、服务、非移交产品、验收标准和最后交付期限。

(4) 所需工作概述。

(5) 实施整个软件开发活动的计划。

具体内容包括软件开发过程，软件开发总体计划(包括软件开发方法、软件产品标准、可重用的软件产品、处理关键性需求、计算机硬件资源利用等)。

(6) 实施详细软件开发活动的计划。

(7) 进度表和活动网络图。

(8) 项目组织和资源。

(9) 培训。

(10) 项目估算。

(11) 风险管理。

(12) 支持条件。

3.6 习　　题

1. 简答题

可行性研究的任务是什么？具体包括哪些方面？

2. 操作题

(1) 画出目标系统的总系统流程图和主要业务流程图。

(2) 对自选项目进行可行性研究,以项目组为单位提交项目可行性研究报告。注意可行性研究报告的结构和写法,参考案例和《计算机软件文档编制规范》(GB/T 8567—2006)中"可行性研究报告"的编写方法。

(3) 制订自选项目开发计划,编写项目开发计划书。

任务4　新闻发布系统需求分析与建模

- **能力目标**
  - ➢ 能够阅读和理解一个现有系统的规格说明,并根据需要扩展新的需求。
  - ➢ 能够参照公司文档规范,编写格式正确的软件需求规格说明。
  - ➢ 能够使用 Rose、Visio 等建模工具为简单项目进行建模。
  - ➢ 能够使用 E-R 图、数据流图和数据字典为简单项目建模。
- **知识目标**
  - ➢ 掌握用户访谈的基本方法。
  - ➢ 掌握系统用例建模的方法、类图、用例图、活动图的画法。
  - ➢ 掌握软件需求规格说明的一般格式内容。
  - ➢ 掌握 E-R 图、数据流图和数据字典的基本知识。

任务导入

当项目计划完成之后,软件项目就进入了下一个重要的阶段,即软件需求分析阶段。需求分析的基本任务是完全弄清用户对系统的确切要求。

为了开发出真正满足用户需求的软件产品,首先必须知道用户的需求。对软件需求的深入理解是软件开发工作获得成功的前提和关键,不论把设计和编码工作做得如何出色,不能真正满足用户需求的程序只会给用户带来失望,给开发者带来烦恼。

软件需求分析阶段要求使用需求规格说明书来表达用户对系统的要求。需求规格说明书可用文字方式表示,也可用图形表示。

常用的需求分析的方法有面向数据流的结构化分析方法(Structured Analysis,SA)和面向对象的分析方法(Object-Oriented Analysis,OOA)等。本项目主要以新闻发布系统需求分析为例,介绍需求分析的任务、步骤和需求分析方法(面向对象的分析方法和面向数据流的结构化分析方法)。

任务清单

(1) 进行目标系统用例建模。

(2) 画出新闻发布系统数据流图。

（3）写出新闻发布系统数据字典。

（4）编写软件需求规格说明。

4.1　案例——新闻发布系统产品需求规格说明书

需求规格说明书是为了开发新闻发布系统而编写，主要面向系统分析员、程序员、测试员、实施员和最终用户。

需求规格说明书是整个软件开发的依据，它对以后阶段的工作起指导作用，也是项目完成后系统验收的依据。同时本说明书还是《用户手册》和《测试计划》的编写依据。

本文档包含的内容有产品介绍、产品面向的用户群体、产品应当遵循的标准或规范、产品的范围、产品中的角色、产品的功能性需求、产品的非功能性需求和需求确认。

4.1.1　系统说明

1. 系统介绍

新闻发布系统，是将网页上的某些需要经常变动的信息，类似新闻等更新信息集中管理，并通过信息的某些共性进行分类，最后系统化、标准化发布到网站上的一种网站应用程序。

网站信息通过一个操作简单的界面加入数据库，然后通过已有的网页模板格式与审核流程发布到网站上。

2. 系统中的用户与角色

新闻发布系统的用户与角色职责见表 4-1。

表 4-1　用户与角色职责

角色名称	职责描述
系统管理员	维护新闻栏目和类别信息，包括栏目和类别信息的添加、修改、删除、浏览等功能；维护新闻信息，包括新闻信息的添加、修改、删除、查询浏览等功能
普通用户	浏览查看新闻

4.1.2　功能性需求

1. 功能性需求分类

新闻发布系统的功能性需求分类见表 4-2。

表 4-2 功能性需求分类

功 能	用例名称、标识符	概 述
用户登录	用户登录	根据用户填写的用户名和密码发送连接请求。连接成功后登录数据库，服务器对用户的身份进行验证
类别管理	增加新闻类别信息	填写新增新闻信息，向服务器发送增加新闻类别信息的请求，增加一个新闻类别
	删除新闻类别信息	向服务器发送删除新闻信息的请求，删除新闻类别信息
	更新新闻类别信息	向服务器发送更改新闻类别信息的请求，更改新闻类别信息
新闻信息操作	查看新闻信息	向服务器发送查看新闻信息的请求，显示新闻信息
	增加新闻信息	填写新增信息内容，向服务器发送增加新闻信息的请求，增加一条新闻
	删除新闻信息	向服务器发送删除新闻信息的请求，删除新闻信息
	更新新闻信息	向服务器发送更改新闻信息的请求，更改新闻信息

2. 用例图

新闻发布系统后台用户的用例图如图 4-1 所示。

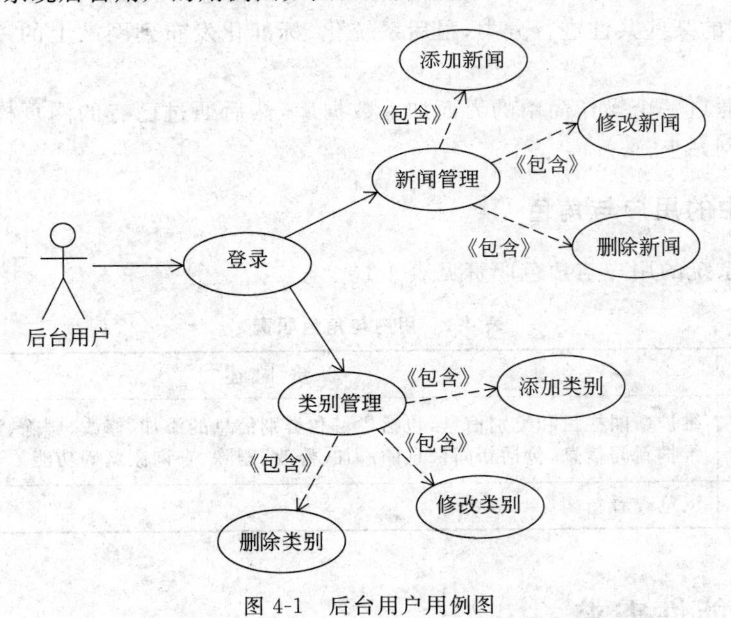

图 4-1 后台用户用例图

3. 用例描述

(1)“用户登录”用例

“用户登录”用例描述见表 4-3。

表 4-3　“用户登录”用例描述

用例编号：UC01。
用例名称：用户登录。
用例描述：本用例的功能主要是向服务器发送连接请求，并向服务器提供验证所需要的用户名和密码。
参与者：用户。
前置条件：以合法身份登录操作系统，输入登录网址。
事件流：
一、基本流
1. 用户输入用户名、密码。
2. 单击“登录”按钮，请求登录。
3. 客户端程序检查用户填写的内容是否合法（具体要求请参照特殊需求），如果未通过检查，则转向备选流 1。
4. 服务器接收请求，连接成功。
5. 服务器验证用户名和密码，如果验证没有通过，转向备选流 2。
6. 验证通过，显示后台管理主界面。
7. 用例结束。
二、备选流
1. 备选流 1
(1) 如果客户端验证没有通过，比如没有输入用户名，应提示“用户名不能为空！”。
(2) 用户返回基本流 1。
2. 备选流 2
(1) 如果用户身份没有通过服务器验证，将返回“用户名或者密码有误！”的消息。
(2) 用户返回基本流 1。
特殊要求：
1. 用户名字符的位数：8～10，必填。
2. 密码字符的位数：6～10，必填，并以掩码“*”显示。
后置条件：用户登录成功，显示后台管理主界面。

(2)“新闻类别管理”用例

“新闻类别管理”用例描述见表 4-4。

表 4-4　“新闻类别管理”用例描述

用例编号：UC02。
用例名称：新闻类别管理。
简要说明：本用例的功能是提交更新新闻类别信息的请求，完成新闻类别信息的更新操作。
参与者：系统管理员（后台用户）。
前置条件：系统管理员登录成功。
事件流：
一、基本流
（一）用户请求新闻类别信息管理。
（二）系统显示所有新闻类别信息列表。
（三）用户可以选择要操作的新闻类别。
（四）系统显示其选择的新闻类别名称、新闻描述等信息。
（五）根据用户的选择，系统执行如下的操作。
(1) 户选择删除操作，系统执行删除新闻类别信息子流，转向子流 1。
(2) 用户选择添加操作，系统执行添加新闻类别信息子流，转向子流 2。
(3) 用户选择修改操作，系统执行修改新闻类别信息子流，转向子流 3。

续表

(六) 用例结束。 1. 子流1　删除新闻类别信息子流 (1) 系统显示用户所选择的新闻类别信息。 (2) 用户选择删除操作。 (3) 系统检查用户所选择的新闻类别下面是否有新闻,产生两种情况。 ① 新闻类别下有新闻,提示用户是否连新闻信息一同删除。 ② 新闻类别下没有新闻,则直接删除该新闻类别,删除失败转向备选流1。 (4) 返回基本流(五)。 2. 子流2　添加新闻类别信息子流 (1) 系统显示添加新闻类别信息输入页面。 (2) 用户可能进行下面两种操作。 ① 用户选择取消,返回基本流(五)。 ② 用户输入新闻类别信息,并确认操作,输入信息不符合则转向备选流2。 (3) 系统保存用户输入的信息。 (4) 返回基本流(五)。 3. 子流3　修改新闻类别信息子流 (1) 系统显示用户要修改的新闻类别信息。 (2) 用户输入要修改的新闻类别信息,并确认操作。 (3) 系统则提示用户是否确认修改。 (4) 用户可以进行下面两种操作。 ① 用户选择取消,返回基本流(五)。 ② 用户确认修改,系统则提交修改信息,输入信息不符合则转向备选流2。 (5) 返回基本流(五)。 二、备选流 (一) 备选流1 1. 如果新闻类别信息删除失败,系统向用户提示删除信息失败。 2. 用户确认后返回基本流(五)。 (二) 备选流2 1. 用户输入新闻类别信息不符合要求,则系统提示用户输入的信息要符合系统要求。 2. 用户确认后返回到添加新闻类别信息子流2。 3. 如果新闻类别信息添加失败,则系统向用户提示"新闻类别信息添加失败,请与管理人员联系"的信息。 4. 用户确认,用例结束。 (三) 备选流3 1. 用户输入的要修改的新闻类别信息不符合要求,则系统提示用户输入的信息要符合系统要求。 2. 用户确认后返回到修改新闻类别信息子流3。 3. 如果新闻类别信息修改失败,则系统向用户提示"新闻类别信息修改失败,请与管理员联系"的信息。 4. 用户确认,用例结束。 特殊要求: 1. 添加新闻类别信息时新闻类别名称不能为空。 2. 修改新闻类别信息时新闻类别名称不能为空。 后置条件:新闻类别信息添加和修改以后,将修改后的结果显示在Web界面上。

(3) "新闻管理"用例

"新闻管理"用例描述见表4-5。

表 4-5　“新闻管理”用例描述

用例编号：UC03。
用例名称：新闻信息维护。
用例描述：本用例的功能是提交更新新闻信息的请求，完成新闻信息的更新操作。
参与者：系统管理员(后台用户)。
前置条件：系统管理员登录成功。
事件流：
一、基本流
　(一) 用户请求新闻信息管理。
　(二) 系统显示所有新闻信息列表。
　(三) 用户可以选择要操作的新闻。
　(四) 系统显示其选择的新闻名称、新闻描述等信息。
　(五) 根据用户的选择系统执行如下的操作。
　　1. 用户选择删除操作，系统执行删除新闻信息子流，转向子流 1。
　　2. 用户选择添加操作，系统执行添加新闻信息子流，转向子流 2。
　　3. 用户选择修改操作，系统执行修改新闻信息子流，转向子流 3。
　(六) 用例结束。
　　1. 子流 1　删除新闻信息子流
　　(1) 系统显示用户所选择的新闻信息。
　　(2) 用户选择删除操作，删除失败则转向备选流 1。
　　(3) 返回基本流(五)。
　　2. 子流 2　添加新闻信息子流
　　(1) 系统显示添加新闻信息输入页面。
　　(2) 用户可能进行下面两种操作。
　　　① 用户选择取消，返回基本流(五)。
　　　② 用户输入新闻信息，并确认操作，输入信息不符合则转向备选流 2。
　　(3) 系统保存用户输入的信息。
　　(4) 返回基本流(五)。
　　3. 子流 3　修改新闻信息子流
　　(1) 系统显示用户要修改的新闻信息。
　　(2) 用户输入要修改的新闻信息，并确认操作。
　　(3) 系统则提示用户是否确认修改。
　　(4) 用户可以进行下面两种操作。
　　　① 用户选择取消，返回基本流(五)。
　　　② 用户确认修改，系统则提交修改信息，输入信息不符合则转向备选流 3。
　　(5) 返回基本流(五)。
二、备选流
　(一) 备选流 1
　　1. 如果新闻信息删除失败，系统向用户提示删除信息失败。
　　2. 用户确认后返回基本流(五)。
　(二) 备选流 2
　　1. 用户输入新闻信息不符合要求，则系统提示用户输入的信息要符合系统要求。
　　2. 用户确认后返回到添加新闻信息子流 2。
　　3. 如果新闻信息添加失败，则系统向用户提示“新闻信息添加失败，请与管理人员联系”的信息。
　　4. 用户确认，用例结束。

续表

（三）备选流 3 　　1. 用户输入的要修改的新闻信息不符合要求，则系统提示用户输入的信息要符合系统要求。 　　2. 用户确认后返回到修改新闻信息子流 3。 　　3. 如果新闻信息修改失败，则系统向用户提示“新闻信息修改失败，请与管理员联系”的信息。 　　4. 用户确认，用例结束。 特殊要求： 1. 添加新闻信息时新闻名称不能为空。 2. 修改新闻信息时新闻名称不能为空。 后置条件：新闻信息添加和修改以后，将修改后的结果显示在 Web 界面上。

4.1.3　非功能性需求

在这一部分应对所有的软件非功能性需求进行足够详细的描述。详尽程度应以足够软件设计人员进行概要设计和系统测试人员进行系统测试计划和编写测试用例为准。

1. 技术需求

(1) 软硬件环境需求

服务器操作系统：Windows 2003 Server 或者 Windows 2008 Server。

Web 服务器：Tomcat 5.0 以上。

数据库：SQL Server 2000 及以上版本。

运行时内存要求：512MB 或以上。

安装所需硬盘空间：100MB 以上。

(2) 性能需求

① 反应速度快。在正常的网络环境下，应能够保证系统的及时响应。小批量的业务处理的响应时间在 3～8 秒；大批量的业务处理和查询的响应时间控制在 30～40 秒以内。

② 操作简便。发布信息简单容易、快捷；操作应该方便、灵活。

(3) 安全保密需求

本系统的系统架构，以及权限机制可以保证系统的安全性。

首先，从系统架构看，本系统采用 B/S 模型，从而使服务器数据源与客户端分离，保证了数据的物理独立性；其次，本系统的用户授权机制通过角色的定义管理实现，通过定义某些角色能进行的操作权限和定义用户拥有的角色，限定用户的操作权限，实现对用户的授权。

2. 质量需求

(1) 可用性

可用性包括用户使用的方便性、易用性和易学习性，如：

① 输入的合法性检查和值域检查。

② 对于复杂的动作要有必要的提示信息。

③ 记忆用户的设置或操作习惯,方便用户操作。

④ 对系统或数据进行重大修改,要有用户确认。

(2) 可靠性和健壮性

在这一部分应对所有的影响软件的可靠性需求进行足够详细的描述。应注意用数字说明所要求的可靠程度。

例如,使用年度正常运行时间、月正常运行时间、维护时间等来说明系统的可靠程度;使用可允许的缺陷数量来界定系统质量,如最大缺陷数量、缺陷比例、安全操作——系统强壮性要求和操作的有效性要求,比如用户误操作的系统容错能力、操作的正常次序要求和有效性输入检查等。

(3) 可维护性和可扩展性

略。

3. 文档需求

交付验收时需交付的文档清单如下。

①《需求规格说明》。

②《软件开发计划》。

③《概要设计说明》。

④《详细设计说明》。

⑤《软件测试计划》。

⑥《测试用例》。

⑦《配置管理计划》。

⑧《用户手册》。

4. 设计约束

详细说明对系统的设计局限性。设计局限的定义代表了对系统要求的决策,这可能出于商务运作、资金、人员、时间等多方面的综合考虑,从而指导软件的设计和开发。例如,软件的开发语言、开发环境、开发工具、第三方软件、硬件使用以及网络设备等。

(1) 语言约束

本系统是基于中文系统环境开发和使用的,系统必须支持中文处理。

(2) 系统模型约束

本系统采用 Servlet+JSP 模型,在保证实现技术简单易维护的基础上,实现表现层和业务逻辑层的分离,提高可重用性、可移植性。

5. 验收标准

新闻发布系统验收标准如下。

(1) 实现所有功能需求。

(2) 满足非功能性需求。

(3) 系统设计文档完整,且符合规范。

(4) 代码符合规范,且与系统设计一致。

此要求将作为验收测试计划和测试的基线。如果所开发的产品能满足此要求,则项目可结束并由客户方按合同规定付款。

4.2 需求分析任务、步骤和方法

需求分析的任务是明确用户对系统的确切要求。需求分析阶段的依据是可行性研究阶段产生的文档。可行性研究阶段已经确定了系统必须完成的基本功能,在需求分析阶段,分析员应将这些功能进一步具体化。需求分析的结果则是软件需求规格说明书,在需求结束时必须对软件需求进行严格的审查,以确保软件产品的质量。

4.2.1 需求获取

1. 需求获取方法

首先成立联合分析小组。需求分析需要方方面面人员的参与,如用户、系统分析员、领域专家等。需求获取的方法一般有问卷法、面谈法、情景分析法、简易的应用规格说明技术和基于模型的知识获取法等。

(1) 访谈

访谈(或称为会谈)是最早开始运用的获取用户需求的技术,也是迄今为止仍然广泛使用的主要的需求分析技术。

访谈有两种基本形式,分别是正式的和非正式的访谈。在正式的访谈中,系统分析员将提出一些事先准备好的具体问题,例如,询问客户公司销售的商品种类、雇用的销售人员数目以及信息反馈时间应该多快等。在非正式的访谈中,将提出一些可以自由回答的开放性问题,以鼓励被访问的人员表达自己的想法,例如,询问用户为什么对目前正在使用的系统感到不满意。访谈应做好准备工作,遵循循序渐进、逐步逼近的原则,切不可急于求成。

(2) 情景分析法

在对用户进行访谈的过程中使用情景分析法往往非常有效。所谓情景分析就是对用户运用目标系统解决某个具体问题的方法和结果进行分析。

情景分析的用处主要体现在下述两个方面。

① 它能在某种程度上演示产品的行为,从而便于用户理解,而且还可能进一步揭示出一些系统分析员目前还不知道的需求。

② 由于情景分析较易为用户所理解,因此,使用这种技术能保证用户在需求分析过程中始终扮演一个积极主动的角色。需求分析的目标是了解用户的真正需求,而这一信息的唯一来源是用户,因此,让用户起积极主动的作用对需求分析工作获得成功是至关重

要的。

(3) 简易的应用规格说明技术

使用传统的访谈技术定义需求时,用户和开发者往往有意无意地区分“我们和他们”。由于不能做到像同一个团队的人那样同心协力地识别和精化需求,这种方法的效果有时并不理想(经常发生误解,还可能遗漏重要的信息)。

为了解决上述问题,人们研究出了一种面向团队的需求收集法,称为简易的应用规格说明技术。这种方法提倡用户与开发者密切合作,共同标识问题,提出解决方案的要素,商讨不同的方法并指定基本的需求。今天,简易的应用规格说明技术已经成为信息系统界使用的主流技术。

尽管存在许多不同的简易应用规格说明方法,但是它们遵循的基本准则是相同的,如下所述。

① 在中立地点举行由开发者和用户双方出席的会议。

② 制定准备会议和参加会议的规则。

③ 提出一个议事日程,这个日程应该足够正式以便能够涵盖所有要点,同时这个日程又应该足够非正式,以便鼓励自由思维。

④ 由一个“协调人”来主持会议,他既可以是用户也可以是开发者还可以是从外面请来的人。

⑤ 使用一种“定义机制”(例如工作表、图表等)。

⑥ 目标是标识问题、提出解决方案要素、商讨不同的方法以及在有利于实现目标的氛围中指定初步的需求。

需求获取的关键是通过与用户的沟通和交流,收集和理解用户的各项要求。在需求获取的过程中,软件人员与用户之间最常见的交流方式就是会议和访谈,由于双方的领域知识不同,经常会遇到误解、交流障碍、需求不全、意见冲突等情况。解决这些问题应该从两个方面入手,一是提高分析人员的知识技能,使其不仅具备较高的技术水平和丰富的实践经验,还要具备一定的业务基础知识和较强的人际交往能力;二是开展大量的调查研究工作,包括用户访谈、现场考察、专家咨询、会议讨论等,并对大量的一手资料进行分析和整理,从而清楚地理解用户需求。

2. 确定目标系统的具体要求

(1) 确定系统的运行环境要求

系统运行所要求的各种条件,包括硬件环境和软件环境。硬件环境如计算机的CPU、内存、硬盘等的要求;软件环境如操作系统、数据库管理系统、应用服务器、浏览器等的要求。

(2) 确定系统的功能性需求

确定系统必须具备的所有详细功能。

(3) 确定系统的非功能性需求

确定系统的可用性、可靠性、可移植性、性能等方面的要求。

① 可用性。软件可用性可从易学、易用、用户满意三个指标对其进行评价。

② 可靠性。可从安全性、稳定性、事务性三个指标评价。

③ 可移植性。指与软件从某一环境转移到另一环境下的难易程度。

④ 性能。关注软件在完成其功能时所展现出来的及时性。评价性能的主要指标有：响应时间、吞吐量、并发用户数、资源利用率等。

- 响应时间指系统对请求作出响应的时间。
- 吞吐量指系统在单位时间内处理请求的数量。
- 并发用户数指系统可以同时承载的正常使用系统功能的用户数量。
- 资源利用率反映的是一段时间内资源平均被占用的情况。

4.2.2 需求建模

建立目标系统的逻辑模型(结构化需求模型或面向对象需求模型)。为了更好地理解问题,人们常常采用建立模型的方法。所谓模型,就是为了理解事物而对事物做出的一种抽象,是对事物的一种无歧义的书面描述。通常,模型由一组图形符号和组织这些符号的规则组成。

传统的结构化分析方法需要建立的需求模型有：数据模型(数据字典、实体关系图)、功能模型(数据流图)和动态模型(状态转换图)。

面向对象分析需要建立的需求模型有：用例模型、每个用例的详细描述、术语表(所用到的术语说明)和补充规约(非功能性需求的说明)。

面向对象分析建模和结构化分析建模详见本项目后续内容。

4.2.3 需求描述

需求分析阶段除了建立模型外,还需要编写软件需求规格说明,精确地阐述一个软件系统必须提供的功能、性能以及它所要考虑的限制条件。软件需求规格说明不仅是系统测试和用户文档的基础,也是所有子系列项目规划、设计和编码的基础。

(1) 软件需求规格说明是用户、分析人员和设计人员之间进行理解和交流的手段。

(2) 测试人员可以根据软件需求规格说明中对产品行为的描述,制订测试计划、测试用例和测试过程。

(3) 文档人员根据软件需求规格说明和用户界面设计,编写用户手册等。

(4) 软件需求规格说明指导着整个系统的开发过程,评审过的需求规格说明需要进行变更控制。

软件需求规格说明是软件项目开发过程的重要过程文档,应该格式正确。《计算机软件文档编制规范》(GB/T 8567—2006)要求软件需求规格说明应该包含以下主要内容。

① 范围。

② 引用文档。

③ 需求。具体内容包括所需的状态和方式,需求概述,需求规格,计算机软件配置项

(CSCI)能力需求,CSCI外部接口需求,CSCI内部接口需求,CSCI内部数据需求,适应性需求,保密性需求,保密性和私密性需求,CSCI环境需求,计算机资源需求,软件质量因素,设计和实现的约束,数据,操作,故障处理,算法说明,有关人员需求,有关培训需求,有关后勤需求,包装需求等。

④ 合格性规定。

⑤ 需求可追踪性。软件需求规格说明有时附上可执行的原型、测试用例和初步的用户手册。

4.2.4　需求验证

需求验证是为了确保需求说明准确、完整地表达必要的质量特点。当阅读软件需求规格说明时,可能觉得需求是对的,但实现时,却很可能会出现问题。当以需求说明为依据编写测试用例时,可能会发现说明中的二义性,而所有这些都必须改善,因为需求说明要作为设计和最终系统验证的依据。

1. 需求说明的质量特性

(1) 正确性

需求规格说明对系统功能、行为、性能等的描述必须与用户的期望相吻合,代表了用户的真正需求。

(2) 完整性

需求规格说明应该包括软件要完成的全部任务,不能遗漏任何必要的需求信息,注重用户的任务而不是系统的功能将有助于避免不完整性。

(3) 一致性

需求规格说明对各种需求的描述不能存在矛盾,如术语使用冲突、功能和行为特性方面的矛盾以及时序上的不一致等。

(4) 无二义性

需求规格说明中的描述对所有人都只能有一种明确统一的解释,由于自然语言极易导致二义性,所以尽量把每项需求用简洁明了的用户性的语言表达出来。

(5) 可修改性

需求规格说明的格式和组织方式应保证后续的修改能够比较容易和协调一致。可以使用软件工具,或者使用目录表、索引和相互参照列表等方法使软件需求规格说明更容易修改。

(6) 可跟踪性

可跟踪性意味着每项需求都能与其对应的来源、设计、源代码和测试用例联系起来。

(7) 可验证性

需求规格说明中描述的需求都可以运用一些可行的手段对其进行验证和确认。

2. 需求验证的方法

(1) 审查需求文档

对需求文档进行正式审查是保证软件质量的有效方法。组织一个由不同代表(如分析人员、客户、设计人员、测试人员)组成的小组,对SRS及相关模型进行仔细的检查。

(2) 以需求为依据编写测试用例

根据用户需求所要求的产品特性写出黑盒功能测试用例。客户通过使用测试用例以确认是否达到了期望的要求,从测试用例追溯回功能需求以确保没有需求被疏忽,并且确保所有测试结果与测试用例相一致。同时,要使用测试用例来验证需求模型的正确性,如对话框图和原型等。

(3) 编写用户手册

在需求开发早期即可起草一份用户手册,用它作为需求规格说明的参考并辅助需求分析。

(4) 确定合格的标准

让用户描述什么样的产品才算满足他们的要求并适合他们使用,将合格的测试建立在使用情景描述或用例的基础之上。

许多软件开发人员都经历过在开发阶段后期或在交付产品之后才发现需求问题的情况。在软件开发完成以后,回头修补需求的错误需要大量的时间和精力。根据研究表明,与在需求开发阶段由客户发现然后更正一个错误相比,在开发后期纠正这个错误需要多花68~110倍的时间。因此,对需求规格说明进行验证会节省相当多的时间和金钱。

需求验证是针对那些已编写成文档的需求,而对于那些存在于用户或开发人员思维中的没有表露的、含蓄的需求则不予验证。需求验证包括需求评审和需求测试两个部分,需求评审又包括正式的和非正式的两种形式。

非正式评审可以根据个人爱好的方式进行评审,通常只是粗略的阅读和文档检查。而正式评审则遵循预先定义好的一系列步骤过程,并且需要专门的评审小组来完成,小组人员涉及项目经理、分析人员、编写人员、开发人员和测试人员等。在规划评审过程和明确评审标准的前提下,评审小组需要阅读、解释和讨论软件需求规格说明中的每一项需求,验证需求说明的完整性、一致性、可修改性、可跟踪性等特征,同时需要记录备案。

显然,需求评审是一种有效的需求验证手段,但是仅阅读软件需求规格说明,通常很难想象在特定环境下的系统行为。因此,可以在用例模型为基础编写测试用例时进行检验,虽然没有在运行系统上执行测试用例,但是设计测试用例的过程可以解释需求的许多问题。如果在需求开发的早期就开始开发测试用例,那么就可以及早发现问题并以较少的费用解决这些问题。

4.3 面向对象需求分析

面向对象分析方法(Object-Oriented Analysis,OOA)就是运用面向对象的方法进行系统分析,强调运用面向对象方法,对系统问题域和系统职责进行分析和理解,找出描述问题域及系统职责所需的对象,定义对象的属性、服务以及它们之间的关系,目标是建立一个符合问题域、满足用户需求的OOA模型。

具体地说,面向对象的分析过程如下。

(1) 获取系统需求,识别用例,建立用例图。

(2) 识别问题域对象和概念类,建立类图。首先识别软件系统中的对象,接着再识别对象所具有的相关属性和对象所具有的各种行为,然后识别对象所属于的类,最后根据对象的相关属性以及动作定义关键词。

(3) 分析用例的执行逻辑,建立用例的动态图。

4.3.1 基于用例的需求分析方法

随着面向对象技术的发展,基于UML的需求分析会利用用例及用例图表示需求,在需求获取和建模方面应用得越来越普遍。这种方法是以任务为中心和以用户为中心的,比起使用以功能为中心的方法,它可以使用户更清楚地认识到新系统允许他们做什么。另外,用例有助于分析者和开发者理解用户的业务和应用领域,开发者还可以运用面向对象的设计方法将用例转化为对象模型。

在用例模型中,我们只是关心系统所应实现的功能,而不关心内部的具体实现细节。一般来说,用例模型的建立是由开发者和客户共同协商完成的,通过反复讨论需求的规格说明达成共识,明确系统的基本功能,为后续阶段的工作打下基础。

1. 识别并描述参与者

参与者(Actor)是在系统之外,透过系统边界与系统进行有意义交互的任何事物。通过确认系统功能使用者和维护者以及与系统接口的其他系统或硬件设备等,可以有效地识别出系统参与者。

(1) 系统功能的使用者。

(2) 从系统获得信息者。

(3) 向系统提供信息者。

(4) 系统需要访问(读写)的那些外部硬件设备。

(5) 系统的维护和管理者。

(6) 与该系统进行交互的其他系统。

(7) 特殊参与者:系统时钟。

2. 识别用例

一个完整的系统包含若干个用例(Use Case),每个用例具体说明应完成的功能。寻找用例时,可以针对每一个参与者从以下问题入手。

(1) 参与者为什么要使用该系统。

(2) 参与者是否会在系统中创建、修改、删除、访问和存储数据?如果是肯定回答,则要确定参与者又是如何完成这些操作的。

（3）参与者是否会将外部的某些事件通知该系统。

（4）系统是否会将内部的某些事件通知该参与者。

识别用例注意事项如下。

（1）用例必须是由某一个参与者触发而产生的活动，即每个用例至少应该涉及一个参与者。

（2）如果存在与参与者不进行交互的用例，需要将其并入其他用例，或者是检查该用例相对应的参与者是否被遗漏。

（3）每个参与者也必须至少涉及一个用例，如果发现有不与任何用例相关联的参与者存在，那么应该仔细考虑该参与者是如何与系统发生对话的，给参与者确定一个新的用例，否则该参与者可能是一个多余的模型元素，应该将其删除。

3. 绘制用例图

用例和参与者确定后，就可以据此画出用例图。

4. 描述用例

单纯地使用用例图不能提供用例所具有的全部信息，因此，需要使用文字描述那些不能反映在图形上的信息。用例描述（又叫用例规约）实际上是关于参与者与系统如何交互的规格说明，要求清晰明确，没有二义性。应该为每一个用例写一个用例描述。

用例描述模板如下。

用例编号
用例名
用例描述
参与者
前置条件
后置条件
事件流
　　常规流
　　　　事件1
　　　　事件2
　　　　……
　　备选流
　　　　事件1
　　　　事件2
补充说明
……

描述用例的事件流需要说明以下内容。

（1）说明用例如何启动，即哪些参与者在何种情况下启动用例。

（2）说明参与者与用例之间的信息处理过程。

(3) 说明用例在不同条件下可以选择执行的多种方案。

(4) 说明用例在什么情况下才能被视作完成。

事件流分为常规流和备选流两类。

(1) 常规流

描述该用例最正常的一种场景，系统执行一系列活动步骤来响应参与者提出的服务请求。描述格式要求如下。

① 每一个步骤都需要用数字编号以清楚地标明步骤的先后顺序。

② 用一句简短的标题来概括每一步骤的主要内容。

③ 对每一步骤，从正反两个方面来描述：参与者向系统提交了什么信息，对此系统有什么样的响应。

(2) 备选流

负责描述用例执行过程中异常的或偶尔发生的一些情况。备选流的描述格式可以与常规流的格式一致，也需要编号并以标题概述其内容。同时还需说明以下内容。

① 起点。该备选流从事件流的哪一步开始。

② 条件。在什么条件下会触发该备选流。

③ 动作。系统在该备选流下会采取哪些动作。

④ 恢复。该备选流结束之后，该用例应如何继续执行。

5. 细化用例模型

在一般的用例图中，只需表述参与者和用例之间的通信关联。除此之外，还可以描述：

① 参与者与参与者之间的泛化(Generalization)；

② 用例和用例之间的包含(Include)；

③ 用例和用例之间的扩展(Extend)；

④ 用例和用例之间的泛化(Generalization)。

利用这些关系来调整已有的用例模型，把一些公共的信息抽取出来复用，使得用例模型更易于维护。

建立用例模型是一种需求获取的有效方法，其简洁清晰的描述方式容易被软件人员和用户共同理解和接受。这种方法已经在许多大型系统的开发中取得成效，实践证明它能有效地解决用户参与的问题。用例模型以用户和任务为中心，将整个工作的焦点集中在从用户的角度说明系统能够干什么，完全不考虑具体的实现细节，从而达到准确地理解客户需求的目的。在用例模型中，参与者和用例是两个基本概念，分别代表着系统外部的执行者和系统应包含的功能。

4.3.2　绘制活动图

活动图(Activity Diagram)是 UML 中描述系统动态行为的图之一，描述系统为完成某项功能而执行的操作序列，它本质上是一种业务流程图。活动图用于对系统的动态行为建模，主要用于系统分析，它描述系统的行为，显示系统中动作之间的转移。活动图一般从开始节点开始，经过若干动作后，最后到达结束节点。

在对一个系统建模时，通常有两种使用活动图的方式。

(1) 为工作流建模。

(2) 为对象的操作建模。

1. 活动图的建模技术

在系统建模过程中，活动图能够被附加到任何建模元素，以描述其行为，这些元素包括用例、类、接口、组件、节点、协作、操作和方法。

(1) 识别要对其工作流进行表述的类或对象。

(2) 确定工作流的初始状态和终止状态，明确工作流的边界。

(3) 对动作状态或活动状态建模。

(4) 对动作流建模。

(5) 对对象流建模。

(6) 对建立的模型进行精化和细化。

2. 绘制业务流程活动图

通过UML中的活动图，可以帮助我们进行用户业务流程建模，帮助我们站在用户的视角上进行业务分析。

在业务流程建模中，我们关注的是用户进行某项业务的执行步骤。

【实例4-1】 储户到银行ATM机取款的业务流程活动图如图4-2所示。

新闻发布系统中“新闻信息管理”实现的功能是读取数据库，显示新闻信息；修改显示的新闻信息，保存到数据库中；删除新闻信息，更新数据库新闻信息记录。根据“新闻信息管理”业务描述，画出其业务流程活动图，如图4-3所示。

3. 绘制系统流程活动图

同业务流程活动图一样，系统流程活动图是为了描述每一个系统用例的执行情况和操作流程的。新闻发布系统用例“用户登录”流程活动图如图4-4所示。

4.3.3 绘制实体—关系图

实体关系图(Entity-Relationship Diagram，ERD)是数据建模的基础，描述数据对象及其关系。实体—联系图中包含“实体”“联系”和“属性”三个基本成分。

1. 实体

实体是客观世界中存在的且可相互区分的事物。实体可以是人也可以是物，可以是具体事物也可以是抽象概念。例如，职工、学生、课程、教师等都是实体。在E-R图中用矩形框代表实体。

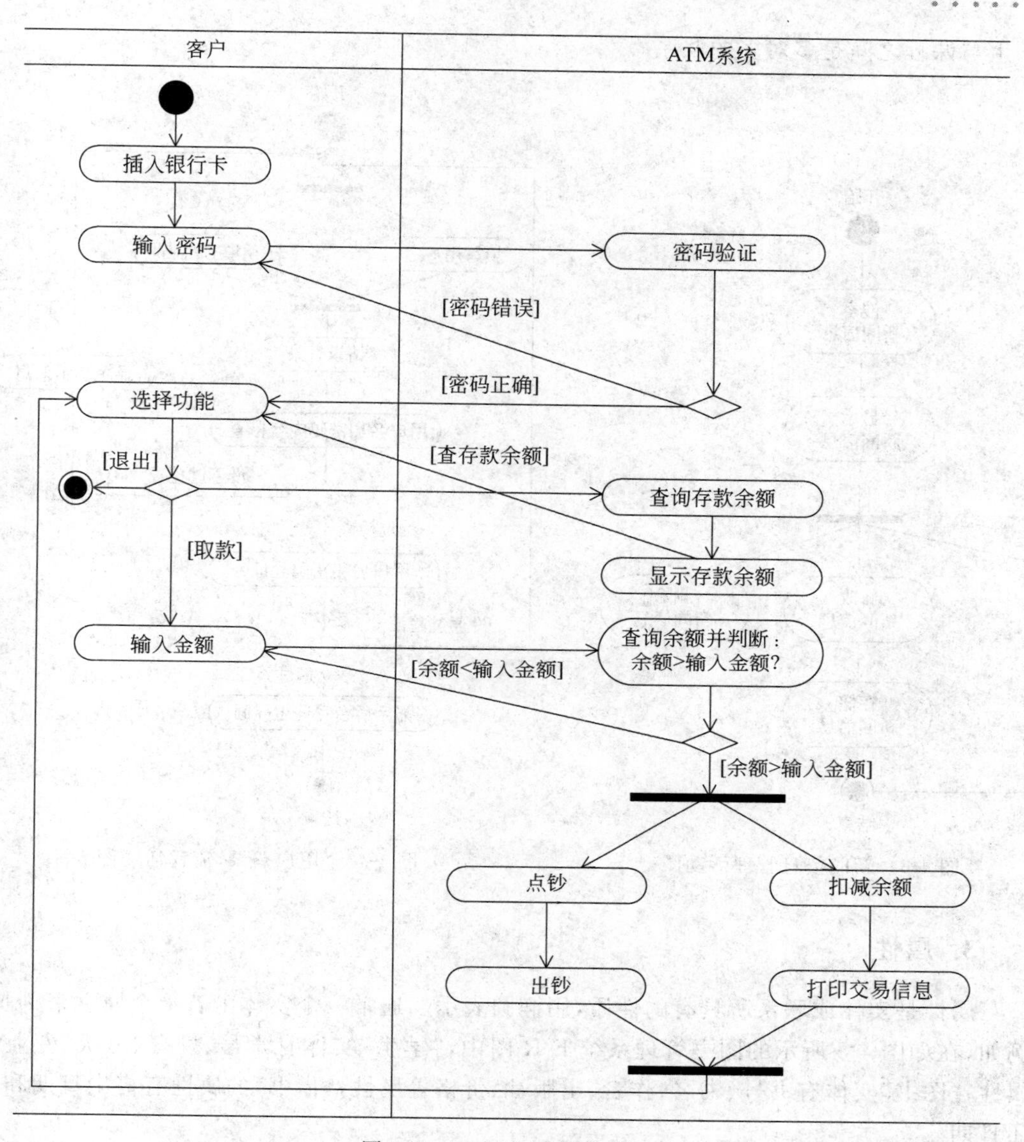

图4-2　ATM机取款活动图

2. 联系

联系就是指实体之间的关系，即实体之间的对应关系，用菱形框表示。例如，教师与课程间存在“教”这种联系，而学生与课程间则存在“学”这种联系。联系可分为以下三种。

(1) 一对一的联系(1∶1)。如：一个班级只有一个班长，一个班长只属于一个班级，班长和班级之间为一对一的联系。

(2) 一对多的联系(1∶N)。如：一个班级有多名学生，一个学生只能属于一个班级，班级与学生之间为一对多的联系。

(3) 多对多的联系(M∶N)。如：一个学生可以选多门课，一门课可以被很多人选，学生与课程之间是多对多的联系。

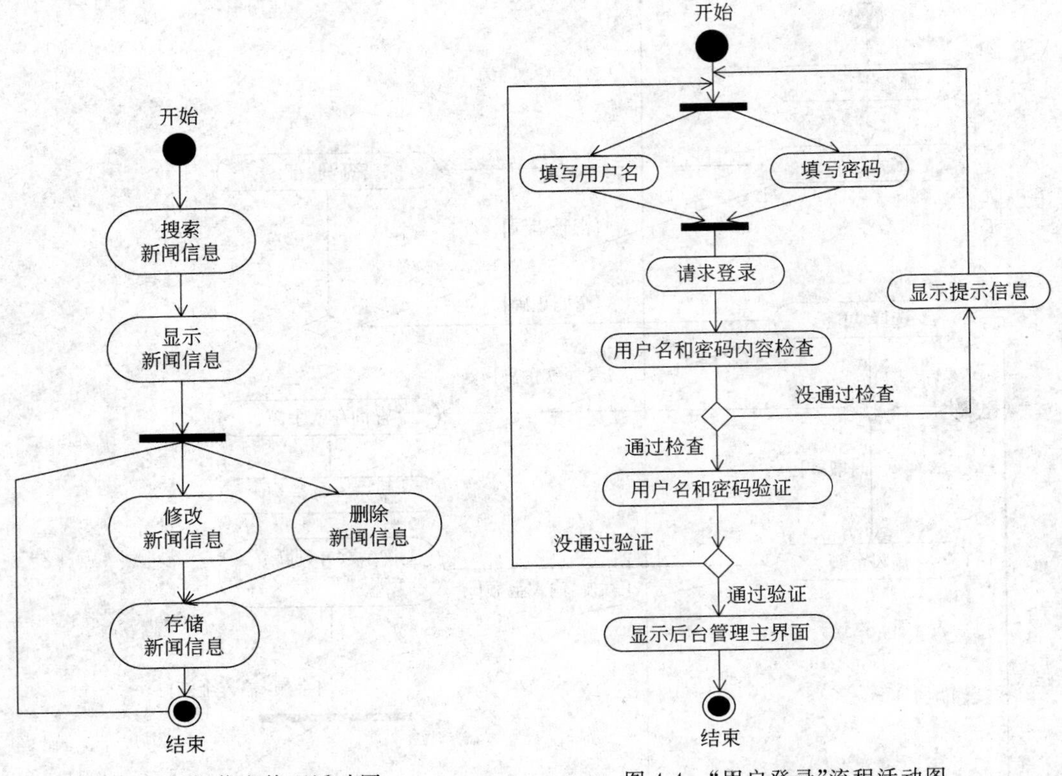

图 4-3　新闻信息管理活动图　　　　图 4-4　"用户登录"流程活动图

3. 属性

属性是实体或联系所具有的性质，用椭圆表示。通常一个实体由若干个属性来刻画，例如，在如图 4-5 所示的图书管理系统 E-R 图中，"学生"实体有学号、姓名、班级、专业等属性；"图书"实体有书号、书名、作者、出版社、价格等属性；"借书"的属性有借出日期和归还日期。

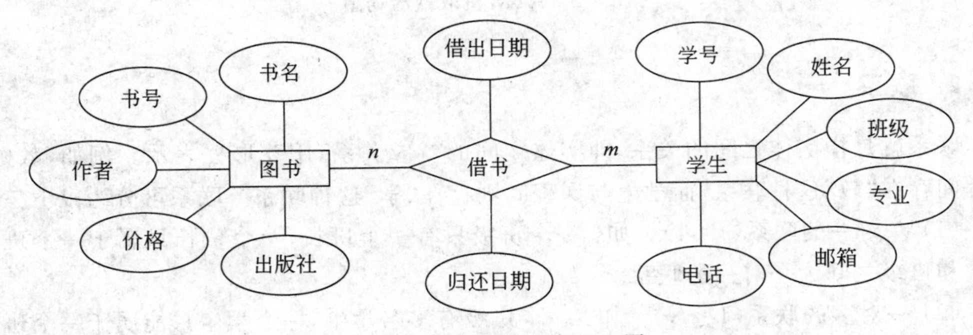

图 4-5　图书管理系统 E-R 图

4.4　结构化分析方法

传统的软件工程方法学采用面向数据流的结构化分析(Structured Analysis,SA)方法完成需求分析工作。结构化分析方法使用简单易读的符号,根据软件内部数据传递、变更的关系,以"分解"和"抽象"为基本原则,按照自顶向下、逐层分解的分析策略,描绘满足功能要求的软件模型。

结构化分析方法的分析步骤如下。

(1) 了解当前软件系统的工作流程,获得其物理模型。

(2) 抽象出当前软件系统的逻辑模型。

(3) 建立目标软件系统的逻辑模型。

(4) 做进一步的补充和优化。

结构化分析方法适合于数据处理类型软件的需求分析,利用半形式化工具"数据流图"和"数据字典"表达需求,简明易懂。

4.4.1　绘制数据流图

数据流图(Data Flow Diagram,DFD)是软件系统逻辑结构的图形表示,是结构化系统分析的主要工具。它描绘数据在软件中从输入移动到输出的过程中所经受的变换。在数据流图中没有任何具体的物理元素,所以设计系统数据流图时不必考虑系统怎样实现这样的功能。

1. 数据流图的基本符号

数据流图有四种基本符号:正方形(或立方体)表示数据的源点或终点;圆角矩形(或圆形)代表变换数据的处理;开口矩形(或两条平行横线)代表数据存储;箭头表示数据流,即特定数据的流动方向,如图 4-6 所示。

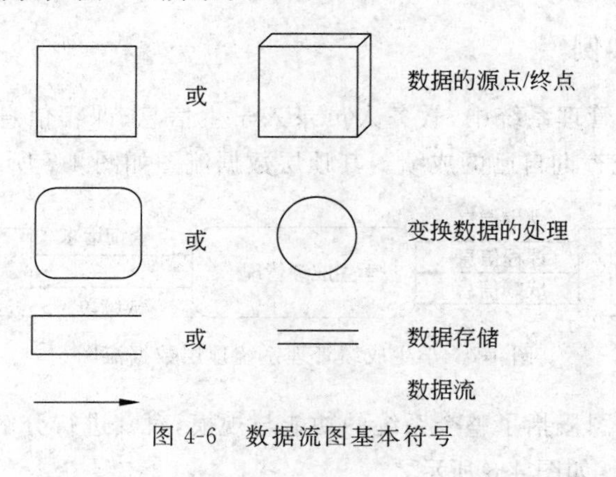

图 4-6　数据流图基本符号

2. 画数据流图的步骤

通常数据流图是分层绘制的，采用自顶向下、逐层分解的原则，直到功能细化为止，形成若干层次的数据流图。

(1) 先画顶层数据流图

顶层(也称第0层)DFD称为基本系统模型，可以将整个软件系统表示为一个具有输入和输出的黑匣子，用一个圆角矩形或圆圈表示。

(2) 再画下层数据流图

上一层DFD中的每一个处理可以进一步扩展成一个独立的数据流图，以揭示系统中程序的细节部分。这种循序渐进的细化过程可以继续进行，直到最底层的图仅描述原子过程操作为止。

注意：

(1) 命名

数据流图中每个成分的命名是否恰当，直接影响数据流图的可理解性。因此，给这些成分起名字时应该仔细推敲。

① 名字应代表整个数据流(或数据存储)的内容，而不是仅仅反映它的某些成分。不要使用空洞的、缺乏具体含义的名字(如"数据""信息""输入"等)。

② 处理的名字应该反映整个处理的功能，而不是它的一部分功能。名字最好由一个具体的及物动词加上一个具体的宾语组成。应该尽量避免使用"加工""处理"等空洞笼统的动词做名字。通常名字中仅包含一个动词，如果必须用两个动词才能描述整个处理的功能，则把这个处理再分解成两个处理可能更恰当些。

③ 为数据源点/终点命名时采用它们在问题域中习惯使用的名字(如"教务人员""学生"等)。

(2) 父图与子图的平衡

每一层数据流图必须与它上一层数据流图保持平衡和一致，因此，子图的所有输入输出流要与其父图相匹配。

3. 数据流图实例

(1) 在学生成绩管理系统中，教务人员录入学生信息、课程信息和学生成绩，学生通过学生成绩管理系统查询自己的成绩。其顶层数据流图如图4-7所示。

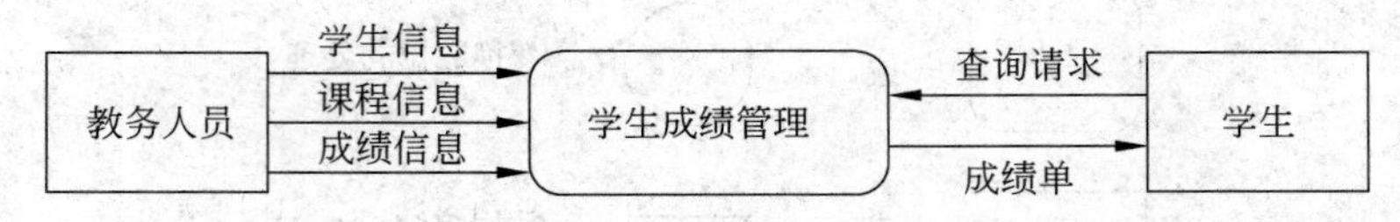

图4-7　学生成绩管理系统顶层数据流图

(2) 顶层数据流图概括了整个系统的功能与规模，对其进行分解，得到学生成绩系统的第二层数据流程图，如图4-8所示。

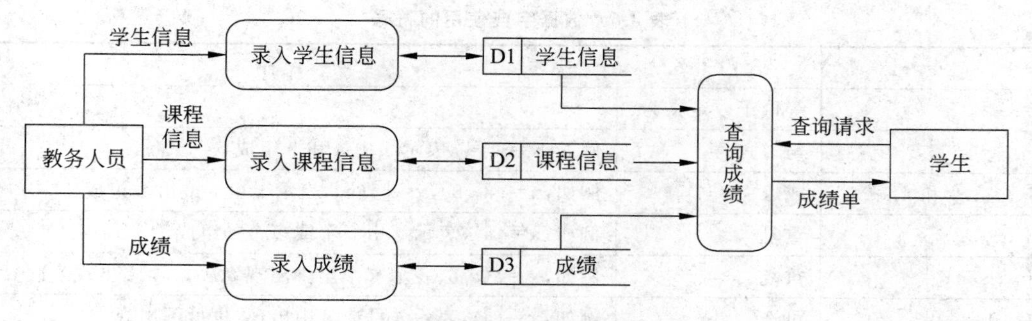

图 4-8　第二层查询成绩系统数据流图

(3) 图 4-8 中的"查询成绩"还可以进一步分解,对其进行分解得到细化的数据流程图,如图 4-9 所示。

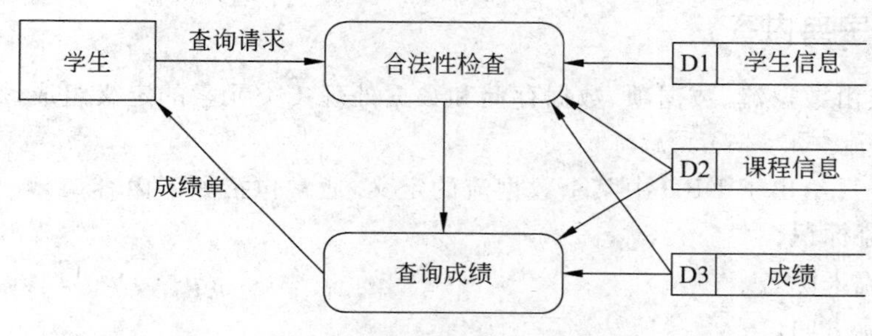

图 4-9　查询成绩数据流图

4.4.2　编制数据字典

在软件开发过程中,我们经常会遇到这样的情形:几位编程人员对于同一个数据项使用不同的变量名称、长度和有效性验证。这种情况会导致在真正的数据定义上的混淆,并且在软件维护时出现困难。解决这种问题的一个有效方法是使用数据字典技术,统一定义应用程序中使用的所有数据元素和结构的含义、类型、数据大小、格式、度量单位、精度以及允许取值范围的共享仓库。

1. 定义

数据字典(Data Dictionary)是描述数据的信息的集合,是对系统中使用的所有数据元素的定义的集合。数据字典主要是为分析人员查找数据流图中有关数据的详细定义而服务的,是数据流图的补充工具。数据字典和数据流图共同构成系统的逻辑模型。

2. 数据字典中使用的符号

数据字典使用的符号见表 4-6。

表 4-6 数据字典使用的符号

符　号	含　义	解　释
=	等价于或定义为	
+	与	例如，x=a+b，表示x由a和b组成
[…,…]和[…|…]	或	例如，x=[a, b]，x=[a|b]，表示x由a或由b组成
{ … }	重复	例如，x={a}，表示x由0个或多个a组成
m{…}n	重复	例如，x=3{a}8，表示x中至少出现3次a，至多出现8次a
(…)	可选	例如，x=(a)，表示a可在x中出现，也可不出现
"…"	基本数据元素	例如，x="a"，表示x为取值为a的数据元素
..	联结符	例如，x=1..9，表示x可取1到9之中的任意值

3. 数据字典内容

数据字典由数据流、数据项、数据存储和数据处理4类元素的定义组成。

(1) 数据流

数据流条目给出了DFD中某个数据流的定义，通常包括如下内容。

① 数据流标识。

② 数据流来源。

③ 数据流去向。

④ 数据流的数据组成。

⑤ 流动属性描述：频率、数据量。

【实例 4-2】 上述成绩管理系统的数据流字典如表4-7所示。

表 4-7 成绩管理系统的数据流字典

数据流名	组　成	来　源	去　处
学生信息	学号+姓名+性别+系部编号+专业编号+班级名称	教务人员	学生信息表
课程信息	课程编码+课程名+[考试|考查]	教务人员	课程信息表
成绩	学号+课程编码+平时成绩+考试成绩	教务人员	成绩表
成绩单	班级名称+学号+姓名1{课程名+成绩}5	成绩管理系统	学生

(2) 数据项

数据项(即数据元素)条目是不可再分解的数据单位，内容如下。

① 名称。

② 描述。

③ 数据类型。

④ 长度(精度)。

⑤ 取值范围及默认值。

⑥ 计量单位。

⑦ 相关数据元素及数据结构。

【实例 4-3】 上述成绩管理系统数据项定义如下。

系部编号=[01=信息|02=生物|03=电气|04=机械|05=医疗|06=建筑]
专业编号=[01=网络|02=软件|03=计算机应用|04=电子商务]
课程编码=[1=职业核心|2=专业核心|3=专业拓展|4=选修]+系部编号+专业编号+学期编号+序号
学期编号=[1=第1学期|2=第2学期|3=第3学期|4=第4学期|5=第5学期|6=第6学期|7=第7学期|8=第8学期]
学号=班级编号+序号
序号=1{数字}2
数字=[0|1|2|3|4|5|6|7|8|9]
姓名=1{字符}4
性别=[男|女]
班级名称=1{字符}15
课程名称=1{字符}10
成绩=1{数字}3

(3) 数据存储

数据存储条目是对DFD中某个数据存储的定义,通常包括如下内容。

① 数据存储名字。

② 数据存储描述。

③ 数据存储组成。

④ 数据存储方式。

⑤ 关键码。

⑥ 存取频率和数据量。

⑦ 安全性要求(用户存取权限)。

【实例 4-4】 上述成绩管理系统的学生信息数据存储如下。

数据文件名:学生信息文件。

简述:存放的是学生基本信息数据。

数据文件组成:表格形式存储。

文件内容:学生信息记录=学号+姓名+性别+系部编号+专业编号+班级名称。

存储方式:以学号为记录关键字升序排列。

(4) 数据处理

数据处理描述实现数据处理的策略而不是实现处理的细节。处理条目描述的内容如下。

① 处理逻辑(简述)。描述基本数据处理如何把输入数据流变化为输出数据流的处理步骤,不涉及具体处理方法。

② 执行条件。

③ 输入。

④ 输出。

⑤ 优先级。

⑥ 执行频率。

⑦ 出错处理对策。

【实例4-5】 例如上述成绩管理系统的学生成绩查询处理如下。

简述：是系统处理的一个命令。

处理逻辑：

```
BEGIN
  BEGIN
      读取查询学生信息条件,查询学生信息文件
      IF  在学生文件未找到该学生
      THEN  该学生不存在,输出学生信息
    ELSE  读取课程信息和成绩信息条件,查询学生信息文件、课程信息文件和成绩信息文件
        输出成绩单
END
```

执行频率：10000次左右。

峰值：随时,但经常在学生开学时。

4. 新闻发布系统数据字典

(1) 用户信息数据字典

名字：用户信息存储
编号：D1
描述：存储后台管理员信息
定义：用户ID号＋用户名称＋密码
位置：用户信息表

(2) 新闻栏目信息数据字典

名字：新闻栏目信息
编号：D2
描述：存储新闻栏目信息
定义：栏目标识＋栏目名称＋栏目描述＋栏目顺序
位置：新闻栏目表

(3) 新闻类别信息数据字典

名字：新闻类别信息
编号：D3
描述：存储新闻类别信息
定义：类别标识＋类别名称＋类别描述＋类别顺序＋栏目标识
位置：新闻类别表

（4）新闻信息数据字典

名字：新闻信息存储 编号：D4 描述：存储新闻信息 定义：新闻标识＋新闻标题＋类别标识＋发布日期＋关键字＋来源＋新闻内容＋用户标识＋点击量 位置：新闻信息表

4.5　习　　题

1．简答题

（1）常用的需求分析的方法有哪些？

（2）需求分析的任务是什么？步骤有哪些？

（3）什么是面向对象分析方法？步骤是什么？

（4）什么是结构化分析方法？步骤是什么？

（5）基于用例的需求分析方法的主要步骤有哪些？

（6）活动图建模技术的步骤有哪些？

（7）什么是数据流图？画数据流图的步骤有哪些？

（8）什么是数据字典？其内容有哪些？

2．操作题

（1）画出目标系统的数据流图并编制数据字典。

（2）完成目标系统的用例建模。

（3）编写目标系统需求规格说明书。

（4）对目标系统进行需求分析，并且以小组为单位用幻灯片演示介绍需求分析的工作实践情况和过程，介绍小组分工情况和成员协作情况。展示小组的需求规格说明。

任务5　新闻发布系统概要设计

- **能力目标**
  - ➢ 能够看懂设计图，理解设计原则。
  - ➢ 能够使用面向对象设计建模方法建立系统设计模型。
  - ➢ 能够运用软件设计的原理及方法进行功能模块设计、数据库设计。
  - ➢ 能根据项目需要选择开发环境和运行平台。
  - ➢ 能够编写软件概要设计说明和数据库设计说明。
- **知识目标**
  - ➢ 理解面向对象设计(OOD)的概念。
  - ➢ 掌握面向对象设计的原则。
  - ➢ 明确概要设计的任务与步骤。
  - ➢ 掌握常用软件体系结构知识。
  - ➢ 掌握结构化软件设计方法和面向对象软件设计方法。

任务导入

小型、简单的软件系统，一旦明确了要求，就可以立即编写程序。但对于大型软件系统来说，不能急于进入编程阶段。为了保证软件产品的质量，提高软件开发效率，必须先制定系统设计方案，确定软件的总体结构，这称为概要设计或结构设计。概要设计阶段要确定软件的体系结构、模块设计(对象或类设计)和数据库设计，编写数据库设计说明、用户手册、测试计划，选用相关的软件工具来描述软件结构等。

在实际的软件开发过程中分析和设计二者的界限是模糊的。许多分析结果可以直接映射成设计结果，而在设计过程中又往往会加深和补充对系统需求的理解，从而进一步完善分析结果。因此，分析和设计活动是一个多次反复迭代的过程。

结构化设计方法是一种面向数据流的设计方法，它是以结构化方法分析阶段产生的文档(数据流图、数据字典和软件需求说明书)为基础，是一个自顶向下、逐步求精和模块化的过程。结构化方法采用软件结构图来描述程序的结构。构成结构图的主要成分有模块、调用和数据。

本部分以新闻发布系统为例，介绍面向对象设计过程和技术。

任务清单

(1) 新闻发布系统体系结构的设计。

(2) 选择开发环境和运行平台。

(3) 新闻发布系统模式的设计。

(4) 新闻发布系统动态结构的设计。

(5) 编制软件测试计划。

(6) 编写软件概要设计说明和数据库设计说明。

5.1 案例——新闻发布系统模块设计报告

5.1.1 文档介绍

模块设计文档作为新闻发布系统设计文档的重要组成部分,主要对该软件用户管理模块、新闻管理模块、新闻前台显示模块、新闻类别模块、新闻栏目管理模块以及模块与模块之间的关系进行了详细描述,并对相关内容做出了统一的规定。

模块设计文档包含文档介绍、模块命名规则和模块设计几个组成部分。文档的读者对象主要包括系统的设计人员、开发人员和测试人员。

5.1.2 模块命名规则

模块的名称必须能够表达该模块的功能,指明每次调用它时应完成的功能。模块的名称由一个动词和一个名称组成等。新闻发布系统模块命名规则如下。

1. 类和接口

(1) 类和接口名均采用名词,首字母大写,其他单词首字母大写,缩写词全部大写。

(2) 包下的类有固定的后缀命名:如 Action 包下的 BaseAction 类。

2. 包

(1) 所有包名使用小写字母。包名长度一般不能超过 8 个字符,避免使用多个词作为包名。

(2) 顶级包名采用开发者所在机构的域名的逆序,若没有域名,可采用公司英文名称。例如:com. sun. jdbc、org. jboss。

(3) 非顶级包名采用名词,或名词的缩写。

5.1.3 模块设计

1. 新闻发布系统功能模块设计

新闻发布系统功能模块如图 5-1 所示。

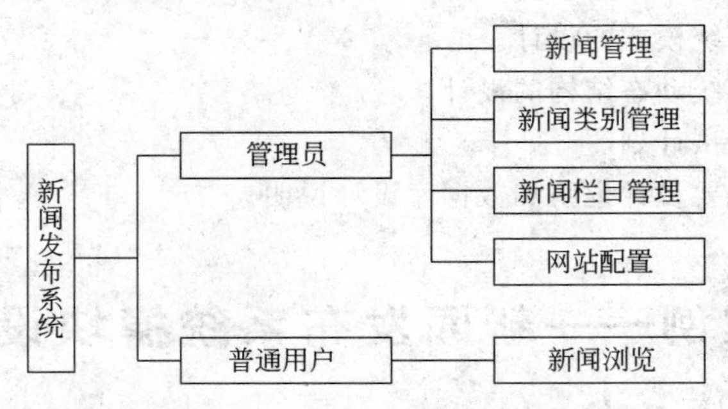

图 5-1 新闻发布系统功能模块结构图

2. 包(模块)设计

按照新闻发布系统程序的层次,划分为 controller、model 两个包。

在 controller 包内有三个子包:src. controller. action(应用分发器包,其中 Action 和 BaseAcion 是这个包的接口和抽象类)、src. controller. listener(过滤器和监听器包)和 src. controller. servlet(放置 Servlet 的包,前端控制器 DispatcherServlet 也在该包中)。

在 model 包内有两个子包:src. model. connection(数据库连接的类封装在该包中)和 src. model. service。其中 src. model. service 包内还有四个子包:src. model. service. dao(存放所有的数据访问对象,DAOObject 和 BaseDao 是该包的接口和抽象类)、src. model. service. dao. page(分页检索的封装)、src. model. service. exception(异常处理的包)和 src. model. service. pojo(封装 VO 对象)。

此外,还有一个辅助类包(src. util)和一个视图助手包(src. viewhelper)。

3. 模块汇总表

(1) Action 包模块汇总表(表 5-1)

Action 包是指所有应用分发器的包,用于接收前端控制器 DispatcherServlet 的请求,完成业务逻辑。

表 5-1 Action 包模块汇总表

Action 包(控制层)	
模块名称	功 能 简 述
Action	定义 Action 接口
BaseAction	定义抽象类 BaseAction,实现 Action 接口

续表

模块名称	功能简述
ClassAction	处理页面类别请求(添加、删除、修改),调用 ClassDao 类中访问 NewsClass 数据实体类的方法,完成业务逻辑
ItemAction	处理页面栏目请求(添加、删除、修改),调用 ItemDao 类中访问 Item 数据实体类的方法,完成业务逻辑
LoginAction	处理用户登录
NewsAction	处理新闻发布,调用 NewsDao 类中方法,完成业务逻辑
PageNewsAction	分页处理

(2) Servlet 包模块汇总表(表 5-2)。

表 5-2 Servlet 包模块汇总表

Servlet 包(控制层)	
模块名称	功能简述
DispatcherServlet	主控制 Servlet,接受用户所有请求,分发给相应的 Action

(3) Dao 包模块汇总表(表 5-3)。

Dao 包用于存放所有的数据访问对象。

表 5-3 Dao 包模块汇总表

Dao 包(模板)	
模块名称	功能简述
BaseDao	定义了 BaseDao 抽象类
ClassDao	定义访问 NewsClass 数据实体类的方法,包括增、删、改、查等操作
ItemDao	定义访问 Item 数据实体类的方法
NewsDao	定义访问 News、NewsComment、NewsLogs、NewsStatistic 数据实体类的方法
UserDao	定义访问 NewsUser 数据实体类的方法

(4) Excepion 包模块汇总表(表 5-4)。

表 5-4 Excepion 包模块汇总表

Exception 包(模板)	
模块名称	功能简述
DataAccessException	定义数据访问异常类

(5) Pojo 包模块汇总表(表 5-5)。

Pojo 包用于存放所有的 VO 对象。

表 5-5 Pojo 包模块汇总表

Pojo 包(模板)	
模块名称	功能简述
Item	Item 类定义新闻栏目对象,包括新闻栏目的编号、名称、描述、顺序等属性

续表

模块名称	功能简述
News	News类定义新闻对象,包括新闻编号、新闻标题、新闻栏目编号、新闻类别编号、新闻发布日期、新闻关键字、新闻来源、新闻内容、用户ID、总点击量、月点击量等属性
NewsClass	NewsClass类定义新闻类别对象,包括新闻类别编号、名称、描述、顺序等属性
NewsUser	NewsUser类定义新闻用户对象,包括用户ID、用户名称、用户密码属性

4. 模块关系图

(1) Action包关系图(图5-2)。

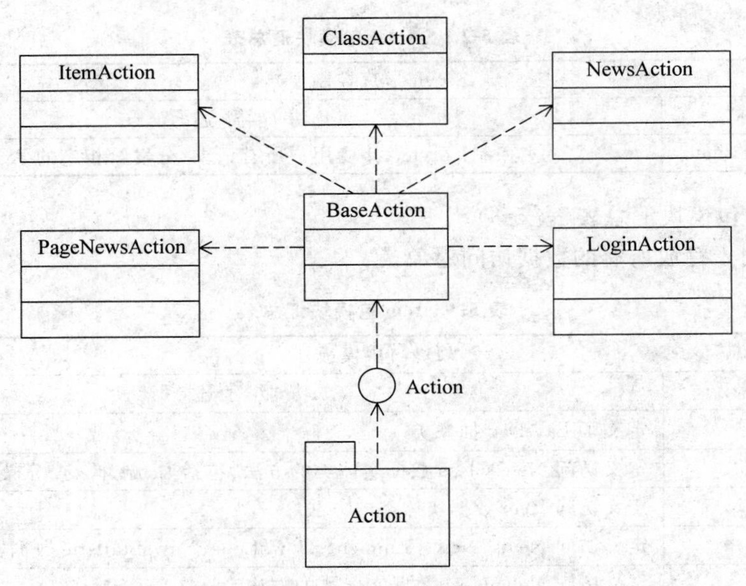

图5-2 Action包关系图

(2) Servlet包关系图(图5-3)。

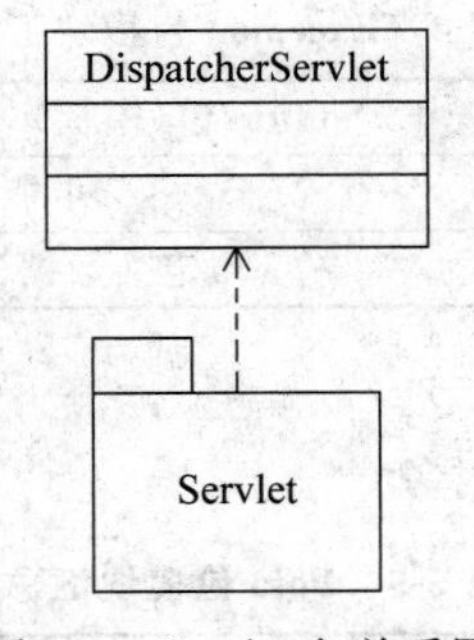

图5-3 Servlet包关系图

(3) Dao 包关系图(图 5-4)。

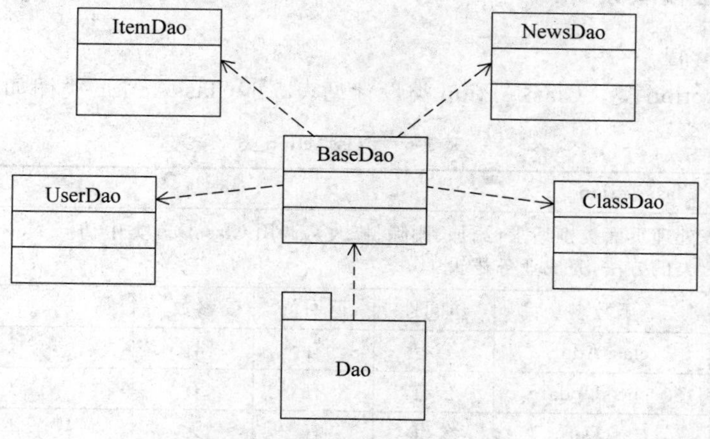

图 5-4　Dao 包关系图

(4) Exception 包关系图(图 5-5)。

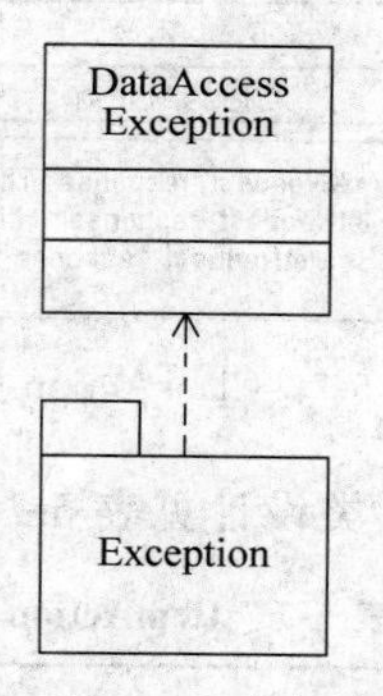

图 5-5　Exception 包关系图

(5) Pojo 包关系图(图 5-6)。

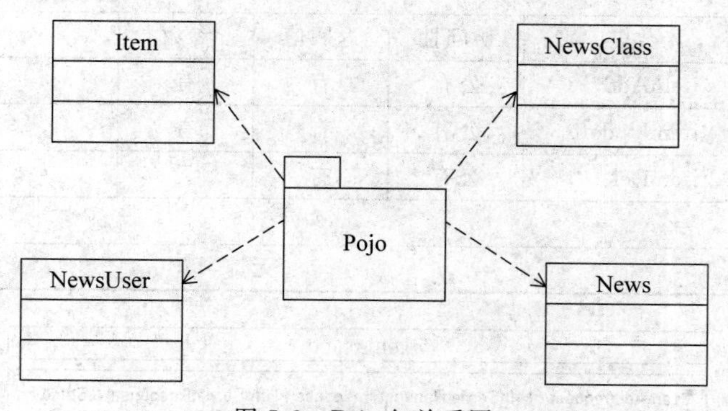

图 5-6　Pojo 包关系图

5. 表示层模块设计

(1) Action 包

① ClassAction 类。ClassAction 类设计见表 5-6,ClassAction 类图如图 5-7 所示。

表 5-6　ClassAction 类

模块名称	ClassAction				
功能描述	处理页面类别请求(添加、删除、修改),调用 ClassDao 类中访问 NewsClass 数据实体类的方法,完成业务逻辑				
接口与属性	函数名	访问性	返回值	参数	功能
	classAdd	公有	有	有	类别添加
	classUpdate	公有	有	有	类别更新
	classDel	公有	有	无	类别删除
数据结构	无				
补充说明	无				

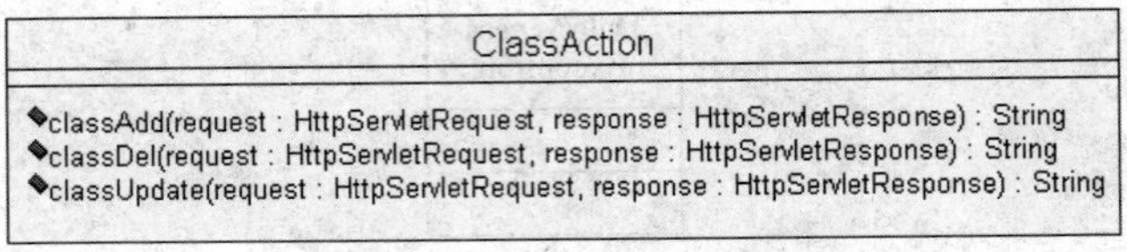

ClassAction
classAdd(request : HttpServletRequest, response : HttpServletResponse) : String classDel(request : HttpServletRequest, response : HttpServletResponse) : String classUpdate(request : HttpServletRequest, response : HttpServletResponse) : String

图 5-7　ClassAction 类图

② ItemAction 类。ItemAction 类设计见表 5-7,ItemAction 类设计如图 5-8 所示。

表 5-7　ItemAction 类

模块名称	ItemAction				
功能描述	处理页面栏目请求(添加、删除、修改),调用 ItemDao 类中访问 Item 数据实体类的方法,完成业务逻辑				
接口与属性	函数名	访问性	返回值	参数	功能
	itemAdd	公有	有	有	栏目添加
	itemUpdate	公有	有	有	栏目更新
	itemDel	公有	有	无	栏目删除
数据结构	无				
补充说明	无				

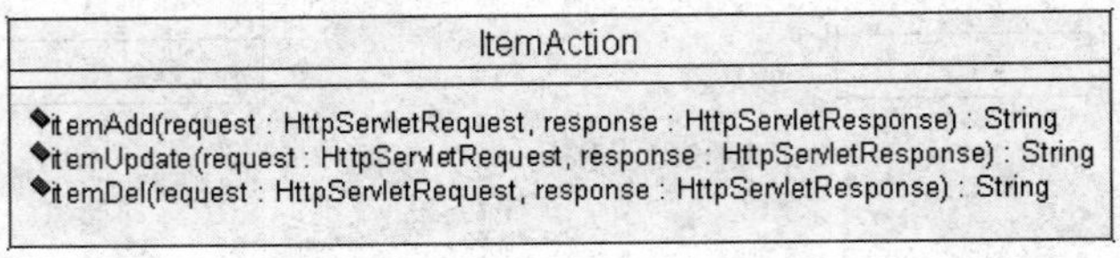

ItemAction
itemAdd(request : HttpServletRequest, response : HttpServletResponse) : String itemUpdate(request : HttpServletRequest, response : HttpServletResponse) : String itemDel(request : HttpServletRequest, response : HttpServletResponse) : String

图 5-8　ItemAction 类图

③ LoginAction 模块。LoginAction 类设计见表 5-8，LoginAction 类设计如图 5-9 所示。

表 5-8　LoginAction 类

<table>
<tr><td>模块名称</td><td colspan="5">LoginAction</td></tr>
<tr><td>功能描述</td><td colspan="5">处理用户登录，修改密码请求，并完成用户日志的记录</td></tr>
<tr><td rowspan="2">接口与属性</td><td>函数名</td><td>访问性</td><td>返回值</td><td>参数</td><td>功能</td></tr>
<tr><td>query</td><td>公有</td><td>有</td><td>有</td><td>登录</td></tr>
<tr><td>数据结构</td><td colspan="5">无</td></tr>
<tr><td>补充说明</td><td colspan="5">无</td></tr>
</table>

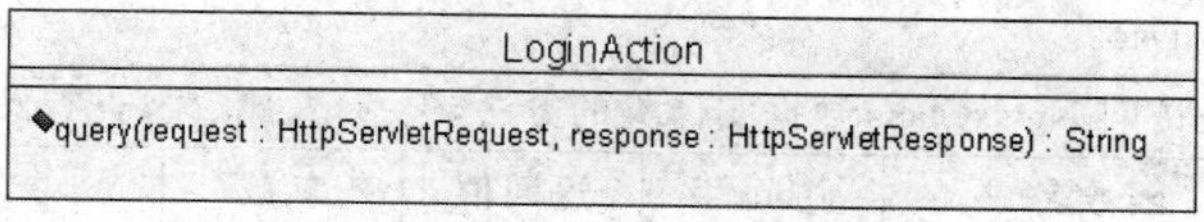

LoginAction

query(request : HttpServletRequest, response : HttpServletResponse) : String

图 5-9　LoginAction 类图

④ NewsAction 模块。NewsAction 类设计见表 5-9，NewsAction 类设计见图 5-10。

表 5-9　NewsAction 类

<table>
<tr><td>模块名称</td><td colspan="5">NewsAction</td></tr>
<tr><td>功能描述</td><td colspan="5">处理新闻管理请求，包括后台的新闻发布等，调用 NewsDao 类中方法，完成业务逻辑</td></tr>
<tr><td rowspan="5">接口与属性</td><td>函数名</td><td>访问性</td><td>返回值</td><td>参数</td><td>功能</td></tr>
<tr><td>create</td><td>公有</td><td>有</td><td>有</td><td>新闻发布</td></tr>
<tr><td>newsDel</td><td>公有</td><td>有</td><td>有</td><td>新闻删除</td></tr>
<tr><td>newsUpdate</td><td>公有</td><td>有</td><td>有</td><td>新闻修改</td></tr>
<tr><td>remove</td><td>公有</td><td>有</td><td>无</td><td>将所选中的新闻一次性删除(批量删除)</td></tr>
<tr><td>数据结构</td><td colspan="5">无</td></tr>
<tr><td>补充说明</td><td colspan="5">无</td></tr>
</table>

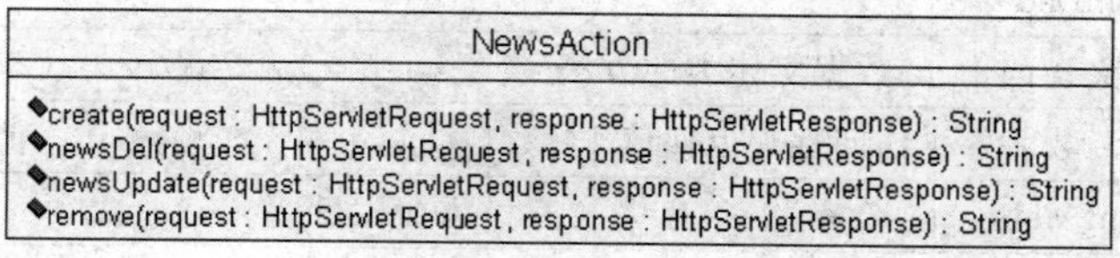

NewsAction

create(request : HttpServletRequest, response : HttpServletResponse) : String
newsDel(request : HttpServletRequest, response : HttpServletResponse) : String
newsUpdate(request : HttpServletRequest, response : HttpServletResponse) : String
remove(request : HttpServletRequest, response : HttpServletResponse) : String

图 5-10　NewsAction 类图

⑤ PageNewsAction 模块。PageNewsAction 类设计见表 5-10。

表 5-10　PageNewsAction 类

模块名称	PageNewsAction				
功能描述	定义分页的方法				
接口与属性	函数名	访问性	返回值	参数	功能
	pagedQuery	公有	有	有	分页方法
数据结构	无				
补充说明	无				

（2）Dao 包

① ClassDao 模块。ClassDao 类设计见表 5-11，ClassDao 类如图 5-11 所示。

表 5-11　ClassDao 类

模块名称	ClassDao				
功能描述	定义访问 NewsClass 数据实体类的方法，包括增、删、改、查等操作				
接口与属性	函数名	访问性	返回值	参数	功　能
	classAdd	公有	有	有	增加类别
	classDel	公有	有	有	删除类别
	classUpdate	公有	有	有	更新类别
	query	公有	有	无	据栏目 ID 查询内容
数据结构	无				
补充说明	无				

ClassDao

classAdd(newsclass : NewsClass) : int
classDel(newsclass : NewsClass) : int
classUpdate(newsclass : NewsClass) : int
query(itemid : int) : List

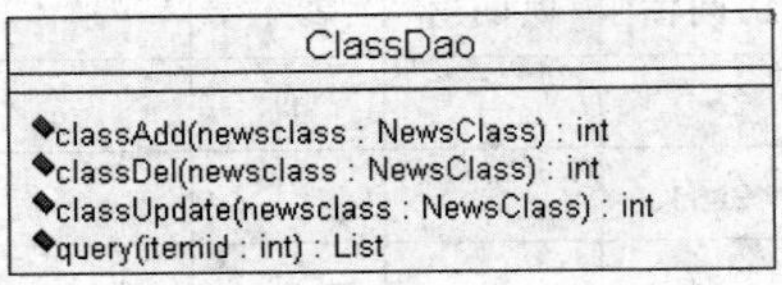

图 5-11　ClassDao 类图

② ItemDao 模块。ItemDao 类设计见表 5-12，ItemDao 类图见图 5-12。

表 5-12　ItemDao 类

模块名称	ItemDao				
功能描述	定义访问 Item 数据实体类的方法				
接口与属性	函数名	访问性	返回值	参数	功　能
	itemAdd	公有	有	有	添加栏目
	itemDel	公有	有	有	删除栏目（根据传来的 ID 删除相应的栏目）
	itemUpdate	公有	有	有	更新栏目（据传来的信息更新栏目的相关内容）
	list	公有	有	无	显示所有栏目
数据结构	无				
补充说明	无				

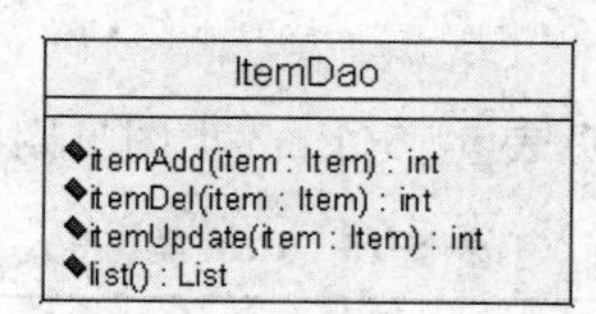

图 5-12　ItemDao 类图

③ NewsDao 模块。NewsDao 类设计见表 5-13，NewsDao 类图见图 5-13。

表 5-13　NewsDao 类

模块名称	NewsDao				
功能描述	定义访问 News、NewsComment、NewsLogs、NewsStatistic 数据实体类的方法				
接口与属性	函数名	访问性	返回值	参数	功　能
	addHits	公有	有	有	更新各个点击量的数目
	create	公有	有	有	新闻发布
	newDel	公有	有	有	据新闻 ID 对新闻的删除
	newsUpdate	公有	有	无	新闻更新
数据结构	无				
补充说明	无				

NewsDao
addHits(newsid : int) : int
create(entityObject : Object) : void
newDel(newsid : int) : int
newsUpdate(news : News) : int

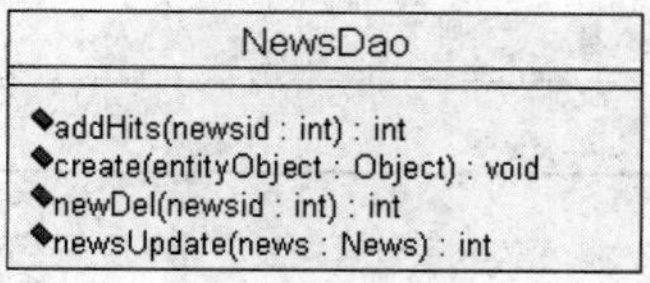

图 5-13　NewsDao 类图

④ UserDao 模块。UserDao 类设计见表 5-14，UserDao 类图见图 5-14。

表 5-14　UserDao 类

模块名称	UserDao				
功能描述	定义访问 NewsUser 数据实体类的方法				
接口与属性	函数名	访问性	返回值	参数	功　能
	query	公有	有	有	用户登录验证
数据结构	无				
补充说明	无				

UserDao
query(objects : Object) : List

图 5-14　UserDao 类图

(3) Pojo数据实体模块设计

① Item模块。Item类设计见表5-15,Item类图见图5-15。

表5-15 Item类

模块名称	Item
功能描述	Item类定义新闻栏目对象,包括新闻栏目的编号、名称、描述顺序等属性。此类提供了访问新闻栏目属性的方法
接口与属性	提供了访问属性的get/set方法
数据结构	无
补充说明	无

② News模块。News类设计见表5-16,News类图见图5-16。

表5-16 News类

模块名称	News
功能描述	News类定义新闻对象,包括新闻编号、新闻标题、新闻类别编号、新闻发布日期、新闻关键字、新闻来源、新闻内容、用户ID。此类提供了访问新闻属性的方法
接口与属性	提供了访问属性的get/set方法
数据结构	无
补充说明	无

Item
itemDesc
itemId
itemName
itemOrder
getItemDesc() : String
setItemDesc(itemDesc : String) : void
getItemId() : int
setItemid(itemId : int) : void
getItemName() : String
setItemName(itemName : String) : void
getItemOrder() : int
setItemOrder(itemOrder : int) : void

图5-15 Item类图

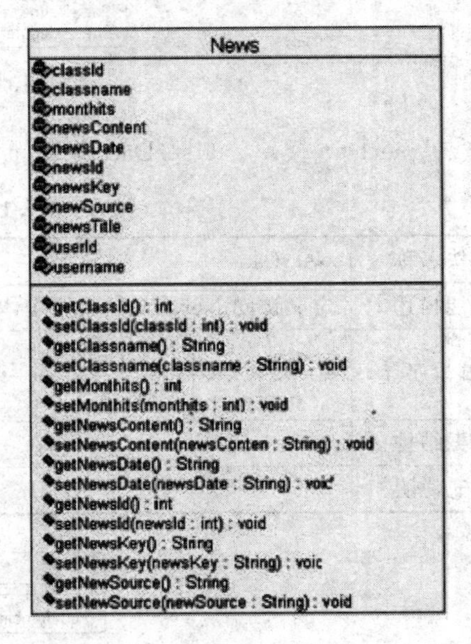

图5-16 News类图

③ NewsClass模块。NewsClass类设计见表5-17,NewsClass类图见图5-17。

表 5-17 NewsClass 类

模块名称	NewsClass
功能描述	NewsClass 类定义新闻类别对象，包括新闻类别编号、名称、描述、顺序、栏目的编号等属性。此类提供了访问新闻类别属性的方法
接口与属性	提供了访问属性的 get/set 方法
数据结构	无
补充说明	无

④ NewsUser 模块。NewsUser 类设计见表 5-18，NewsUser 类图见图 5-18。

表 5-18 NewsUser 类

模块名称	NewsUser
功能描述	NewsUser 类定义新闻用户对象，包括用户 ID、用户名称、用户密码、用户权限、用户锁定、用户审核、用户 E-mail、用户电话号码、用户性别、用户 QQ、用户出生日期等属性。此类提供了访问新闻用户对象属性的方法
接口与属性	提供了访问属性的 get/set 方法
数据结构	无
补充说明	无

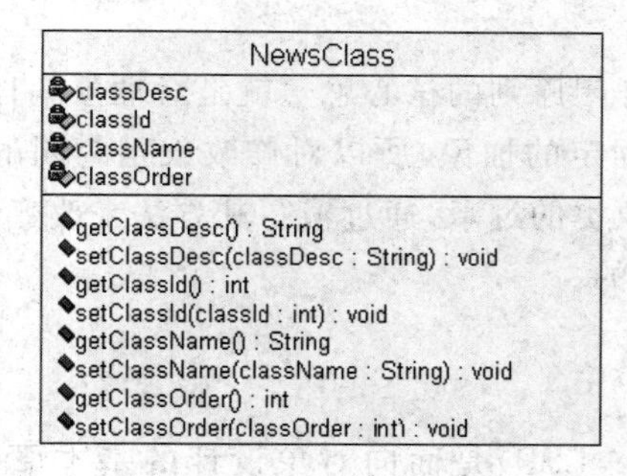

图 5-17 NewsClass 类图

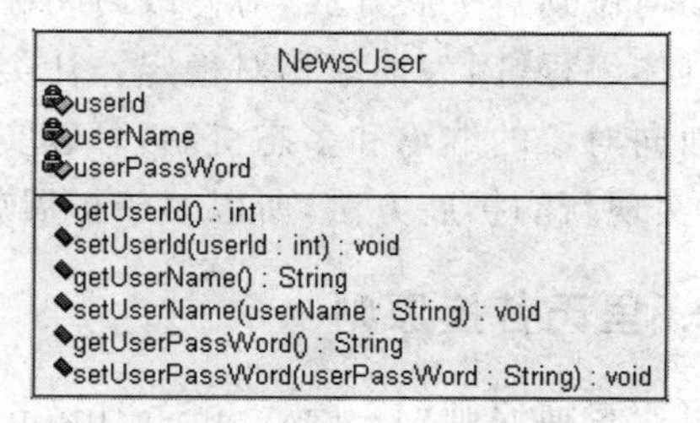

图 5-18 NewsUser 类图

5.2 面向对象设计

面向对象设计(Object Oriented Design，OOD)是把分析阶段得到的需求转变成符合成本和质量要求的、抽象的系统实现方案的过程。从面向对象分析(OOA)到面向对象设计(OOD)是一个逐渐扩充模型的过程。

用面向对象方法设计软件，原则上也是先进行概要设计(系统设计)，然后再进行详细设计(对象设计)。

面向对象的设计方法致力于解决传统软件开发过程中，因软件模块化、结构化程度不高的原因而导致的软件可维护性差、软件重用性差、所开发出的软件不能满足用户的需求等诸多方面的问题。

5.2.1 面向对象设计内容

面向对象设计包括静态结构设计和动态结构设计。静态结构设计的内容有类和对象设计、架构设计(设计模式)、包设计、接口设计和数据库设计等,静态结构设计建模技术包括类的建模、对象的建模、组件图、配置图和数据库设计类图;动态结构设计指状态和行为的设计,动态结构设计建模技术包括状态建模(状态图)、行为建模(顺序图和交互图)。新闻发布系统采用的是面向对象的设计方法。

5.2.2 面向对象设计原则

1. 开闭原则

开闭原则(Open-Closed Principle,OCP)是面向对象设计的第一原则。软件设计本身所追求的目标就是封装变化,降低耦合,而开闭原则正是对这一目标的最直接体现。开闭原则的核心思想是:一个软件实体(类、模块、函数等)应该对扩展开放,对修改关闭。意思是当一个软件需要增加或修改某些功能时,应该尽可能地只是在原来的实体中增加代码,而不是修改代码。

如何做到对扩展开放,对修改封闭呢?实现开闭原则的核心思想就是对抽象编程,而不对具体编程,因为抽象相对稳定。让类依赖于固定的抽象,所以对修改就是封闭的;而通过面向对象的继承和多态机制,可以实现对抽象类的继承,通过覆写其方法来改变固有行为,实现新的扩展方法,所以对于扩展就是开放的。

2. 里氏替换原则

里氏替换原则(Liskov Substitution Principle,LSP)是面向对象设计的基本原则之一。一个软件实体如果使用的是一个基类的话那么一定适用于其子类,而且它察觉不出基类对象和子类对象的区别。也就是说,在软件里面,把基类都替换成它的子类,程序的行为没有变化。里氏替换原则是继承复用的基石,只有当衍生类可以替换基类,软件单位的功能不受影响时,基类才能真正被复用,而衍生类也可以在基类的基础上增加新的行为。

在进行设计时,我们尽量从抽象类继承,而不是从具体类继承。采用里氏替换原则的目的就是增加程序的健壮性,需求变更时也可以保持良好的兼容性和稳定性,即使增加子类,原有的子类可以继续运行。

3. 依赖倒置原则

依赖倒置原则(Dependence Inversion Principle,DIP)要求依赖于抽象,不要依赖于具体。简单地说就是对抽象进行编程,不要对实现进行编程;任何类都不应该从具体类派生;任何方法都不应该覆写它的任何基类中的已经实现了的方法。这样就降低了客户与实现模块间的耦合。

4. 接口隔离原则

接口隔离原则(Interface Segregation Principle,ISP)要求尽量使用多个小而专用的接口而不是单一的接口。即接口应该是内聚的,应该避免“胖”接口。一个类对另外一个类的依赖应该建立在最小的接口上,不要强迫依赖不用的方法,这是一种接口污染。

接口污染会带来维护和重用方面的问题。最常见的问题是我们为了重用被污染的接口,被迫实现并维护不必要的方法。

分离接口的方式一般分为委托和多继承两种。前者把请求委托给别的接口的实现类来完成需要的职责,后者则是通过实现多个接口来完成需要的职责。两种方式各有优缺点,通常我们应该先考虑后一个方案,如果涉及类型转换时则选择前一个方案。

5. 单一职责原则

单一职责原则(Single Responsibility Principle,SRP)就是一个类有且只有一个职责。所谓一个类的职责是指引起该类变化的原因。

如果一个类具有一个以上的职责,就等于把这些职责耦合在一起,一个职责的变化会削弱或抑制这个类完成其他职责的能力,就会降低这个类的内聚性。

单一职责原则具有降低类的复杂性、提高可维护性、提高可读性的优点,可以看作是低耦合、高内聚在面向对象原则上的引申。

6. 迪米特法则

迪米特法则(Law of Demeter,LoD)又称最少知识原则,是指一个对象应当对其他对象尽可能少地了解,并尽可能少地与其他对象发生联系。

迪米特法则的目的在于降低类之间的耦合。由于每个类尽量减少对其他类的依赖,因此,很容易使得系统的功能模块相互独立,相互之间不存在依赖关系。这种思想和模块化程序设计中的模块低耦合高内聚同样的道理。

7. 组合/聚合复用原则

组合/聚合和继承是实现复用的两个基本途径。组合/聚合复用原则(Composite/Aggregate Reuse Principle,CARP)要求优先使用组合/聚合,而不是继承来达到复用的目的。

组合和聚合都是对象建模中关联(Association)关系的一种。聚合表示整体与部分的关系,表示“含有”,整体由部分组合而成,部分可以脱离整体作为一个独立的个体存在。组合则是一种更强的聚合,部分组成整体,而且不可分割,部分不能脱离整体而单独存在。

类有三种复用方式。

(1) 实例复用

由于类的封装特性,使用者不需要了解内部的实现细节就可用适当的构造函数创建需要的实例,然后向所创建的实例发送适当的消息,启动相应的服务,完成需要的任务。

设计一个可复用性好的类是一件很困难的事情，因为，类提供的服务太多，会增加接口的复杂度，降低类的可理解性；提供的服务太少，则可能会降低复用性。在设计时，需要根据具体的应用环境和以往的经验来综合考虑，设计出合适的类构件。

(2) 继承复用

当已有的类构件不能通过实例复用满足要求时，可以通过继承复用对已有的类构件进行修改，使它满足要求。在设计时，关键是要设计一个合理的、具有一定深度的类构件的继承层次结构。每个子类在继承父类的属性和服务的基础上，加入少量的新属性和新服务，这样做的好处是父子类的耦合度比较适当，接口简单，易于理解。

(3) 多态复用

多态是一种特性，这种特性使得一个属性或变量在不同的时期可以表示不同的对象。利用多态性可以使对象的对外接口更加一般化，系统运行时，根据接收消息的对象类型，由多态机制启动正确的方法，响应一个一般化的消息。

设计一个可复用的软件比设计一个普通软件的代价要高，但随着这些软件被复用次数的增加，分摊到它的设计和实现成本就会降低。

8. 简洁化设计

一个软件60%的工作量是维护工作。为了便于维护，现代软件工程越来越重视软件的简洁和易于理解。做好以下几点。

(1) 设计简单的类。避免定义太多的属性和服务。一个类的职责要清晰，易于理解也有助于复用。

(2) 使用简单的协议。对象之间的关联是通过消息触发的，消息过于复杂，说明对象之间的耦合程度太紧，不利于维护。一般来说，消息中参数不要超过3个。

(3) 设计结果简洁明了。设计结果(如文档)描述用词准确、清晰、容易理解。

(4) 把设计变动减至最小。通常设计的质量越高，设计结果保持不变的时间也越长。即使出现必须修改设计的情况，也应该使修改的范围尽可能小。

5.3 新闻发布系统体系结构设计

体系结构设计表示计算机软件系统的基础架构，主要从高层描述各组成部分的关系以及它们的接口。体系结构设计已经成为决定软件系统成功与否的关键因素。

常用的软件体系结构主要有传统客户机/服务器(C/S)结构、三层C/S结构、浏览器/服务器(B/S)结构和C/S与B/S混合体系结构。一个小型的软件可能具有一种软件体系结构，而大型的软件一般由多种软件体系结构组成。

1. 软件体系结构设计原则

一个软件系统的体系结构设计的好不好，可以用合适性、结构稳定性、可扩展性、可复用性等特征来评估。

2. 体系结构的选择应考虑的因素

(1) 是单机还是客户机/服务器系统。

(2) 是常规应用开发还是底层开发(是否有单片机系统)。

(3) 客户机最大终端数是多少。

(4) 是否提供给第三方应用编程接口。

(5) 网络(或数据通信)是什么连接方式。

(6) 数据文件的保存方式(文本、本地数据库、大型数据库)。

网络应用软件的体系结构主要有两种：C/S 结构和 B/S 结构。C/S 结构使用之前必须要在每个客户机上安装客户端，且每次升级或维护都要修改每个客户机上的客户端，非常麻烦，虽然运行速度很快，但不适应于要求方便、灵活的校园新闻发布；B/S 结构不需要在客户机安装客户端，客户机只需要有浏览器，就可以使用，非常方便，故选择 B/S 结构作为校园新闻发布系统的运行模式。

5.4　开发环境及运行平台的选择

新闻发布系统开发环境及运行平台的选择如下。

操作系统：Windows 7。

数据库：SQL Server 2008。

Web 服务器：Tomcat 6.0。

开发工具：MyEclipse JSP Editor、JDK1.5.X 或以上版本。

客户要求校园新闻发布系统应能运行于机房常见的操作系统之上，还应具有较高的效率。考虑到客户需求和 JSP 的特点，故选用 JSP 作为开发语言。

Tomcat 是一个运行 JSP 非常好的容器，性能稳定、功能强大、使用方便、便于项目迁移，而且受到 Sun 公司的全力支持，并由非常强大的开发组织 Apache 来进行发展，使得它成为下一代 Java Web Server 的主流，也使得选用 Tomcat 作为运行平台的系统在性能、稳定性和扩展性上都有了很好的保证。所有选用 Tomcat 作为 Web 服务器，能很好地满足了系统的性能需求。

5.5　新闻发布系统模式设计

5.5.1　MVC 设计模式

MVC(Model View Controller)设计模式是目前用得比较多的一种设计模式，广泛应用于 Java Web 应用程序中。MVC 的核心思想是将一个应用程序的数据业务处理功能(模型层)、表示功能 (视图层)和控制功能(控制层)在三个不同的部分分别实现。

使用MVC的目的是增强代码的重用性，降低数据描述和应用操作的可耦合度，并提高代码的可读性。同时也可以使软件的可维护性、可修复性，灵活性和封装性大大提高。

因此，新闻发布系统选择MVC三层架构开发模式。使用JSP＋Servlet＋JavaBeans技术开发。

1. MVC组成

MVC模式主要由以下三部分组成。

(1) 模型，是应用程序的主体部分，负责业务逻辑的处理以及业务规则的制定。其本质上封装了包含对数据控制及修改的规则在内的数据和行为，提供了一套查询、改变模型状态的方法。模型位于J2EE架构的业务逻辑层，通常用服务器端JavaBean或EJB实现。

(2) 视图，是应用程序中负责生成用户界面的部分。视图代表用户交互界面，是应用程序的外在表现。视图一般位于J2EE架构的客户层和Web表示层，通常用JSP实现。

(3) 控制器，是模型和视图的纽带，负责解释用户的输入并将其映射为模型的操作，同时定义应用程序的行为，分派用户的请求并选择恰当的视图用于显示。通过控制器将模型和视图连接起来，可以在模型和视图之间实现松耦散合。控制器位于J2EE架构Web表示层，通常用Servelet实现。

2. MVC结构图

MVC组件类型关系和功能图如图5-19所示。

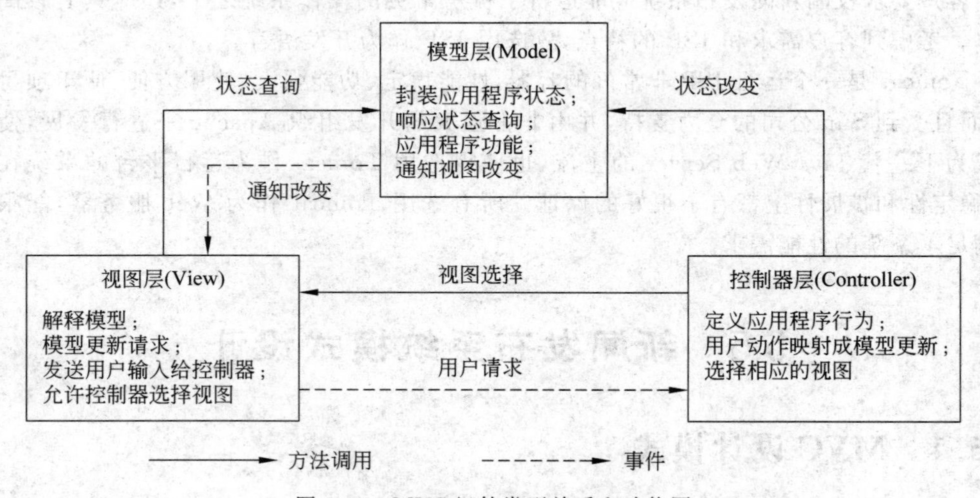

图5-19　MVC组件类型关系和功能图

基于 MVC 模型的 Web 应用的整个工作流程可以分为 4 个步骤。

(1) 用户通过视图(一般是 JSP 页面或 HTML 页面)发出请求。

(2) 控制器接收请求后,调用相应的模型并改变其状态。

(3) 当模型状态改变后,控制器选择对应的视图组件来反馈改变后的结果。

(4) 视图根据改变后的模型,将正确的状态信息显示给用户。

3. MVC Model1

在 MVC 模式的 Model1 体系中,JSP 页面独立响应请求并将出理结果返回客户,所有的数据存取都是由 JavaBean 来完成。Model1 体系十分适合简单应用需要,却不能满足复杂的大型应用程序的实现。MVC Model1 的体系结构如图 5-20 所示。

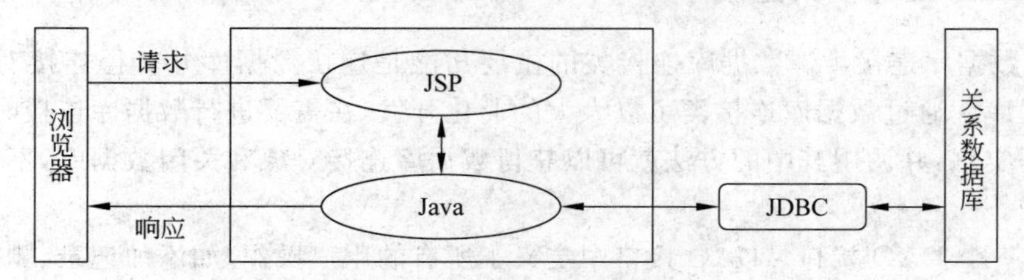

图 5-20　MVC Model1 体系结构图

4. MVC Model2

MVC 模式的 Model2 体系结构是一种把 JSP 与 Servlet 联合起来实现动态内容服务的方法。它吸取了两种技术的优点。初始的请求由 Servlet 来处理,Servlet 调用商业逻辑和数据处理代码,并创建 JavaBean 封装业务逻辑表示相应的结果(即模型)。然后,Servlet 确定哪个 JSP 页面适合于表达这些结果,并将请求转发到相应的页面(JSP 页面即为视图),Servlet 就是控制器。

这是一种有代表性的方法,它清晰地分离了表达和内容,明确了角色的定义及开发者与网页设计者的分工。新闻发布系统的设计模式选择的便是 Model2。MVC Model2 的体系结构如图 5-21 所示。

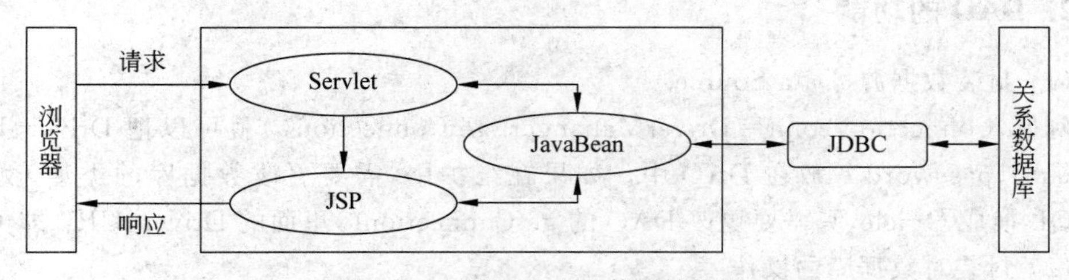

图 5-21　MVC Model2 体系结构图

在新闻发布系统中前端控制器 Front Controller 是系统的一个入口,由它调用相应的逻辑 Bean,完成相应的处理工作后,更新视图 View。

5.5.2 DAO设计模式

MVC模式让新闻发布系统的结构变得清晰起来。但在新闻发布系统的用例中，有很多是需要通过访问数据库来进行实现的。如果用户不使用原有的数据库了，使用新的数据库时，程序代码要改动的地方就太多了。有没有什么好的设计模式可以让数据库访问变得可重用、可维护、可扩展呢？

DAO(Data Access Object，数据访问对象)模式在Java项目开发中的应用非常广泛，它能够实现数据库层和业务层的分离及跨数据库平台的移植。

1. DAO设计模式组成

(1) 数据库连接类。数据库连接类的主要功能是连接数据库并获得连接对象，以及关闭数据库。通过数据库连接类可以大大的简化开发，在需要进行数据库连接时，只需常见该类的实例，并调用其中的方法就可以获得数据库连接对象和关闭数据库，不必再进行重复操作。

(2) 一个DAO接口。DAO接口中定义了所有的用户操作，如添加记录、删除记录及查询记录等。不过因为是接口，所以仅仅是定义，需要子类实现。

(3) 一个实现了DAO接口的具体类。DAO实现类实现了DAO接口，并实现了接口中定义的所有方法。

(4) VO类。VO(Value Object)类是一个包含属性和表中字段完全对应的类，并在该类中提供setter方法和getter方法来设置并获取该类中的属性。

(5) DAO工厂类。在没有DAO工厂类的情况下，必须通过创建DAO实现类的实例才能完成数据库操作。这时就必须知道具体的子类，对于后期的修改非常不方便。使用DAO工厂类，可以比较方便地对代码进行管理，而且可以很好地解决后期修改的问题，通过该DAO工厂类的一个静态方法来获取DAO实现类实例。这时如果要替换DAO实现类，只需要修改该DAO工厂类中的方法代码，而不必修改所有的操作数据库代码。

2. DAO的功能

(1) 封装数据源(Data Source)

例如，Connection conn＝DriverMananger. getConnection( )就可以把Driver、URL、username、password等放在DAO中。如果在维护中，需要更改数据库的类型，例如把MSSQL换成Oracle，只需要更改DAO的getConnection()里面的Driver、URL即可。

(2) 封装对数据库的操作

在DAO中封装对数据库的增、删、改、查操作。例如，要增加一个新闻栏目，那么在ItemDao中只需要提供一个itemAdd (item: Item)方法就可以了。具体的操作是在ItemDao中实现的。在业务逻辑程序中调用ItemDao时，只要知道itemAdd (item: Item)是用来插入一个新闻栏目，而不需要知道是如何实现的。

DAO 功能示意图如图 5-22 所示。

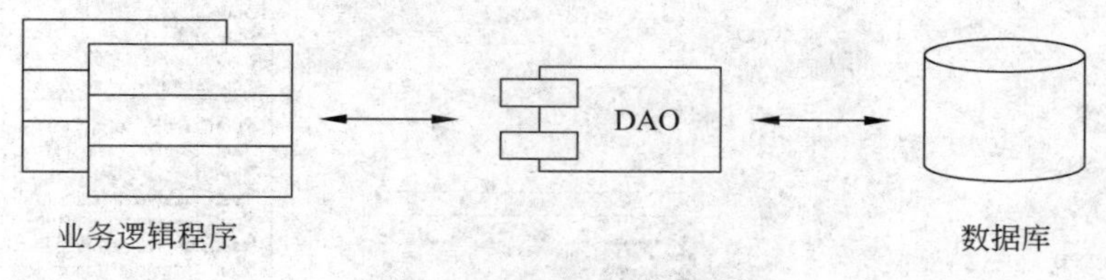

图 5-22　DAO 功能示意图

新闻发布系统 DAO 模式设计详见模块设计报告。

5.6　新闻发布系统类设计

在用户需求和相关的业务领域中，有一些全局性的概念对于理解需求至关重要。因此，有必要抽取这些概念，研究这些概念之间的关系。

UML 类图是表示领域数据模型的机制。类图用来描述软件系统中类以及类与类之间的关系，表示类的内部结构(类的属性和操作)。类图描述的是一种静态关系，它是从静态角度表示系统的，因此，类图建立的是一种静态模型，它在系统的整个生命周期内都是有效的。类图是构建其他图的基础，没有类图就没有状态图等其他图，也就无法表示系统其他方面的特性。

一个系统一般有多个类图，一个类图不一定包含系统中的所有类，一个类可以出现在多个类图中。类设计步骤如下。

1. 确定类

通过对系统中关键词的抽象确定类。例如，从新闻发布系统用户需求中可以发现一些关键词汇：用户信息、新闻信息、新闻栏目信息、新闻类别信息等。因此，可以在系统中抽象出用户、新闻、新闻条目和新闻类别类。

2. 确定类的属性

例如，用户的属性有：编号、姓名、密码、权限、E-mail、电话号码等；新闻栏目属性有：新闻栏目编号、名称、描述顺序等；新闻类别属性有：新闻类别编号、名称、描述、顺序、栏目编号等；新闻的属性有：新闻编号、新闻标题、类别编号、发布日期、新闻关键字、新闻内容、用户编号等。

3. 分析和建立类之间的关系

根据以上分析，得到新闻发布系统类图，如图 5-23 所示。

新闻发布系统其他类图详见模块设计报告。

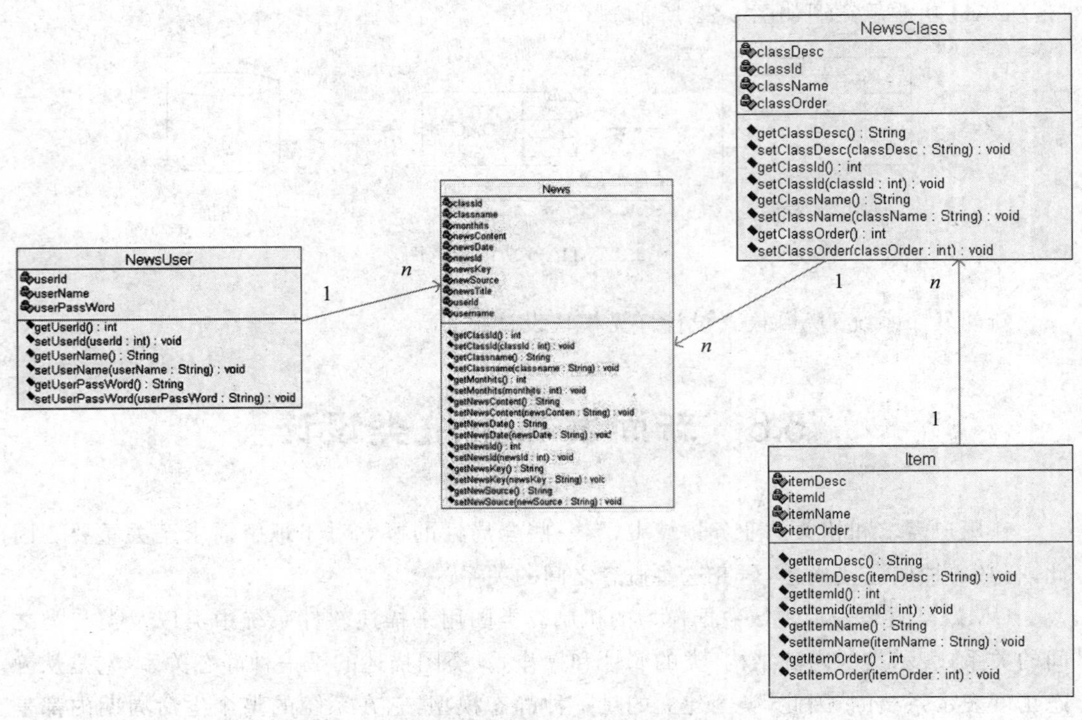

图 5-23 新闻发布系统类图

5.7 新闻发布系统包设计

UML 包图是表示顶层架构的机制，包是 UML 支持对类分组的一种机制。可以从某种视角，将某些关联密切的类划为一个包，而不同包的两个类的关联应比较松散。对于大型软件系统，包的划分是实现“分而治之”的重要技术手段。

建立顶层架构的主要目的是为后续的分析和设计活动建立一种结构和分划，以便开发人员在不同的开发阶段，以及同一开发阶段的不同开发人员，能够聚焦于系统的不同部分。顶层架构是分析和设计阶段的成果。随着开发过程的推进，框架中的内容不断丰富、翔实，最终演进为完整的面向对象软件结构。

1. 包图绘制原则

(1) 最小化包之间的依赖，最小化每个包中的 public、protected 元素的个数，最大化每个包中 private 元素个数。

(2) 在建模时应该避免包之间的循环依赖，也就是不能够包含相互依赖的情况。

2. 包图建模技术

当为较复杂的系统建模时，使用包是非常有效的建模方法。包将建模元素按语义分组，从而使得复杂的系统模型能够被构造、表达、理解和管理。建立包图的具体做法如下。

(1) 分析系统的模型元素(通常是对象类)，把概念上或语义上相近的模型元素纳入同一个包。

(2) 对于每一个包，标出其模型元素的可视性，确定包内每个元素的访问属性，是公共、保护或私用。

(3) 确定包与包之间的依赖关系，特别是引入依赖。

(4) 确定包与包之间的泛化关系，确定包元素的多重性与重载。

(5) 绘制包图。

(6) 对结果进行精化和细化。

新闻发布系统顶层包图如图5-24所示。

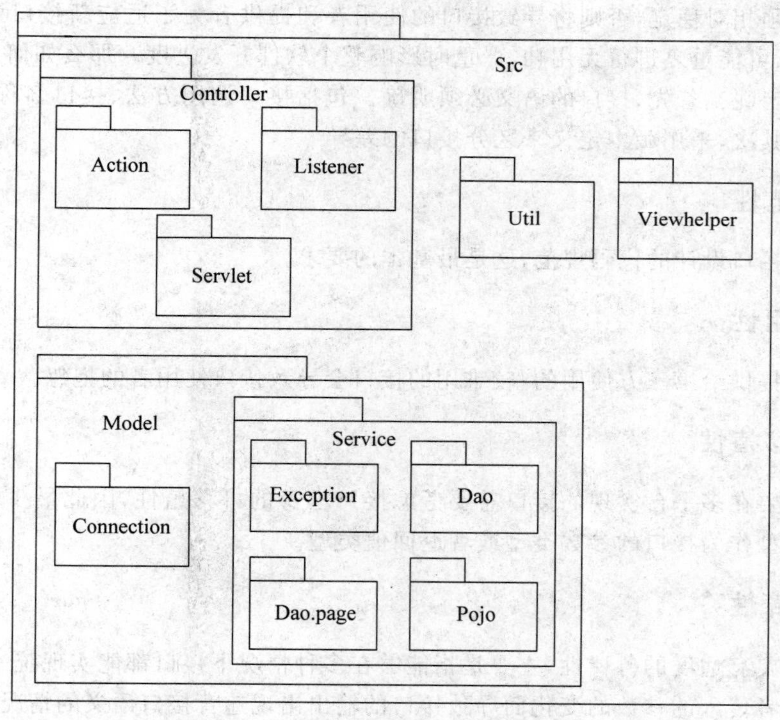

图5-24 新闻发布系统包图

在新闻发布系统中按照程序的层次，划分出Controller、Model以及Viewhelper三个包。其中，Controller包内有Action(封装应用分发器)、Listener(封装过滤器和监听器)和Servlet(封装Servlet和前端控制器DispatcherServlet)三个子包；Model包内有Connection(封装数据库连接类)和Service两个子包，Service包内有Dao(封装所有的数据访问对象)、Dao. page(封装分页检索)、Exception(封装异常处理)和Pojo(所有的VO对象)四个子包；此外，还有一个辅助类的包Util和视图助手包Viewhelper。更多详细内容见模块设计报告。

5.8 新闻发布系统接口设计

系统接口包括内部接口、外部接口和用户接口。接口是一个类提供给另一个类的一组操作。如果一个类和另外一个类之间没有继承关系，但又包括同样一些操作，则可以通过接口来使得不同类之间重用这些操作。

设计接口的基本要求。

1. 稳定性

接口必须相对稳定，否则将导致接口的使用者和提供者为了适应新接口而不断修改接口的实现，可能重复进行无用功，严重时影响整个软件开发进度。那么如何保证设计的接口相对稳定呢？首先，接口的语义必须明确。包括接口调用方法、接口名称、参数的类型和名称。其次，采用版本定义来区分接口的差异。

2. 规范性

主要是接口设计的代码规范，这是最基本的要求。

3. 易用性

接口是提供给第三方使用的，较难用的接口会导致接口使用者的抱怨。

4. 可移植性

对于需要在多平台实现的接口需要考虑接口本身的可移植性，因此最少使用对于系统依赖的类型作为接口的参数类型或者返回值类型。

5. 鲁棒性

接口需要有适度的鲁棒性，主要是指能够在多种情况下接口都能实现统一的效果，不会随着调用者传入的参数的变化而导致接口的输出出现违背接口语义的情况出现。

6. 安全性

接口定义时需要严格限制参数的读写权限，以免出现非法使用。

7. 兼容性

这是接口扩充的原则，必须保证同一个接口实现后向兼容前一版本的使用。扩充的同类接口也能兼容老接口的实现。

新闻发布系统的DAO层接口规范：DAO层的作用是操作数据库，每一个接口对应数据库中的一个表，可以被多个Service调用。DAO层接口中所有的方法都与数据库的“增、删、改、查”相联系。所有的DAO层接口都必须继承自BaseDAO。

新闻发布系统的其他接口详见模块设计报告。

5.9　新闻发布系统数据库设计

根据领域类图，进行系统数据库设计。领域类图描述的是系统中的数据对象，又称为对象模型，对象模式是属于概念级别的模型，需要映射为表才能被计算机存储。

1. 数据库设计原则

（1）每一个类映射为一个数据库表，类的属性即为表的属性。如 newsuser 类映射为 user 表，item 类映射为 item 表，userclass 类映射为 class 表，news 类映射为 news 表。

（2）关系映射。

① 一对一的关系映射为数据库表的主外键关联，在任意端的属性中加入另一端的主键做外键。

② 一对多的关系映射为数据库表的主外键关联，一端的主键加入 n 端成为外键。

③ 多对多的关系映射为一个单独的表，两个多端的主键成为该表的外键，两个外键的组合成为该表的主键。

2. 数据库逻辑设计

通过分析新闻发布系统中用户、栏目、类别和新闻四个实体之间的联系，画出 E-R 图如图 5-25 所示。

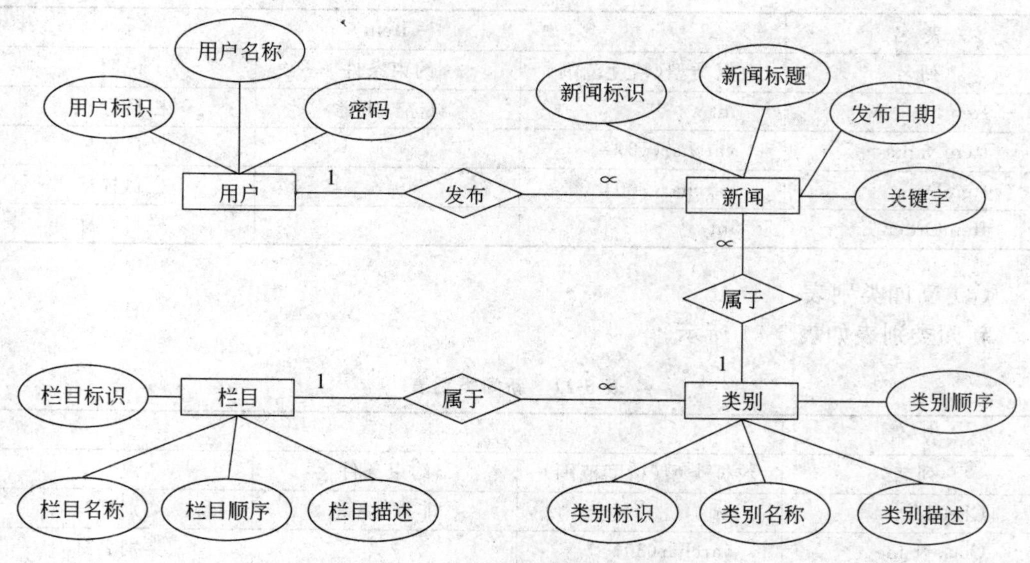

图 5-25　新闻发布系统 E-R 图

然后将 E-R 图按上述数据库设计原则转换成关系模式如下（带下划线的为主键，带 # 的为外键）：

用户(用户标识,用户名称,密码)

新闻类别(类别标识,类别名称,类别描述,类别顺序,# 栏目标识)

新闻栏目(栏目标识,栏目名称,栏目描述,栏目顺序)

新闻(新闻标识,新闻标题,# 类别标识,发布日期,新闻关键字,新闻来源,新闻内容,# 用户标识,点击量)

然后,利用关系数据库范式理论对关系模式检查,进行优化,从而考察领域类图的分析是否合理,消除冗余数据,使其满足数据库三范式的要求。

3. 数据库物理设计

(1) 用户表

新闻发布系统的用户表如表5-19所示。

表5-19 用户表

表 名	User		
列名	数据类型	约束条件	说明
UserId	int	非空,主键	用户 ID
Username	varchar(10)		用户名称
UserPassword	varchar(20)		用户密码

(2) 新闻栏目表

新闻栏目表如表5-20所示。

表5-20 新闻栏目表

表 名	Item		
列名	数据类型(精度范围)	约束条件	说明
ItemId	int	非空,主键	栏目标识
ItemName	varchar(50)		栏目名称
ItemDesc	varchar(200)		栏目描述
ItemOrder	int		栏目顺序

(3) 新闻类别表

新闻类别表如表5-21所示。

表5-21 新闻类别表

表 名	Class		
列名	数据类型(精度范围)	约束条件	说明
ClassId	int	非空,主键	类别标识
ClassName	varchar(30)		类别名称
ClassDesc	varchar(200)		类别描述
ClassOrder	int		类别顺序
ItemId	int	外键	栏目标识

(4) 新闻信息表

新闻信息表如表 5-22 所示。

表 5-22　新闻信息表

表 名	News		
列名	数据类型(精度范围)	约束条件	说明
NewsId	int	非空,主键	新闻标识
NewsTitle	varchar(100)		新闻标题
NewsConent	ntext		新闻内容
NewsDate	datetime		新闻发布日期
NewsKey	varchar(20)		新闻关键字
NewsSource	varchar(100)		新闻来源
ClsssId	int	外键	类别标识
UserId	int	非空,外键	用户标识
Hits	int		点击量

SQL Server 数据库管理系统是目前最流行的数据库管理系统,具有可扩展、高性能、操作简单、安全、高效的优点,符合校园新闻发布系统的要求;另外,选择 SQL Server 数据库最重要的原因是重用学校机房的 SQL Server 数据库,以提高软件的性价比。

5.10　新闻发布系统动态结构设计

5.10.1　绘制状态图

状态图(State Diagram)主要用于建立对象类或对象的动态行为模型,表现一个对象所经历的状态序列,引起状态或活动转移的事件,以及因状态或活动的转移而伴随的动作。一般可以用状态机对一个对象的生命周期建模,状态图用于显示状态机(State Machine Diagram),重点在与描述状态图的控制流。

1. 状态机

(1) 状态机是展示状态与状态转换的图。

(2) 状态机包含了一个类的对象在其生命期间所有状态的序列以及对象对接收到的事件所产生的反应。

(3) 利用状态机可以精确地描述对象的行为。

2. 状态图

（1）一个状态图表示一个状态机。

（2）状态图表现从一个状态到另一个状态的控制流。

（3）状态图由表示状态的节点和表示状态之间转换的带箭头的直线组成。

3. 状态图的建模技术

（1）找出适合用模型描述其行为的类。

（2）确定对象可能存在的状态。

（3）确定引起状态转换的事件。

（4）确定转换进行时对象执行的相应动作。

（5）对建模结果进行精化和细化。

并不是所有的类都需要画状态图。有明确意义的状态、在不同状态下行为有所不同的类才需要画状态图。

4. 状态图的绘制步骤

（1）阅读需求规格说明书。

（2）读懂系统用例图。

（3）阅读用例描述文档。

（4）根据用例描述文档画出状态转换图。

5. 新闻发布系统状态图

根据"用户登录"用例描述，画出状态图，如图 5-26 所示。

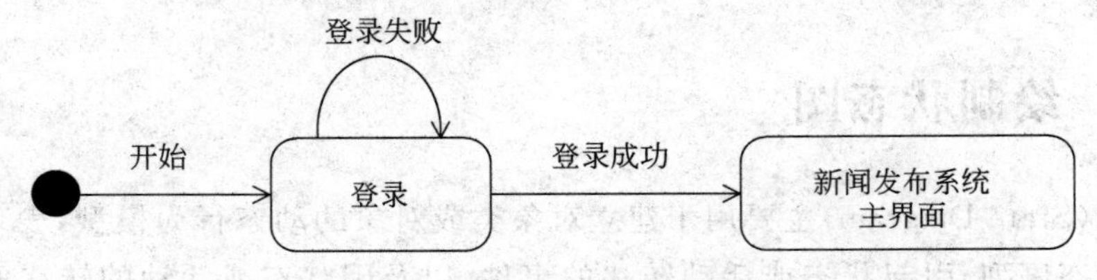

图 5-26 "用户登录"用例状态图

根据"新闻信息维护"用例描述，画出添加新闻信息状态子图，如图 5-27 所示。

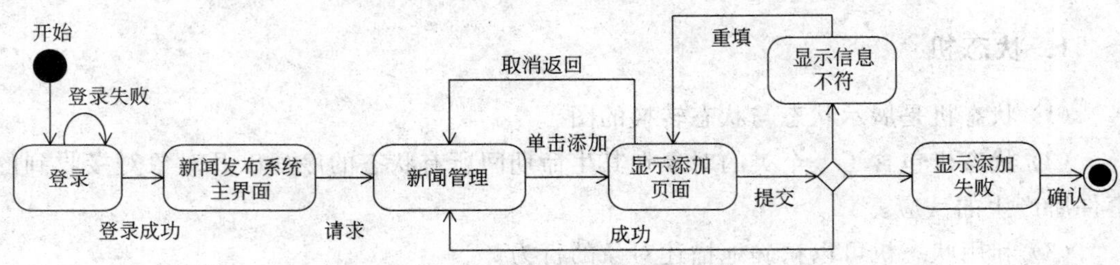

图 5-27 添加新闻信息状态图

5.10.2 绘制顺序图

顺序图(Sequence Diagram)描述了对象之间动态交互的情况,着重表示对象间消息传递的时间顺序。对系统动态行为建模,当强调按时间展开信息的传送时,一般使用顺序图。

下面首先学习顺序图的浏览方法,然后以新闻发布系统中新闻类别的添加、修改和删除操作为例,学习顺序图的绘制方法。

1. 浏览顺序图

浏览顺序图的方法是:从上到下按时间的顺序查看对象之间交互的消息。

【实例】 学生上课准备顺序图(图 5-28)。

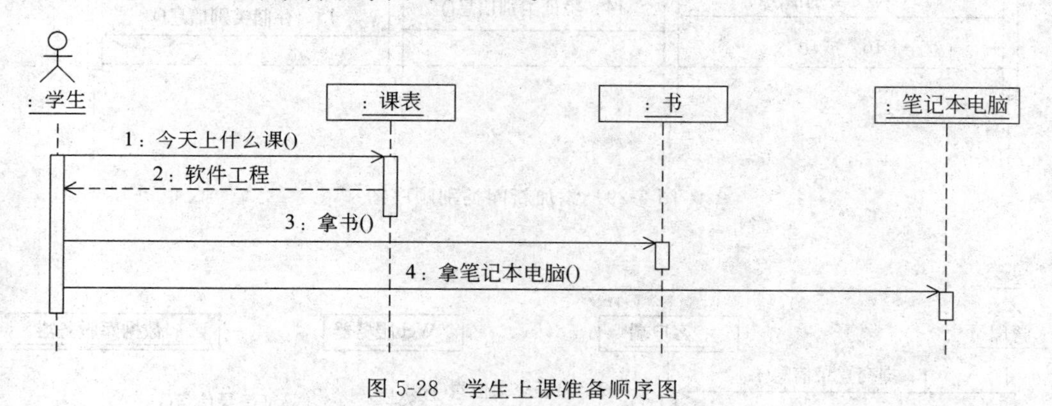

图 5-28 学生上课准备顺序图

2. 绘制添加新闻类别顺序图

根据新闻发布系统需求分析阶段“新闻类别管理”用例描述,后台管理员登录进入系统后台后,根据需要添加新闻类别,完成添加新闻类别操作。根据用例描述绘制出的添加新闻类别顺序图如图 5-29 所示。

3. 绘制修改新闻类别顺序图

同理,根据新闻发布系统需求分析阶段“新闻类别管理”用例描述,可以绘制出修改新闻类别顺序图,如图 5-30 所示。

4. 绘制删除新闻类别顺序图

删除新闻类别顺序图如图 5-31 所示。

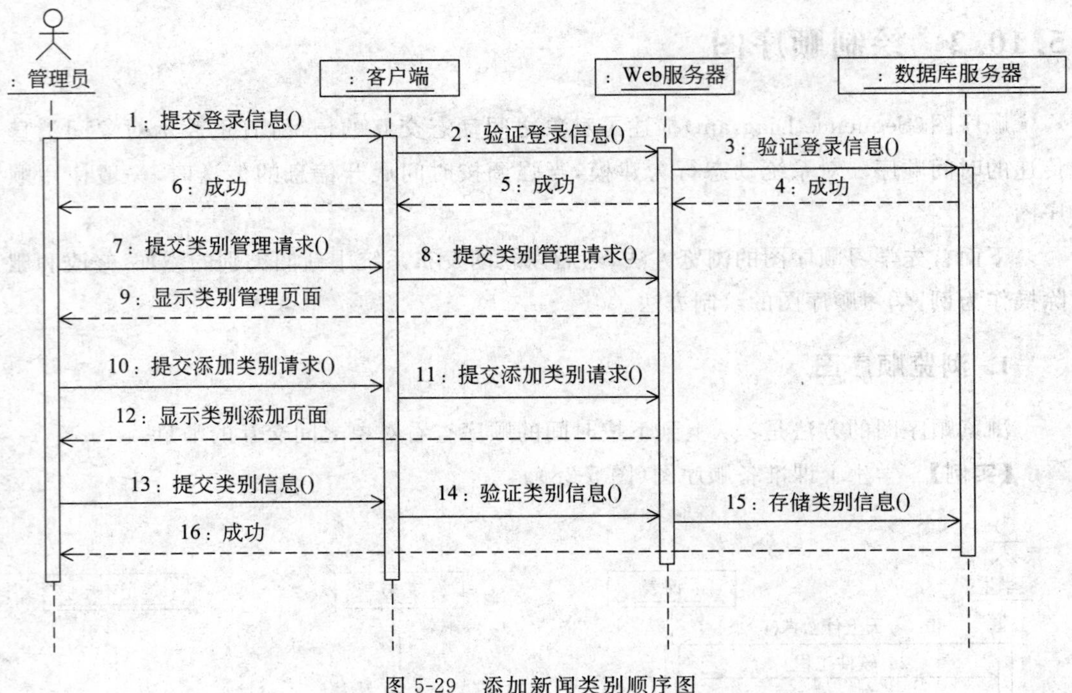

图 5-29　添加新闻类别顺序图

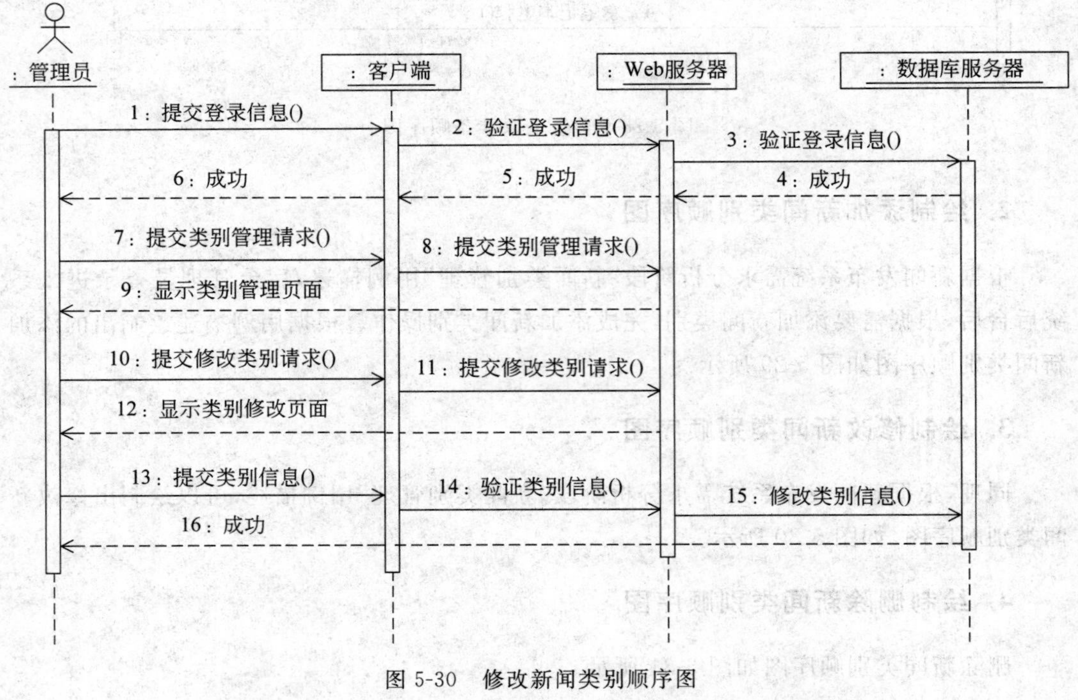

图 5-30　修改新闻类别顺序图

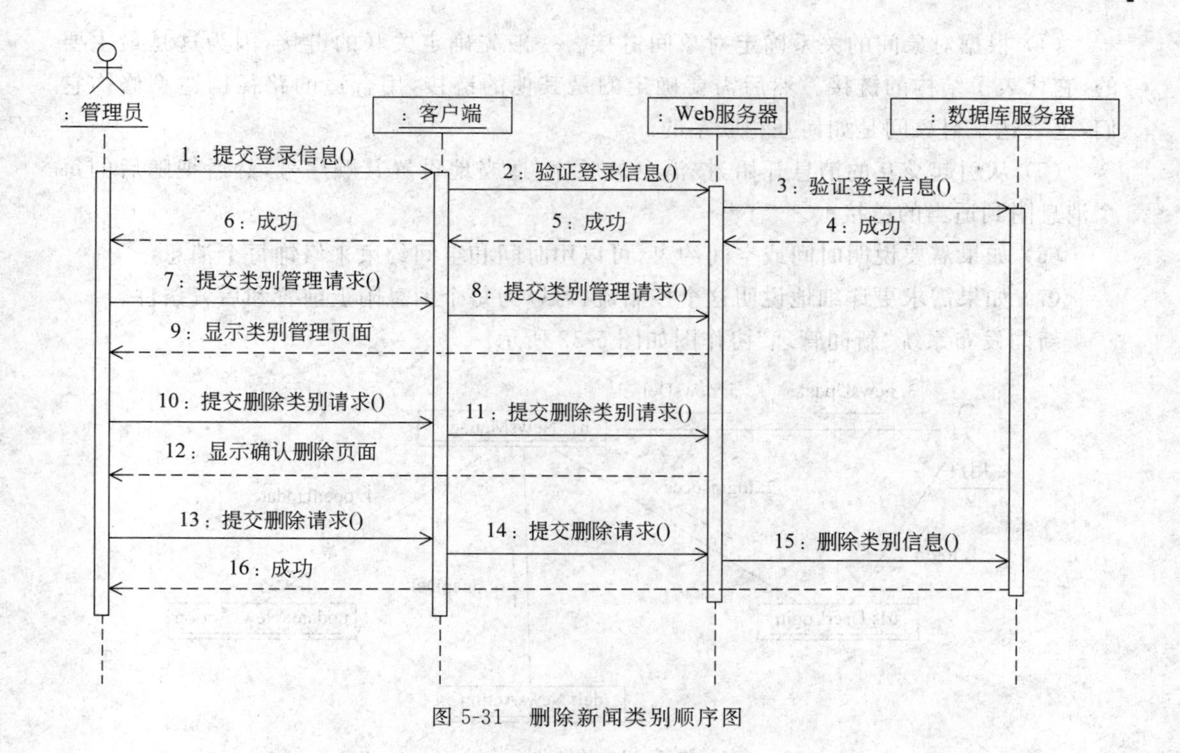

图 5-31 删除新闻类别顺序图

5.10.3 绘制协作图

对系统动态行为建模，当按照对象的组织对控制流建模时，应该选择使用协作图(Communication Diagram)。协作图强调交互中实例间的结构关系以及所传送的消息。协作图对复杂的迭代和分支的可视化以及对多并发控制流的可视化要比顺序图好。

1. 协作图与顺序图的区别

(1) 协作图强调参与交互的对象的组织，而顺序图强调消息的时间顺序。

(2) 协作图有路径和链，并且消息必须有消息顺序号，顺序图中有生命线和控制焦点。

2. 协作图建模技术

使用协作图对系统建模时，可以遵循如下策略。

(1) 设置交互的语境。语境可以是系统、子系统、操作、类、用例或用例的脚本。

(2) 通过识别对象在交互中所扮演的角色，开始绘制协作图，把这些对象作为图的顶点放在协作图中。

(3) 在识别了协作图对象后，为每个对象设置初始值。如果某对象的属性值、标记值、状态或角色在交互期发生变化，则在图中放置一个复制对象，并用变化后的值更新它，然后通过构造型＜＜become＞＞或＜＜copy＞＞的消息将两者连接。

(4) 根据对象间的关系确定对象间链接。一般先确定关联的链接,因为这是最主要的,它代表了结构的链接。然后需要确定的是其他的链接,用合适的路径构造型修饰它们,这表达了对象间是如何互相联系的。

(5) 从引起交互的消息开始,按消息的顺序,适当地设置其顺序号,然后把随后的每个消息附到适当的链接上。

(6) 如果需要说明时间或空间约束,可以用时间和空间约束来修饰每个消息。

(7) 如果需求更详细地说明这个控制流,可以为每个消息附上前置和后置条件。

新闻发布系统"新闻管理"协作图如图 5-32 所示。

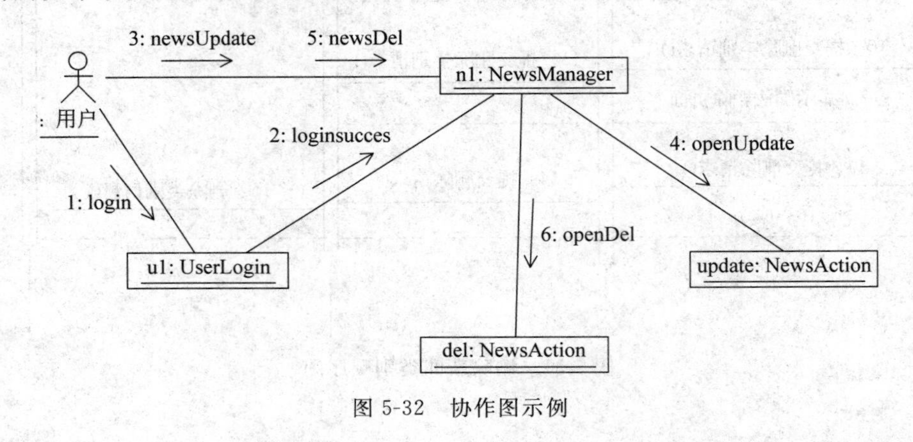

图 5-32　协作图示例

5.11　编写文档

5.11.1　编制软件测试计划

为保证软件的可测试性,在软件的设计阶段就要考虑软件测试方案问题。在概要设计阶段,测试方案主要根据系统功能来设计,称为黑盒法测试。在详细设计阶段,主要根据程序的结构来设计测试方案,称为白盒法测试。本书将在任务 8 详细介绍软件测试的目标、步骤及测试方案的设计。

《软件测试计划》(STP)描述对计算机软件配置项,系统或子系统进行合格性测试的计划安排。内容包括进行测试的环境、测试工作的标识及测试工作的时间安排等。通常每个项目只有一个 STP,使得需方能够对合格性测试计划的充分性作出评估。

在设计阶段应完成软件测试计划的初稿,在实现阶段完成测试计划的编制。

《计算机软件文档编制规范》(GB/T 8567—2006)规定的软件测试计划的主要内容如下。

(1) 系统概述。简述文档适用的系统和软件的用途,它应描述系统和软件的一般特性;概述系统开发、运行和维护的历史;标识项目的投资方、需方、用户、开发方和支持机构；标识当前和计划的运行现场；列出其他有关的文档。

（2）文档概述。

（3）基线。给出编写软件测试计划的输入基线，如软件需求规格说明。

（4）软件测试环境。

（5）计划。具体内容包括总体设计、计划执行的测试、测试用例等。

（6）测试进度表。

（7）需求的可追踪性。

（8）评价

5.11.2 编制软件概要设计说明

《软件（结构）设计说明》（SDD）描述了计算机软件配置项（CSCI）的设计。它描述了CSCI级设计决定、CSCI体系结构设计（概要设计）和实现该软件所需的详细设计。

按照《计算机软件文档编制规范》（GB/T 8567—2006）的要求在概要设计阶段要完成软件概要设计，其包括的主要内容如下。

（1）程序（模块）划分。用一系列图表列出本CSCI内的每个程序（包括每个模块和子程序）的名称、标识符、功能及其所包含的源标准名。

（2）程序（模块）层次结构关系。用一系列图表列出本CSCI内的每个程序（包括每个模块和子程序）之间的层次结构与调用关系。

（3）全局数据结构说明。说明本程序系统中使用的全局数据常量、变量和数据结构。

（4）CSCI部件。

（5）执行概念。执行控制流、数据流、动态控制序列、状态转换图、时序图、配置项之间的优先关系、中断处理、时间/序列关系、异常处理、并发执行、动态分配与去分配、对象/进程/任务的动态创建与删除和其他的动态行为。

（6）接口设计。分条描述软件配置项的接口特性，既包括软件配置项之间的接口，也包括与外部实体，如系统、配置项及用户之间的接口。

5.11.3 编制数据库设计说明

《计算机软件文档编制规范》（GB/T 8567—2006）要求数据库设计说明内容如下。

（1）引言。内容包括标识、数据库概述和文档概述。

（2）引用文件。

（3）数据库级设计决策。

（4）数据库详细设计。内容包括概念结构设计、逻辑结构设计和物理结构设计。

（5）用于数据库访问或操纵的软件配置项的详细设计。

5.12 习　　题

1. 简答题

(1) 什么是面向对象设计？面向对象设计的内容有哪些？有哪些设计原则？

(2) 常用的软件体系结构有哪些？各有什么特点？

(3) 简述 MVC 设计模式。

(4) 类设计的步骤有哪些？

(5) 简述包图建模技术。

(6) 简述接口设计原则。

(7) 简述状态图和协作图建模技术。

2. 操作题

(1) 设计目标系统的体系结构、为目标系统选择合适的模式，选择开发环境和运行平台。

(2) 完成目标系统的静态结构设计和动态结构设计。

(3) 完成目标系统数据库的逻辑设计和物理设计。

(4) 编写软件概要设计说明和数据库设计说明，以项目组为单位提交。注意它们的结构和写法，参考《计算机软件文档编制规范》(GB/T 8567—2006)编写。

任务6　新闻发布系统详细设计

- **能力目标**
  - ➢ 能够使用用户界面设计工具完成项目界面设计。
  - ➢ 能够画出软件的程序流程图。
  - ➢ 能够使用设计工具，完成目标系统的详细设计。
  - ➢ 能够编写软件详细设计说明。
- **知识目标**
  - ➢ 了解详细设计的任务和步骤。
  - ➢ 掌握详细设计的概念、方法和详细设计过程。
  - ➢ 了解界面设计规范，熟悉常见的用户界面风格。
  - ➢ 掌握软件详细设计说明的内容要求和编写规范。

任务导入

概要设计阶段完成了软件系统的总体设计，确定了各个模块的功能及模块之间的联系，再进一步就要考虑如何实现各个模块所规定的功能。详细设计也称为过程设计或程序设计，它不同于编码或编程。在详细设计阶段，要决定各个模块的实现算法，并精确地表达这些算法。详细设计阶段的根本目标是确定应该怎样具体地实现目标系统，也就是说，经过这个阶段的设计工作，应该得出对目标系统的精确描述，从而在编码阶段可以把这个描述直接翻译成用某种程序设计语言书写的程序。

详细设计阶段输出的文档是软件详细设计说明以及程序流程图、盒图、PAD图、判定树、判定表、过程设计语言等。对处理过程的算法和数据库的物理结构都要进行评审，要求算法逻辑上正确描述简明易懂。

任务清单

(1) 完成新闻发布系统界面设计。
(2) 编写新闻发布系统用户界面设计报告。
(3) 画出“新闻管理”用例的流程图。
(4) 编写软件详细设计说明。

6.1 案例——新闻发布系统用户界面设计报告

新闻发布系统《用户界面设计报告》是为了开发新闻发布系统而编写，主要面向系统分析员、程序员、测试员、实施员和最终用户。它是整个软件开发的依据，对以后阶段的工作起指导作用，也是项目完成后系统验收的依据。主要包含文档介绍、界面设计规范、界面关系图和主要界面说明几部分。篇幅所限，略去了文档介绍部分。

6.1.1 应当遵循的界面设计规范

界面是软件与用户交互的最直接的层，界面的好坏决定了用户对软件的第一印象。而且设计良好的界面能够引导用户自己完成相应的操作，起到向导的作用。

1. 易用性

按钮名称应该易懂，用词准确，摒弃模棱两可的字眼，要易于与同一界面上的其他按钮区分，能望文知意最好，理想的情况是用户不用查阅帮助就能知道该界面的功能并进行相关的正确操作。

2. 规范性

通常界面设计都按 Windows 界面的规范来设计，即包含"菜单条、工具栏、状态栏、滚动条、右键快捷菜单"的标准格式，可以说，界面遵循规范化的程度越高，则易用性相应就越好。

3. 帮助设施

系统应该提供详尽而可靠的帮助文档，在用户使用产生迷惑时可以自己寻求解决方法。

4. 合理性

屏幕对角线相交的位置是用户直视的地方，正上方 1/4 处为易吸引用户注意力的位置，在放置窗体时要注意利用这两个位置。

5. 美观与协调性

界面应该大小适合美学观点，感觉协调舒适，能在有效的范围内吸引用户的注意力。

6.1.2 界面设计

1. 界面及功能

新闻发布系统界面一览表如表 6-1 所示。

表 6-1 新闻发布系统界面一览表

界面名称	界面标识	功能说明
登录	Login. jsp	对用户的身份进行验证
管理员管理	admin. jsp	根据用户权限进入管理页面(管理员管理、分类管理、管理日志、使用帮助)
用户管理	user_add. jsp	添加新用户
	user_manager. jsp	对用户进行修改、删除、锁定、审核等管理
栏目管理	Item_add. jsp	添加新闻栏目
	item_manager. jsp	对栏目进行栏目的修改和删除
类别管理	Class_add. jsp	添加新闻类别
	class_manager. jsp	对类别进行修改、删除操作
新闻发布	news_add. jsp	发布新闻
新闻管理	news_manager. jsp	对新闻进行修改、删除操作
使用帮助	help. html	系统使用说明

2. 界面关系

新闻管理系统界面关系图如图 6-1 所示。

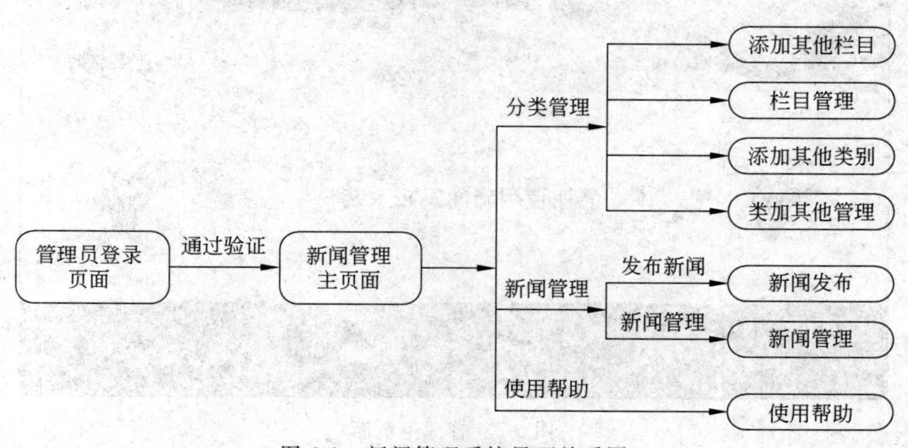

图 6-1 新闻管理系统界面关系图

3. 主要界面设计

(1) 登录界面

新闻发布系统登录界面 login.jsp 如图 6-2 所示。

图 6-2　新闻发布系统登录界面 login.jsp

通过新闻发布系统登录页面，管理员可登录到后台管理页面，注册用户可登录到新闻管理页面。

(2) 管理员管理主页面

管理员管理主页面 admin.jsp 如图 6-3 所示。

图 6-3　管理主页面

管理主页面中的控件如表 6-2 所示。

表 6-2 管理主页面中的控件

菜单名	功 能
用户管理	进入用户管理页面，添加用户和管理用户
栏目管理	进入栏目管理页面，添加栏目和管理栏目
类别管理	进入类别管理页面，添加类别和管理类别
新闻管理	进入新闻管理页面，修改和删除新闻
使用帮助	进入系统使用帮助页面

(3) 添加栏目页面

添加新闻栏目页面 Item_add.jsp 如图 6-4 所示。

添加栏目
栏目名称 国际新闻
栏目描述 国际大事
栏目顺序 1
保存

图 6-4 添加新闻栏目页面

其中，栏目名称和栏目描述不能为空，且不能包含非法字符。系统应该能对用户提交的数据进行验证，并显示提示信息。栏目顺序数据由系统自动产生，不需要用户添加，为数据库中最大栏目值加 1。进行添加操作时，则会提示管理员不能继续添加。

添加栏目页面中的控件如表 6-3 所示。

表 6-3 添加栏目页面中的控件

控件类型	控件名称	描 述
文本框(text)	ClassName	栏目名称
文本框(text)	Description	栏目描述
文本框(text)	Order	栏目顺序

(4) 栏目管理页面

新闻栏目管理页面 Item_manager.jsp 如图 6-5 所示。

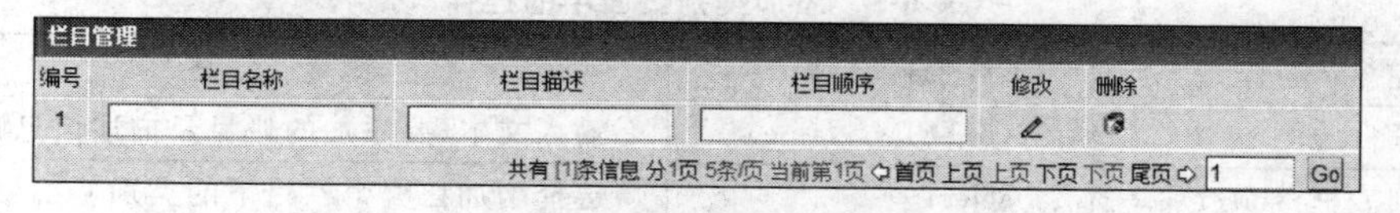

图 6-5 新闻栏目管理页面

用户可以在此页面中修改和删除栏目信息。栏目顺序只能是数字，若不是数字，则提示"顺序只能输入数字！"。当单击"删除"图标时，系统首先要检查该栏目中是否有新闻类别。若栏目中没有新闻类别，则弹出删除操作确认窗口，单击"是"按钮，则提交用户请求，删除所选栏目，返回当前页面；若单击"否"按钮，则返回当前页，取消删除操作；若有内容，则栏目不能被删除，并提示管理员"您只能删除空类别"。

栏目管理页面中的控件如表 6-4 所示。

表 6-4　栏目管理页面中的控件

控件类型	控件名称	描　述
文本框(text)	Textfield(栏目名称)	输入文本(要修改的栏目名称)
文本框(text)	textfield2(栏目描述)	输入文本(要修改的栏目描述)
文本框(text)	textfield3(栏目顺序)	输入文本(描述信息顺序)
超链接(删除)		删除当前栏目

(5) 添加类别页面

类别添加页面 class_add.jsp 如图 6-6 所示。

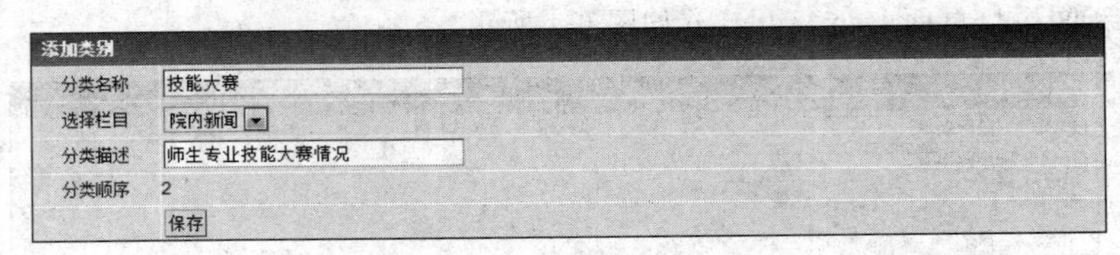

图 6-6　添加类别页面

添加新闻类别时,类别名称和类别描述不能为空,且不能包含非法字符。对用户提交的数据系统要进行合法性检查,并提示用户,提示信息如图 6-7 所示。新闻类别顺序要求自动生成,数值为直接从数据库中读取当前最大顺序的值并加 1。

图 6-7　系统提示信息

添加类别页面中的控件如表 6-5 所示。

表 6-5　添加类别页面中的控件

控件类型	控件名称	描　述
文本框(text)	(oneClassName)	输入文本(要添加的栏目及描述信息顺序)
下拉列表框(select)	select	选择增加在哪个栏目下的类别
文本框(text)	(dscription)	输入栏目描述
提交按钮(submit)	(quent)	输入栏目顺序

(6) 类别管理页面

类别管理页面 class_manager.jsp 如图 6-8 所示。

当执行删除操作时,系统应该先检查该类别下是否有新闻,若有新闻则不能删除,否则系统询问是否删除当前类别,选择"是"则提交用户请求,删除所选类别,返回当前页面;若选"否"则返回当前页,取消删除操作。

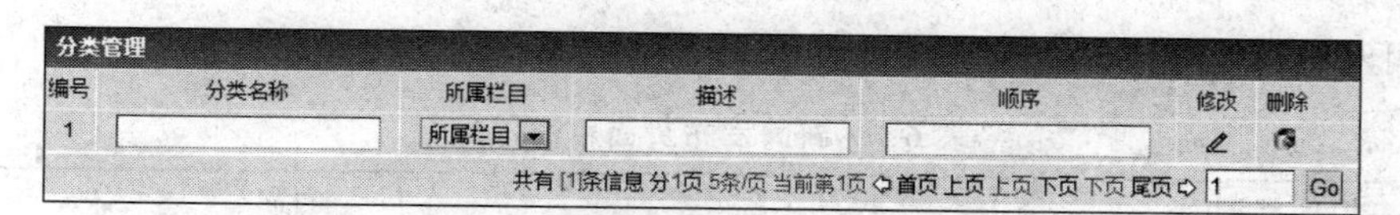

图 6-8 类别管理页面

类别管理页面中的控件如表 6-6 所示。

表 6-6 类别管理页面中的控件

控件类型	控件名称	描 述
文本框(text)	ClassName(分类名称)	输入文本(要修改的类别及描述信息顺序)
下拉列表框(select)	Itemid(所属栏目)	选择新闻类别所属栏目
文本框(text)	Description(描述)	修改当前类别信息(返回当页面)
文本框(text)	order(顺序)	类别顺序

(7) 新闻发布界面

新闻发布页面 news_add.jsp 如图 6-9 所示。

图 6-9 新闻发布系统新闻发布页面

其中,新闻标题、关键字和新闻内容不能为空,系统对用户提交的数据要进行合法性检查,如果必填信息没有填写完成,单击“保存”按钮,系统会弹出信息提示窗口,提示信息不能为空,如图 6-10 所示。

图 6-10 新闻发布系统提示信息

新闻发布页面中的控件如表6-7所示。

表6-7 新闻发布页面中的控件

控件类型	控件名称	描 述
文本框(text)	News_Title	输入新闻标题(新闻标题不能为空)
下拉列表框(select)	News_Item	选择栏目
下拉列表框(select)	News_Class	选择类别
文本框(text)	News_Key	输入关键字
文本框(text)	News_Date	发布时间
文本框(text)	News_userID	发布人
文本框(text)	News_Source	信息来源
文本区(textarea)	EditorDefault	信息内容
Submit	Submit	提交要发布的新闻
Submit2	Submit2	重新填写要发布的新闻

(8)新闻管理页面

新闻管理页面news_manager.jsp如图6-11所示。

图6-11 新闻管理页面

在新闻管理页面可以检索新闻和对新闻进行管理。单击"编辑"图标,进入新闻编辑页面,可以修改新闻标题、信息来源、关键字、内容、变换新闻类别;单击"删除"图标,弹出删除确认提示窗口,确认后可以删除新闻。新闻可以一条一条地删除,也可以批量删除。所有新闻分页显示,每个页面只能显示十条新闻。

新闻管理页面中的控件如表6-8所示。

表6-8 新闻管理页面中的控件

控件类型	控件名称	描 述
文本框(text)	key	输入要检索的新闻标题或内容或关键字
下拉列表框(select)	First_Class	选择是按内容还是按标题或关键字搜索新闻
下拉列表框(select)	Go_First_Class	选择将所选新闻移动到哪个类别下
按钮(button)	go	搜索按钮
按钮(button)	Move	移动按钮
按钮(button)	Del	删除按钮
复选框(checkbox)	CheckAll	通过选中此项使所有的新闻全选中

(9) 浏览新闻界面

新闻列表页面 news_list.jsp 页面如图 6-12 所示。

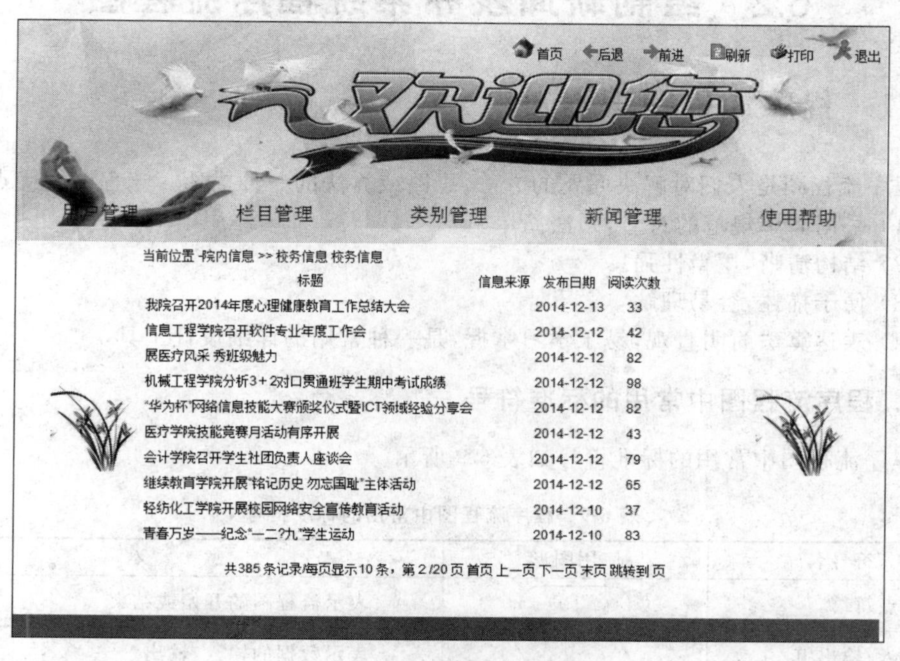

图 6-12　新闻列表页面

浏览新闻页面 news_view.jsp 页面如图 6-13 所示。

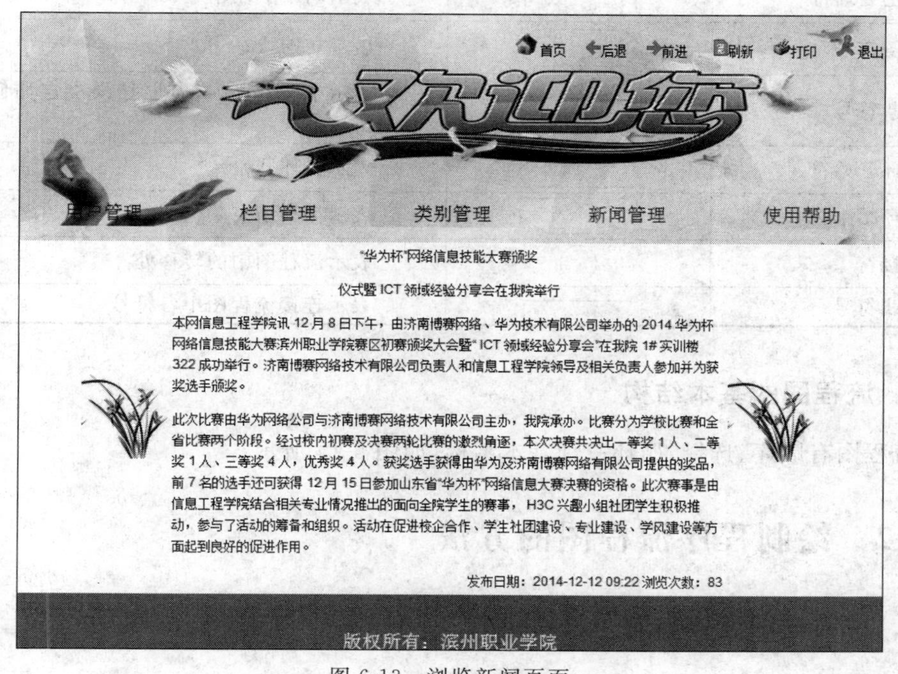

图 6-13　浏览新闻页面

6.2 绘制新闻发布系统程序流程图

6.2.1 程序流程图基本知识

程序流程图是人们对解决问题的方法、思路或算法的一种描述。流程图的优点如下。

(1) 采用简单规范的符号,画法简单。

(2) 结构清晰,逻辑性强。

(3) 便于描述,容易理解。

(4) 表达算法简明直观,易于学习掌握,是一种常用的详细设计工具。

1. 程序流程图中常用的标准符号

程序流程图中常用的标准符号如表6-9所示。

表6-9 程序流程图中常用的标准符号

符号名	使用图形	意义
端点符		表示流程图的开始或结束
输入/输出符		表示数据的输入/输出
处理符		表示对数据的处理
特定处理符		表示调用子程序等
准备符号		表示初始状态
判断符号		表示条件判断,有判断结果决定如何执行
循环开始符		表示循环开始
循环结束符		表示循环结束
连接符		表示流程图中的转移处
流线符号		表示连接流程图中各符号

2. 流程图的基本结构

流程图有顺序、选择、循环三种基本结构,如图6-14所示。

6.2.2 绘制程序流程图的方法

1. 用例详细设计步骤

(1) 阅读用例描述文档。

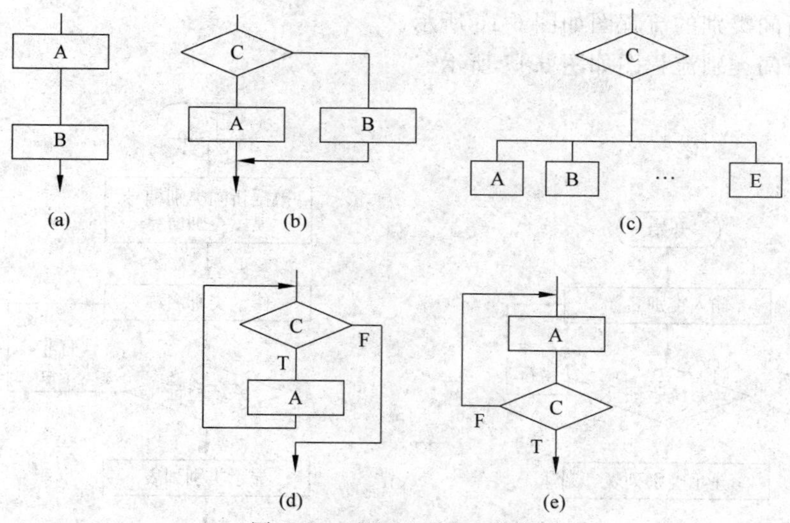

图 6-14　流程图的基本结构

(a) 顺序结构；(b) 选择结构；(c) 多分支选择；(d) 当型循环；(e) 直到型循环

(2) 考虑实现此用例需要哪些数据,数据从哪里来。

(3) 需要哪些操作来处理数据,这些操作从哪里获得。

(4) 产生哪些数据,这些数据怎么在界面上显示。

(5) 把(1)～(4)步的结果进行汇总,形成用例的详细设计,画出流程图。

2. 新闻发布系统程序流程图

通过阅读新闻发布系统"用户登录"和"新闻管理"用例描述,画出其流程图。其中"用户登录"程序流程图如图 6-15 所示。

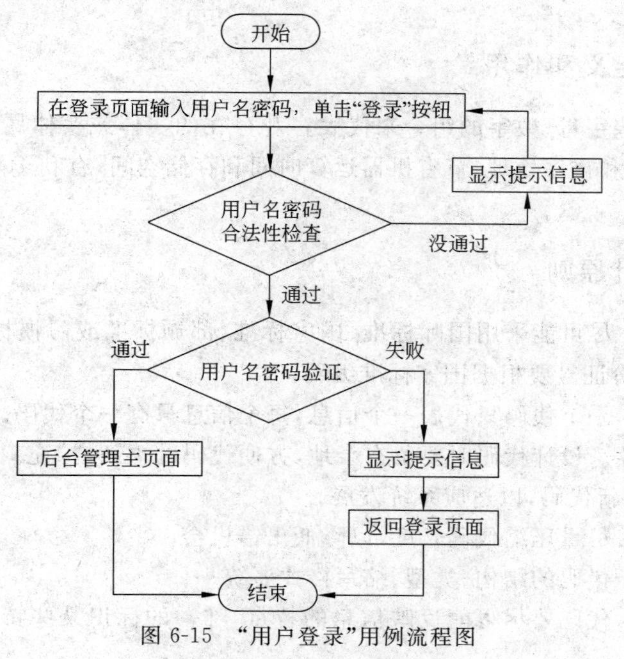

图 6-15　"用户登录"用例流程图

添加新闻类别的流程图如图 6-16 所示。

修改新闻类别流程图如图 6-17 所示。

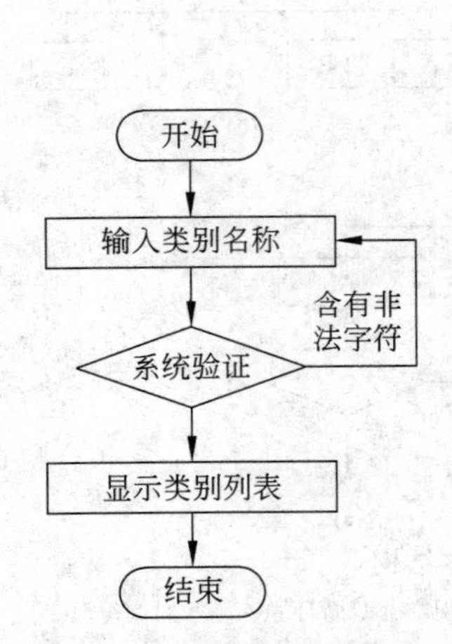

图 6-16　添加新闻类别流程图

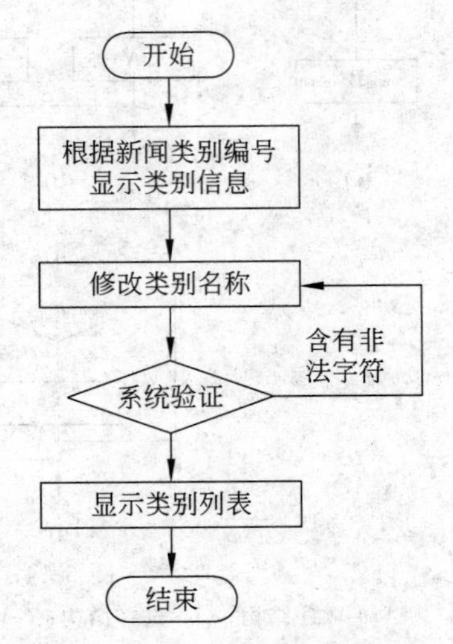

图 6-17　修改新闻类别流程图

6.3　设计数据代码

在计算机软件系统中，如果存放的数据量很大时，需要对数据进行代码设计，目的是将自然语言转换成便于计算机处理的、无二义性的形态，从而提高计算机的处理效率和操作性能。

1. 代码的定义和作用

代码是用一些字母、数字的组合来代表客观存在的实体或实体属性。使用代码方便数据的存储、检索和排序处理，节省机器运算时间和存储空间，有利于简化处理程序，提高处理效率和精度。

2. 代码设计原则

(1) 标准化。尽可能采用国际标准、国家标准、部颁标准或习惯标准，以便信息的交换和维护。如身份证号要根据国家标准编码。

(2) 唯一性。一个代码只代表一个信息，每个信息只有一个代码。

(3) 可扩充性。设计代码时要留有余地，方便代码的更新、扩充。不需要变动原代码体系，可直接追加新代码，以适应系统发展。

(4) 简单性。尽量压缩代码长度，以降低出错机会。

(5) 规范化。代码的结构、类型、缩写格式要统一。

(6) 适应性。代码要尽可能反映信息的特点，唯一的标识某些特征，如物体的大小、形状、颜色,材料的型号、规格、透明度等。

3. 代码类型

代码的类型是指代码符号的表示形式,进行代码设计时可选择一种或几种代码类型组合。

(1) 顺序码

顺序码是用连续的数字进行编码,如1、2、3…,把要编码的数据项按自然顺序或人为规定的顺序依次连续编码,分不等位码和等位码。其优点是简单、易处理、易扩充、用途广;缺点是没有逻辑含义、不能表示信息特征、无法插入、删除数据将造成空码。

(2) 区段码(块码)

将代码按某些规则分成若干组(区段),每组分别代表编码对象的某一类别,各组内代码常采用顺序编码。其优点是简单、方便、能够反映出分类体系、易校对、易处理;缺点是位数多不便记忆,必须为每段预留编码,否则不易扩充。

例如,中华人民共和国行政区划代码(GB/T 2260—2007)就是典型的区段码。其代码结构由6位数字组成,其中前两位代表省、直辖市,如11代表北京、12代表天津等;中间两位表示市、地、州等;后两位表示区、县等。

(3) 表意码

表意码将表示实体特征的字母、数字或字母数字结合在一起直接作为编码。其优点是可以直接明白编码含义、易理解、易记忆;缺点是编码长度位数可变,给分类、处理带来不便。例如,网站代码。

(4) 专用码

专用码是具有特殊用途的编码,如汉字国标码、五笔字型编码、自然码、ASCII代码等。

(5) 组合码

组合码也叫合成码、复杂码。它由若干种简单编码组合而成,使用十分普遍。其优点是容易分类、容易增加编码层次、可以从不同角度识别编码、容易实现多种分类统计;缺点是编码位数和数据项个数较多。

公民身份证号码是特征组合码。如18位身份证号码的1～6位为地区代码,7～10位为出生年份,11～12位为出生月份,13～14位为出生日期,第15～17位为顺序号,奇数为男,偶数为女,18位为效验位。

4. 代码的校验

为了减少编码过程中的错误,需要使用编码校验技术。这是在原有代码的基础上,附加校验码的技术。校验码是根据事先规定好的算法构成的,将它附加到代码本体上以后,成为代码的一个组成部分。当代码输入计算机以后,系统将会按规定好的算法验证,从而检测代码的正确性。

常用的简单校验码是在原代码上增加一个校验位,并使得校验位成为代码结构中的一部分。系统可以按规定的算法对校验位进行检测,校验位正确,便认为输入代码正确。

5. 代码设计步骤

(1) 分析数据,确定编码对象。
(2) 确定代码使用范围和使用期限。
(3) 确定代码体系和代码位数。
(4) 确定编码规则。
(5) 编写代码。
(6) 编写代码规格说明书。

6. 软件中常用的编码

软件中常用的编码有人员代码、部门代码、物资代码、设备代码。这些编码的设计方法如下。

(1) 人员代码

人员代码涉及人事劳资部门,一般有两种编码方法:一种是用简单的顺序码,代码位数可以根据企业职工人数决定;另一种是使用组合码,因为这样便于分类、汇总。

(2) 部门代码

部门代码一般采用成组码,比如使用3位数字编码。前2位作为一个企业各部门的编码,后1位作为部门内各科室、班组的编码。

(3) 物资代码

物资代码的设计既要考虑物资管理部门的要求,也要满足会计核算的要求。一般可以采用成组码,并且用表意码辅助。

(4) 设备代码

在设备代码中应反映设备的经济用途、使用情况、使用部门及设备类别等信息,所以一般使用组合码。

6.4 输入、输出设计

6.4.1 输入设计

输入设计的目标是保证向软件输入正确的数据。在此前提下,应尽量做到输入方法简单、迅速、经济、方便。

1. 输入设计的原则

(1) 最小量原则。指在保证满足处理要求的前提下使输入量最小,出错机会越少,花费时间越少,数据一致性越好。

(2) 简单性原则。输入的准备、输入过程应尽量容易,以减少错误的发生。

(3) 早检验原则。对输入数据的检验尽量接近原数据发生点,使错误能及时得到改正。

（4）少转换原则。输入数据尽量用其处理所需形式记录，以免数据转换时发生错误。

2. 输入设计的内容

（1）确定输入数据内容。包括确定输入数据项名称、数据内容、精度、数值范围。

（2）确定数据的输入方式。采用联机终端输入或是脱机输入。

（3）确定输入数据的记录格式。

（4）选择输入数据的正确性校验方法，保证输入数据的正确性。

（5）确定输入设备。

6.4.2　输出设计

输出设计是评价软件系统能否为用户提供准确、及时、适用的信息的标准之一。从系统开发的角度看，输出决定输入，即输入信息只有根据输出要求才能确定。

输出设计的内容如下。

（1）确定用户在使用信息方面的要求：使用目的、输出速度、频率、数量、安全性要求等；输出项目及数据结构、数据类型、位数及取值范围、数据的生成途径、完整性及一致性的考虑等。

（2）选择输出设备与介质：常用的输出设备有显示终端、打印机等。输出介质有纸张、磁盘、光盘、多媒体介质等。

（3）确定输出格式：满足使用者的要求和习惯，达到格式清晰、美观、易于阅读和理解的目的。

6.4.3　新闻发布系统部分输入输出数据说明

新闻发布系统中类别管理输入输出数据说明见表6-10。

表6-10　类别管理输入输出数据说明

项　目	数据类型	I/O	要　求		
			必填/必显	范围	举　例
新闻栏目代码	数字	O	√	定制	4
新闻栏目名称	字符	O	√	定制	校内新闻
类别名称	字符	I/O	√		技能大赛
类别序号	数字	O	√	定制	2
类别描述	字符	I/O	×		学生职业技能比赛

新闻信息输入输出数据说明见表6-11。

表 6-11 新闻信息输入输出数据说明

项 目	数据类型	I/O	要 求		
			必填/必显	范围	举 例
新闻标识	字符	O	√	定制	1101
新闻标题	字符	I/O	√		嵌入式开发学术报告
发布人	字符	I/O	×		张三
新闻来源	字符	I/O	√		信息工程学院
发布时间	日期	I/O	×	定制	2014-11-15
关键字	字符	I/O	×		
内容	字符	I/O	√		
点击量	数字	I/O	×	定制	

说明：定制是指不受用户干预的数据。例如，从数据库中读取出来的数据，或是消息对话框中显示的数据。

6.5 用户界面设计

用户界面设计是软件与使用它的人之间的通信接口的设计。界面技术从20世纪DOS字符界面到Windows图形界面(或图形用户界面GUI)，直至Browser浏览器界面三个不同的发展时期。软件用户界面的发展经历了从简单到复杂、从低级到高级的过程，用户界面在软件系统中的价值比重越来越高。

用户界面是软件与用户交互的最直接的层，是应用程序中重要的部分和最直接的体现者，界面的好坏决定了用户对软件的第一印象。设计良好的界面能够引导用户自己完成相应的操作，起到向导的作用。而实际软件开发的工作中，往往只强调功能而忽略了界面的设计，因此，必须要制定出一套用户界面设计的规范，约束和指导软件开发者在用户界面中的设计。

1. 用户界面容易出现的设计缺陷

(1) 措辞含糊，某个术语表述的不清楚或不一致，导致用户非常迷惑甚至产生操作失误。

(2) 布局混乱，缺乏逻辑，让用户不知从何下手。

(3) 没有防错处理，不对用户输入的数据进行检验，不根据用户的权限自动隐藏或者禁用某些功能。在用户执行破坏性的操作之前，不提醒用户确认。

(4) 不提供进度条、动画来反映正在进行的比较耗时间的过程，对于重要的操作也不返回结果。

2. 用户界面设计过程

在进行用户界面设计之前，需要根据用户需求确定要开发的软件架构模式。不同模式的软件，界面设计的方式不同。用户界面设计是一个迭代的过程，一般步骤如下。

(1) 先设计和实现用户界面原型。

(2) 用户试用该原型,向设计者提出对界面的评价。

(3) 设计者根据用户的意见修改设计并实现下一级原型。

(4) 不断进行下去,直到用户满意为止。

3. 用户界面设计的评价

界面评价可以从以下几个主要方面进行考虑。

(1) 用户对用户界面的满意程度。

(2) 用户界面的标准化程度。

(3) 用户界面的适应性和协调性。

(4) 用户界面的应用条件。

(5) 用户界面的性能价格比。

一个友好的人机界面应该至少具备以下特征。

(1) 操作简单,易学,易掌握。

(2) 界面美观,操作舒适。

(3) 快速反应,响应合理。

(4) 用语通俗,语义一致。

4. 用户界面设计要素

(1) 适合展现功能,符合市场需求

软件的功能需要通过用户界面来展现。毫无疑问,用户界面一定要适合软件的功能,这是最基本的要求。如果用户无法通过这个界面来使用软件,"易用性"根本就无从谈起。

"用户界面适合展现功能"是首要的设计原则,它提醒设计者不要片面追求界面外观漂亮而导致华而不实。

(2) 适合用户群体

一个软件产品可能有许多类型的用户,在设计用户界面时应当尽可能多地了解不同类型用户的使用习惯和水平,努力使不同类型用户在操作软件时感觉不到困难和麻烦。

如果不能使所有类型的用户都感到满意,那么重点满足"主流用户"和"有影响力的用户"。"主流用户"是指占最大比例的那种类型的用户。"有影响力的用户"可能不是主流用户,但是他们会影响其他用户对软件的印象。例如,互联网论坛版主、作家、传媒人士等。

(3) 界面容易被用户理解

① 用户界面中的所有元素都不能出现错误文字、令人费解的文字,用词要正确、准确、清楚、一致。

② 图标按钮的含义一定要直观明了,最好给图标加文字说明,防止用户误解。

③ 所有的界面元素应当提供充分而必要的提示,例如,当鼠标光标移动到工具条上的某个图标按钮时,应当在该图标旁边出现功能提示。

④ 界面结构能够清晰地反映工作流程,以便用户按部就班地操作。

⑤ 文字信息和界面布局尽量和用户群体的使用习惯相匹配。

⑥ 对于复杂的用户界面而言,最好提供界面“向导”,及时让用户知道自己在界面结构中所处的位置。例如,对于基于Web的应用软件,应该在界面上显示“当前位置”,否则用户很容易在众多的页面中迷失方向。

(4) 一致性和个性化

用户界面风格一致的最大好处就是能够减少用户的记忆量、减少出错概率,并且迅速积累操作经验。

① 软件的用户界面中同类的界面元素应当有相同的视感和相同的操作方式。例如,命令按钮是最常见的界面元素,所有命令按钮的形状、色彩以及对鼠标的响应方式都是一致的。

② 同一类型软件的用户界面应当有一定程度的相似性。例如微软公司的Office家族里有Word、Excel、PowerPoint、Outlook等软件,这些软件提供的“复制、剪切、粘贴”功能的操作方式都是相同的。

③ 通用软件产品的界面设计很注重一致性。设计者必须密切注意在相同应用领域中最流行的软件的界面,必须尊重用户使用这些软件的习惯。

④ 对于一些非常注重安全性的商业软件(如银行软件)而言,用户界面的“一致性”要比“个性化”重要得多,因为一致的用户界面可以减少用户出错的概率。例如,国内所有银行的自动取款机的用户界面都是非常相似的;而对于非严格系统的应用软件而言,个性化的界面可能更具有吸引力,尤其是娱乐领域的软件,用户更喜欢有个性的甚至是颠覆传统的用户界面。

⑤ 设计人员应当根据软件的需求以及广大用户的喜好,使用户界面具备必要的“一致性”的前提下,突出软件的“个性”。不仅让用户使用起来方便,而且对软件留下了深刻的印象。

(5) 及时反馈操作信息

当用户进行某项操作后,及时反馈信息很重要,至少要让用户心里有数,知道该任务处理得怎么样了,有什么样的结果。例如,下载一个文件,界面上应当显示“百分比”或相关数字来表示下载的进度,否则用户不知道要等待多长时间。如果某些事务处理不能提供进度等数据,那么至少要给出提示信息如“正在处理,请等待…”等。

(6) 防错和出错处理

用户在使用软件的过程中,不可避免地会出现一些错误的操作。因此,设计用户界面时必须考虑防错处理,让用户大胆操作。

常见的防错处理措施如下。

① 对输入数据进行校验。如果用户输入错误的数据,软件应当识别错误并且提示用户改正数据。对于在某些情况下不应该使用的菜单项和命令按钮,应当将其“失效”(变成灰色,可见但不可操作)或者“隐藏”。例如,对于某些软件,不同的用户有不同的操作权限。如果低权限的用户登录到系统,那些仅供高级权限用户使用的功能应当被隐藏,或者将其“失效”。

② 执行破坏性的操作之前,应当获得用户的确认。例如,用户删除一个文件时,应当

弹出对话框:"真的要删除该文件吗",当用户确认后才真正删除文件。

③ 尽量提供 Undo 功能,用户可以撤销刚才的操作。

④ 如果发生意外或错误,应当及时给出告警消息和错误消息,提醒用户做出正确的处理。

(7) 最少步骤、最高效率

设计用户界面时应当尽可能地替用户着想,让用户用最少的操作步骤获得最高的使用效率。例如,在使用字处理软件时,"新建""打开"或"保存"文件是最常用的菜单功能。为了提高操作效率,软件设计师把最常用的功能用图标按钮的形式摆放在工具条(ToolBar)上,这样用户直接单击图标按钮就可以执行"新建""打开"或"保存"等操作,只需要一个操作步骤,显然大部分用户喜欢用图标按钮的方式。

(8) 合理的布局

① 首先,界面的总体布局应当有一定的逻辑性,最好能够与工作流程吻合。其次,窗口(或页面)上的界面元素的布局应当整齐清爽。界面元素应当在水平或者垂直方向对齐,行、列的间距保持一致。

② 窗体的尺寸要合适,界面元素不应放得太满,边界处需要留有一定的空间,也不可过于宽松,显得零乱。

③ 界面元素需要一致的对齐方式,以避免参差不齐的视觉效果。同类的界面元素尽量保持大小一致,起码要保证高度或宽度的一致(例如命令按钮)。逻辑相关的元素要就近放置,便于用户操作。

④ 要善于利用窗体和界面元素的空白,以及分割用的线条。

(9) 合理的色彩

相比于布局,设计合理的色彩就困难多了,因为色彩的组合千变万化,并且人们对颜色的喜好也极不相同。一般规律如下。

① 如果不是为了显示真实感的图形和图像,那么应当限制一帧屏幕的色彩数目,因为人们在观察屏幕时很难同时记住多种色彩。

② 应当根据对象的重要性来选择颜色,重要的对象应当用醒目的色彩表示。

③ 使用颜色时应当保持一致性,例如,错误提示信息用红色表示,正常信息用绿色表示,切勿乱用红色和绿色。

④ 在表达信息时,不要过分依赖颜色,因为有些用户可能色盲或色弱。

(10) 国际化

软件的国际化是大势所趋。为了能够更好地适应国内和国际市场,在设计用户界面时应当充分考虑语言和文化的差异,尽可能使用标准的图解方式和国际通行的语言,要求简单易懂,易于翻译,方便不同母语的用户。

5. GUI 工程师常用的几种工具

(1) GUI Design Studio(便捷)。

(2) Microsoft Visio(易用)。

(3) Fireworks+Photoshop(功能强大)。

6.6 数据安全设计

在设计计算机软件,尤其是进行计算机数据处理时,必须十分重视软件的安全性问题,重视软件的可靠性设计。

不同的应用领域,安全控制的目的有所区别。软件系统发生的事故类型可分为以下几类。

(1) 数据被破坏或篡改。

(2) 保密的数据被公开。

(3) 数据和系统不能为用户服务。

安全控制的目的是保证数据的正确性,保护数据的秘密,保证系统和数据的有效应用。常用的数据安全控制方法有以下几种。

1. 检查数据的正确性和完整性

(1) 属性控制

任何数据都应规定其合理的范围(例如值域)。如果数据超出了规定的范围,出错处理变量的定义域应预先规定,在实现时予以说明,在运行时予以检查。应对参数、数组下标、循环变量进行范围检查。

(2) 数值运算范围的控制

进行数值运算时,应注意数值的范围及误差问题。在把数学公式实现成计算机程序时,要保证输入输出及中间结果不超出机器数值表示的范围。

(3) 精度控制

应保证运算所要求的精度。要考虑计算机误差及舍入误差。应选定足够的数据有效位。

(4) 合理性检查

在软件的入口、出口及其他关键点上,应对重要的物理量进行合理性检查,并采取便于故障隔离的处理措施。

(5) 特殊问题

在进行数学运算时,应仔细考虑浮点数接近零时的处理方式,在可能发生下溢时,使用适当小的浮点数替代零,以避免下溢情况发生。在含有浮点数的关系判断中,不应直接进行相等关系判断。在软件设计时应考虑某些硬件(如数字协处理器)出错的处理,对在使用这些硬件的过程中出现的异常情况进行实时恢复。

2. 用户的身份验证和权限检查

当用户登录时,可以通过用户名和密码、磁卡和集成电路芯片、数字证书、指纹、虹膜、人脸识别等对用户身份进行验证。此外,管理员需要对每个用户分配账号并授权。每个账号都有一定的访问范围,超过此范围的访问都视为非法访问,任何非法访问都要拒绝。

3. 加密

加密是将数据按某种算法变换成难以识别的形态，目的是在网络通信过程中对数据进行保护、防止数据泄密。新闻发布系统使用MD5加密方法对用户账户密码进行了加密后再存储在数据库中。

4. 限制操作系统的存取权限

数据库系统是依存在操作系统之上的，如果操作系统被侵入，那么数据库的安全性也将荡然无存，所以对于安全性高的数据库，可以通过限制操作系统的存取权限来提高数据库的安全性。

5. 数据的备份与恢复

备份是恢复受损的数据库最容易的、能够把意外损失降低到最小的保障方法。因此，DBA要定期备份数据库（本地备份和远程备份），以实现崩溃后的数据库恢复。

6. 日志追踪

日志追踪指记录用户关键访问痕迹，便于日后进行意外事件的定位、重做。典型的日志信息包括：事件发生时间、访问者ID、访问者IP 、访问者MAC地址、访问的页面URL、执行的操作、事件详细描述等。

7. 审计

审计就是把用户对数据库的所有操作自动记录下来放入审计日记（Audit Log）中，DBA可以利用审计跟踪的信息，重现导致数据库出问题的一系列事件，找出非法存取数据的人、时间和内容等。

6.7　编写软件详细设计说明并复审

《计算机软件文档编制规范》（GB/T 8567—2006）要求在设计阶段完成详细设计说明的编写。

在详细设计说明部分应分条描述CSCI的每个软件配置项。如：配置项设计决策，置项设计中的约束、限制或非常规特征，编程语言，过程式命令列表和解释它们的用户手册或其他文档的引用，对软件配置项包含、接收或输出数据的输入、输出和其他数据元素以及数据元素集合体的说明，配置项包含的逻辑等。

软件的详细设计完成之后，必须从正确性和可维护性两个方面，对它的逻辑、数据结构和界面等进行检查。

详细设计复审的重点应该放在各个模块的具体设计上。例如，模块的设计能否满足其功能与性能要求，选择的算法与数据结构是否合理，是否符合编码语言的特点，设计描述是否简单、清晰等。

复审分为正式与非正式两种方式。非正式复审的特点是参加人数少，且为软件人员，带有同行讨论的性质，因而方便灵活，十分适合于详细设计复审。正式复审除了软件人员外，还邀请用户代表和领域专家参加，通常采用答辩方式。与会者要提前审阅文档资料，设计人员对设计方案详细说明之后，回答与会者的问题并记录各种重要的评审意见。

软件开发的实践表明，正式的详细设计复审在发现某些类型的设计错误方面和测试一样有效。

6.8 拓展提高

传统软件开发方法的详细设计主要是用结构化程序设计法。详细设计的表示工具有图形工具和语言工具。图形工具有业务流程图、程序流程图、问题分析图(Problem Analysis Diagram，PAD)、NS流程图(由Nassi和Shneidermen开发，简称NS)。语言工具有伪码和PDL(Program Design Language)等。下面简要介绍除程序流程图以外的其他设计工具。

1. 盒图

盒图又称N-S图、方框图，由Nassi和Shneiderman于1973年共同提出，是一种只允许程序员用结构化设计方法来思考问题、解决问题的图形工具。

(1) 盒图使用的符号

盒图使用的符号如图6-18所示。

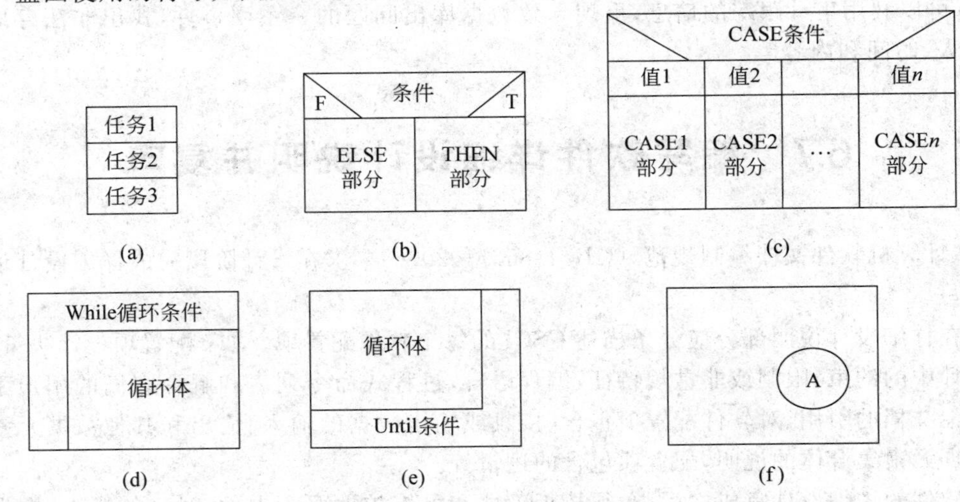

图6-18 盒图使用的符号

(a) 顺序结构；(b) 选择结构；(c) CASE型多分支选择结构；
(d) 当型循环结构；(e) 直到型循环结构；(f) 调用程序A

（2）盒图举例

计算 N 的阶乘 $N!$。用户输入 N 的值，计算机计算 $N!$，当 $N!$ 的值不超过 32767 时，输出结果，否则输出 N 太大。计算 $N!$ 的盒图如图 6-19 所示。

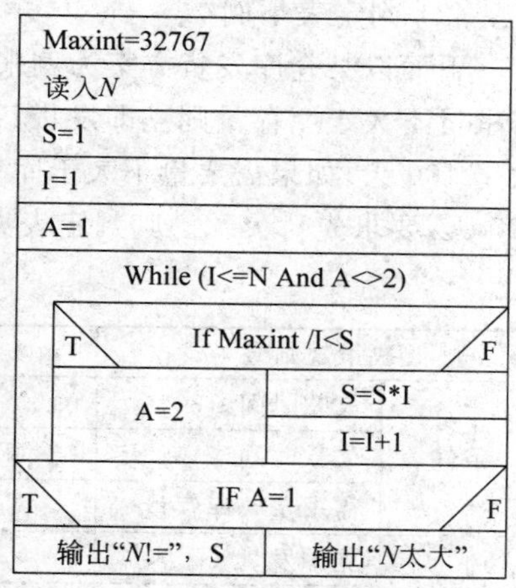

图 6-19　计算 $N!$ 程序结构 N-S 图

2. PAD 图

日本日立公司推出了 PAD 图。它是从程序流程图演变而来的，用二维树形结构的图来表示程序的控制流。它比程序流程图更直观，结构更清晰，其最大的优点是能够反映和描述自顶向下的历史和过程。PAD 提供了 5 种基本控制结构的图示，并允许递归使用。

PAD 图的特点有：使用 PAD 符号设计出的程序代码是结构化程序代码；PAD 图所描绘的程序结构十分清晰；用 PAD 图表现程序的逻辑易读、易懂和易记；容易将 PAD 图转换成高级语言源程序自动完成；既可以表示逻辑，也可用来描绘数据结构；支持自顶向下方法的使用。

PAD 基本符号如图 6-20 所示。

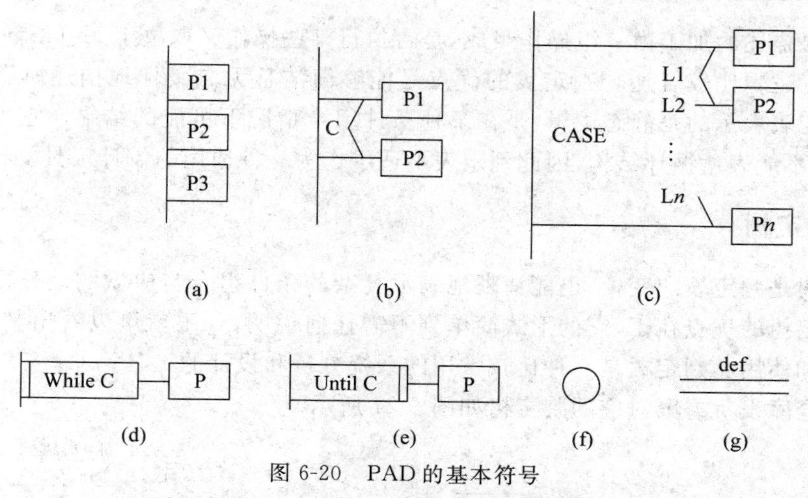

图 6-20　PAD 的基本符号

（a）顺序结构；（b）选择结构；（c）CASE 型多分支选择结构；
（d）当型循环结构；（e）直到型循环结构；（f）语句标号；（g）定义

3. 判定表

当算法中包含多重嵌套的条件选择时，用程序流程图、盒图、PAD 图都不易清楚地描述。此时，可用判定表清晰地表达复杂的条件组合与应做的动作之间的对应关系。

（1）判定表的结构

判定表一般由四部分组成，左上部列出所有条件，左下部列出所有的处理，右上部是表示各种条件取值的组合,右下部是和每种条件组合相对应的动作。判定表右半部的每一列实质上是一条规则,规定了与特定的条件取值组合相对应的动作。

(2) 判定表举例

下面以某仓库发货方案为例来说明判定表的画法。客户欠款时间不大于30天,如果需求量不大于库存量则立即发货;否则先按库存量发货,进货后再补发。客户欠款时间不大于100天,如果需要量不大于库存量则先付款再发货;否则不发货。客户欠款时间大于100天,要求先付欠款。其判定表见表6-12。

表6-12 判定表

决策规则号		1	2	3	4	5	6
条件	欠款时间≤30天	Y	Y	N	N	N	N
	欠款时间>100天	N	N	Y	Y	N	N
	需求量<库存量	Y	N	Y	N	Y	N
应采取的行动	立即发货	×					
	先按库存量发货,进货后补发		×				
	先付款,再发货					×	
	不发货						×
	要求先付款			×	×		

当需要描述的加工由一组操作组成,是否执行某些操作又取决于一组条件时,用判定表表达加工逻辑比较合适。判定表的优点是能够简洁且无二义性地描述所有的处理规则。但判定表表示的是静态逻辑,是在某种条件组合情况下可能的结果。它不表达加工的顺序,也不能表达循环结构,因此判定表不适于作为一种通用的设计工具。

4. 判定树

判定树是判定表的变种,也能清晰地表示复杂的条件组合与应做的动作之间的对应关系。判定树的优点在于,它的形式简单到不需任何说明,一眼就可以看出其含义,因此易于掌握和使用。判定树是一种比较常用的系统分析和设计的工具。

上述仓库发货方案对应的判定树如图6-21所示。

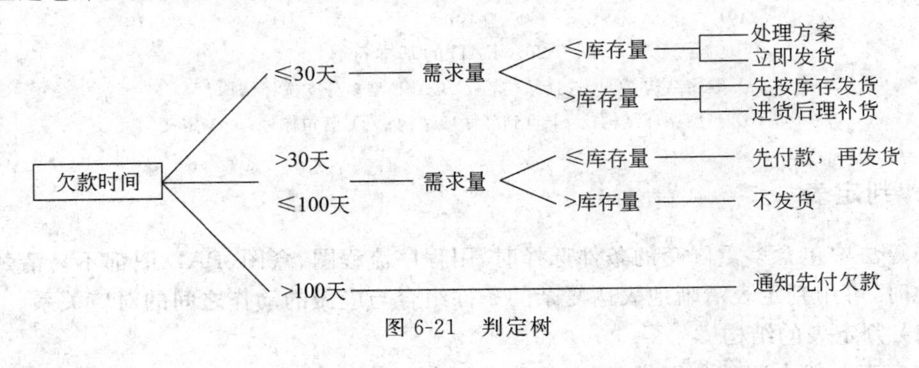

图6-21 判定树

从图 6-21 可以看出，虽然判定树比判定表更直观，但简洁性却不如判定表，数据元素的同一个值往往要重复写多遍，而且越接近树的叶端重复次数越多。此外还可以看出，画判定树时分支的次序可能对最终画出的判定树的简洁程度有较大影响。

5. 过程设计语言

过程设计语言 PDL(Program Design Language)也称伪码或结构化语言，它是一种用于描述模块算法设计和处理细节的语言。用它来描述详细设计，工作量比画图小，又比较容易转换为真正的代码。

PDL 的优点：可以作为注释直接插在源程序中；可以使用普通的文本编辑工具或文字处理工具产生和管理；已经有自动处理程序存在，而且可以自动由 PDL 生成程序代码。

PDL 的不足：不如图形工具形象直观，描述复杂的条件组合与动作间对应关系时，不如判定树清晰简单。

上述仓库发货方案用过程设计语言 IF-THEN-ELSE 选择结构表示如下。

```
IF 欠款时间≤30 天  THEN
    IF 需求量≤库存量
        THEN 立即发货
    ELSE
        先按库存量发货，进货后再补发
ELSE
    IF 欠款时间≤100 天 THEN
        IF 需求量≤库存量
          THEN 先付款再发货
          ELSE
            不发货
    ELSE
        要求先付款
```

6.9　习　　题

1. 填空题

(1) 程序流程图有________、________、________三种基本结构。

(2) 数据代码设计原则有________、________、________、________、________、________。

(3) 数据代码有________、________、________、________、________五种类型。

(4) 软件中常用的数据编码有________、________、________、________四种。

(5) 输入设计的原则有________、________、________、________。

2. 简答题

一个友好的人机界面应该至少具备哪些特征？

3. 操作题

(1) 画出目标系统的程序流程图。

(2) 设计目标系统所需的数据代码。

(3) 设计目标系统的用户界面。

(4) 编写软件详细设计说明,以项目组为单位提交。参考《计算机软件文档编制规范》(GB/T 8567—2006)中的编写提示。

(5) 编制软件测试计划初稿。

(6) 旅游票预订系统中,在旅游旺季7～10月、12月,如果订票超过50张,则票价优惠15%;50张以下,优惠5%。在旅游淡季1～6月、11月,若订票超过50张,则优惠30%,50张以下,优惠20%。分别试用判定表和判定树来表示该订票系统的算法。

(7) 寻找一个界面设计优秀或一个界面设计存在问题的软件或网页并保存下来,在课堂上进行展示。并简单讲解其优秀之处或有问题的地方。

任务7 新闻发布系统编码的实现

- **能力目标**
  - ➢ 能绘制简单的组件图和配置图。
  - ➢ 能根据实际项目需要正确地选择程序设计语言和编程工具。
  - ➢ 掌握编写高质量代码的基本能力。
- **知识目标**
  - ➢ 掌握组件图和配置图的建模技术。
  - ➢ 熟悉常用程序设计语言的特点。
  - ➢ 掌握一般的编码原则和编码规范。

任务导入

当完成了详细设计,产生和复查了相应的文档以后,就可以对软件进行编码,编码的任务就是按照详细设计说明的要求写出满足要求的代码。

作为软件工程的一个步骤,编码是设计的必然结果,因此,程序的质量主要取决于软件设计的质量。但是,程序设计语言的特性和编码规范也会对程序的可靠性、可读性、可测试性和可维护性产生深远的影响。本任务主要是学习并实践组件图、配置图建模,选择程序设计语言和熟悉程序编码规范,进而完成项目编码任务。

任务清单

(1) 代码结构建模——绘制新闻发布系统组件图。
(2) 系统物理结构建模——绘制新闻发布系统配置图。
(3) 选择程序设计语言。
(4) 熟悉编码规范,编写符合要求的代码。

7.1 代码结构建模——绘制新闻发布系统组件图

在对面向对象系统的物理方面建模时需要使用组件图和配置图。组件图描述软件组件以及组件之间的关系，组件本身是代码的物理模块，组件图显示了代码的结构。组件图中可以包括包和子系统，它们可以将系统中的模型元素组织成更大的组块。

7.1.1 组件图的用途

(1) 组件图能帮助客户理解最终的系统结构。

(2) 组件图使开发工作有一个明确的目标。

(3) 组件图有利于帮助工作组的其他人员理解系统，例如，编写文档和帮助的人员不直接参与系统的分析和设计，然而它们对系统的理解直接影响到系统文档的质量，而组件图是帮助他们理解系统有力的工具。

(4) 使用组件图有利于软件系统的组件重用。

7.1.2 组件图建模技术

组件图由组件、接口和组件之间的联系构成。组件图用于建立系统的实现模型。在实际建模过程中，可以参照以下步骤进行。

(1) 对系统中的组件建模。

(2) 定义相应组件提供的接口。

(3) 对组件之间的关系建模。

(4) 对建模的结果进行细化。

7.1.3 新闻发布系统组件图

根据静态结构设计中的包图和类图进行分析后发现，新闻发布系统由系统界面组件、业务逻辑处理组件、DAO数据访问组件和数据库组成，如图7-1所示。

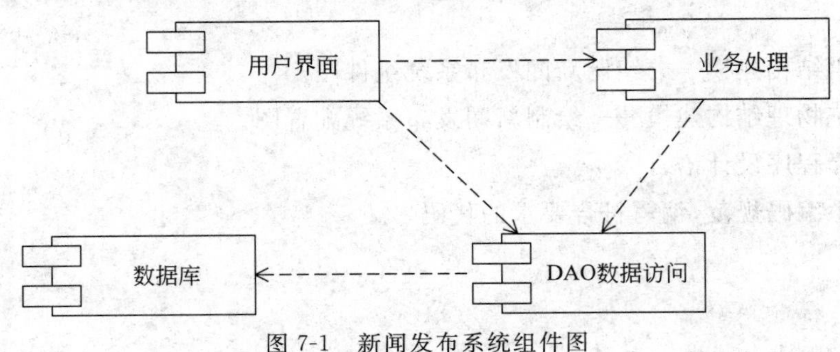

图7-1　新闻发布系统组件图

其中,DAO 数据访问组件进一步细化为如图 7-2 所示的组件图。

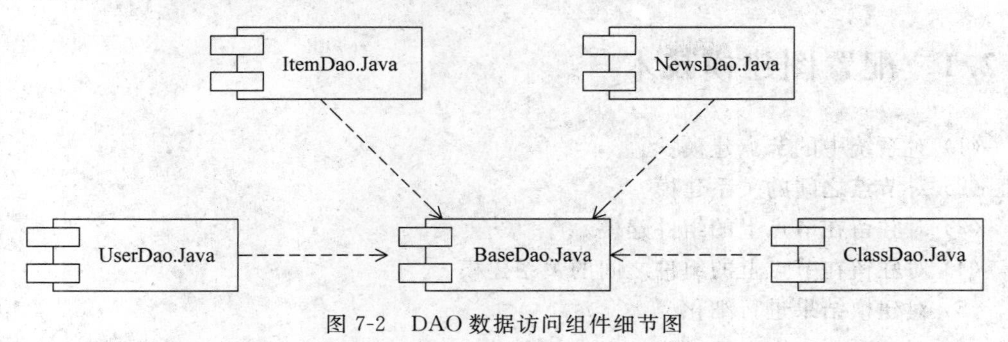

图 7-2　DAO 数据访问组件细节图

数据库组件可进一步细化为如图 7-3 所示的组件图。

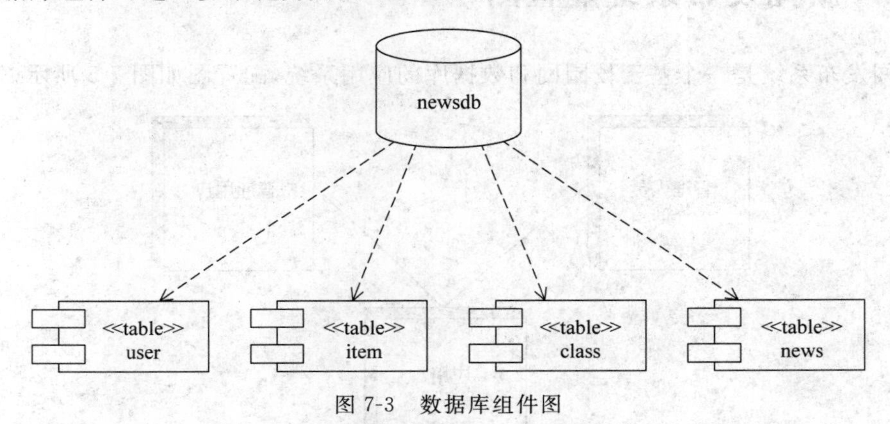

图 7-3　数据库组件图

用户界面组件可以被进一步细化为如图 7-4 所示的组件图。

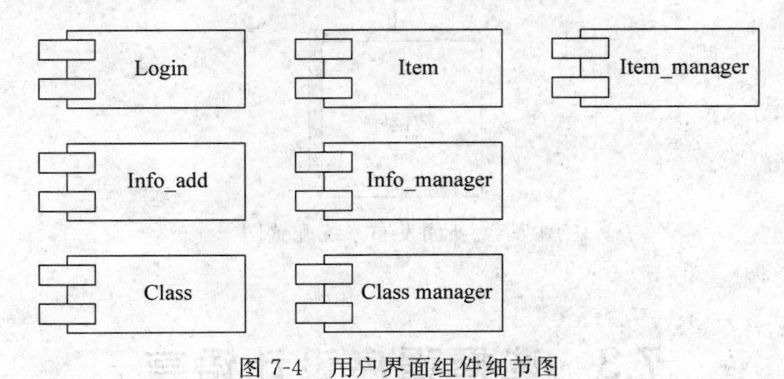

图 7-4　用户界面组件细节图

7.2　系统物理结构建模——绘制新闻发布系统配置图

配置图描述了系统中硬件和软件的物理配置情况。配置图用于对系统的实现视图进行建模。配置图由节点以及节点之间的联系构成,它表示一个系统的运行系统的结构。

在配置图中也可以有组件,以及节点与组件之间、组件与组件之间的联系。

7.2.1 配置图建模技术

(1) 对系统中的节点建模。
(2) 对节点之间的关系建模。
(3) 对驻留在节点上的组件建模。
(4) 对驻留在节点上的组件之间的关系建模。
(5) 对建模结果进行细化。

7.2.2 新闻发布系统配置图

新闻发布系统是一个基于校园网和数据库的应用系统,配置图如图7-5所示。

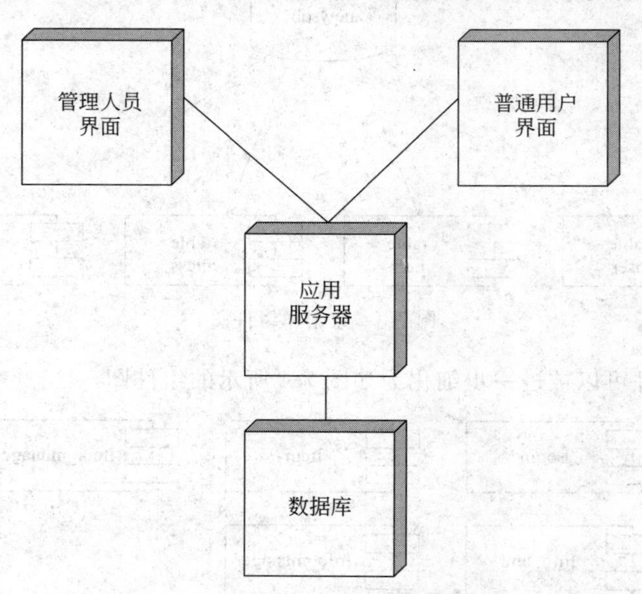

图7-5 新闻发布系统配置图

7.3 选择程序设计语言

编码的目的是实现人和计算机之间的通信,指挥计算机按人的意志正确工作。程序设计语言是人和计算机通信的最基本的工具。影响编码质量的因素包括编程语言、编程准则和编程风格,它们对程序的可靠性、可读性、可测试性和可维护性都将产生一定的影响。因此,编码之前的一项重要工作就是选择一种适当的程序设计语言。

7.3.1　程序设计语言的分类

1. 根据程序设计语言的发展情况分类

程序设计语言的发展经历了面向机器语言和高级程序设计语言两个阶段。

(1) 面向机器语言

面向机器语言包括机器语言和汇编语言。机器语言和汇编语言都依赖于计算机硬件结构,指令系统因机器的不同而异,难学难用,编程效率低,容易出错,维护困难,所以现在的软件开发一般不使用机器语言和汇编语言。但是汇编语言易于实现系统接口,执行效率高,因而在某些使用高级语言不能满足用户需要的情况下,可以使用汇编语言。使用汇编语言的情况如下。

① 对程序执行时间和存储空间都有很严格限制的项目。

② 在某些不能提供高级语言编译程序的计算机上开发程序。

③ 大型系统中对系统执行时间起关键作用的模块。

(2) 高级程序设计语言

高级程序设计语言使用的概念和符号与人们通常使用的概念和符号比较接近,因此,用高级语言书写的程序的可读性、可测试性、可调试性和可维护性强。它的一个语句往往对应若干条机器指令,一般不依赖于计算机硬件结构,通用性强,软件生产率高。因此,一般在设计应用软件时,应当优先选用高级程序设计语言。

从应用特点看,高级语言可以分为基础语言、结构化语言和专用语言三类。

① 基础语言。基础语言是通用语言。它们的特点是历史悠久、应用广泛,有大量软件库,为人们所熟悉和接受。属于这类语言的有:BASIC、FORTRAN、COBOL 等。

BASIC 语言是一种交互式语言,用于一般的数值计算与事务处理,简单易学;FORTRAN 语言适合于科学计算,缺点是数据类型不丰富,对复杂数据结构也缺乏支持;COBOL 语言是商业数据库处理中应用最广泛的高级语言。

② 结构化语言。结构化语言也是通用语言。这类语言的特点是直接提供结构化的控制结构,具有很强的过程能力和数据结构能力。ALGOL 是最早的结构化语言(同时又是基础语言),由它派生出来的 PL/1、Pascal、C 以及 Ada 等语言等都已应用在非常广泛的领域中。

Pascal 语言是第一个系统地体现结构化程序设计概念的现代高级语言。它的优点是模块清晰,控制结构完备,数据结构和数据类型丰富,易于教学,在科学计算、数据处理及系统软件开发方面应用广泛。

C 语言支持结构化编程,可移植性强,编译质量高,适合编写系统级的程序,比如操作系统。

Ada 语言是迄今为止最完善的面向过程的现代语言,适用于嵌入式计算机。它支持并发处理和过程间通信,支持异常处理的中断处理,并且支持通常由汇编语言实现的低级处理。它既是编码语言又可作为设计表达工具。

③ 专用语言。专用语言是为某种特殊应用而设计的独特的语法形式。一般来说,这类语言的应用范围比较狭窄。例如,APL是专为数组和向量运算设计的简洁而功能又很强的语言,然而它几乎不提供结构化的控制结构和数据类型;BLISS是为开发编译程序和操作系统而设计的语言;FORTH是为开发微处理机软件而设计的语言,它的特点是以面向堆栈的方式执行用户定义的函数,因此能提高速度和节省存储;LISP和PROLOG两种语言特别适合于人工智能领域的应用。

2. 根据程序设计语言对客观系统的描述特点分类

从描述客观系统来看,程序设计语言可以分为面向过程语言和面向对象语言。

(1) 面向过程语言

以"数据结构+算法"程序设计范式构成的程序设计语言,称为面向过程语言。前面介绍的程序设计语言大多为面向过程语言。

(2) 面向对象语言

以"对象+消息"程序设计范式构成的程序设计语言,称为面向对象语言。比较流行的面向对象语言有 Delphi、Visual Basic、Java、C++、C#等。

Delphi是Borland公司研发的可视化快速应用程序开发工具,可在Windows环境下使用。Delphi是一个集成开发环境(IDE),采用面向对象的编程语言Object Pascal和基于部件的开发结构框架。Delphi提供了500多个可供使用的构件,利用这些构件,开发人员可以快速地构造出应用系统。

Visual Basic语言简称VB,是由微软公司开发的结构化的、模块化的、面向对象的、包含协助开发环境的事件驱动为机制的可视化程序设计语言。它具有很好的图形用户界面,是世界上使用人数最多的语言。

Java语言是SUN公司推出的一种面向对象、跨平台、安全可靠、健壮、多线程、可移植的网络编程语言。

C++语言是C语言的改进版本,在保留了C语言所有特性的同时添加了面向对象思想。这个特性导致了它在很多大型开发上有得天独厚的优势。

C#是微软公司在2000年7月发布的一种简单、安全、面向对象的程序设计语言,是专门为.NET的应用而开发的语言。它吸收了C++、Visual Basic、Delphi、Java等语言的优点,体现了当今最新的程序设计技术的功能和精华。C#简单易学,易于使用,功能强大,是一款值得学习的新型语言。

7.3.2 选择程序设计语言的标准

1. 项目所属的应用领域

从应用领域角度考虑,各种语言都有自己的使用领域。在选择语言时,可以根据不同系统的要求及语言自身特点来选择理想的开发语言。

2. 编码和维护成本

选择合适的程序设计语言可大大降低程序的编码量及日常维护工作中的困难程度，从而使编码和维护成本降低。

3. 软件开发环境

Visual Basic、Visual C++、Visual FoxPro、Delphi等都是可视化的软件开发工具，提供了强有力的调试功能，提高了软件生产率，减少了错误，有效提高了软件质量。

4. 软件的兼容性

虽然高级语言的适应性很强，但不同机器上所配备的语言可能不同。此外，在一个软件开发系统中可能会出现各子系统之间或主系统与子系统之间所采用的机器类型不同的情况。

5. 软件的可移植性

如果软件系统的生存周期比较长，应选择一种标准化程度高、程序可移植性好的程序设计语言，使所开发的软件将来能够移植到不同的硬件环境下运行。

6. 用户的要求

如果所开发的系统由用户自己负责维护，用户通常要求选择他们熟悉的语言来编写程序。

7. 程序员的知识

虽然对于有经验的程序员来说，学习一种新语言并不困难，但是要完全掌握一种新语言却需要实践。若有多种语言都适合于某项目的开发时，那么应该选择开发人员比较熟悉的语言。

面向对象设计的结果既可选择面向对象程序设计语言来实现，也可选择非面向对象程序设计语言来实现。选择编程语言需要考虑的关键因素有：与OOA和OOD有一致的表示方法，具有可重用性，可维护性强。面向对象设计的结果一般应尽量选择面向对象程序设计语言来实现。

据最新世界编程语言排行榜统计显示使用最多的编程语言是：Java、C、C++、C#、PHP、VB等。

校园新闻发布系统应能运行于机房常见的操作系统之上，校园新闻发布系统还应具有较高的效率。考虑到这两个方面的特性和JSP的特点，故选用JSP作为开发语言。

7.4 熟悉编码规范，编写符合要求的代码

虽然好的程序设计语言有助于写出可靠又容易维护的程序，但是工具再好，使用不当也不会达到预期的效果。按照软件工程方法论，程序的质量基本上取决于设计的质量，编程风格也在很大程度上影响着程序的质量。

在一种软件的生命周期中，80%的时间、精力、费用花费在维护上。几乎没有任何一种软件在其整个生命周期中均由最初的开发人员来维护。在软件生存期中需要经常阅读程序，特别是在软件测试和维护阶段，程序员、测试人员和维护人员都要阅读程序，阅读程序成为软件开发和维护过程中的一个重要组成部分，而且读程序的时间比写程序的时间还要多。尤其当多个程序员合作开发一个大型项目时，更需要遵循良好而一致的编码规范，以减少因不协调而引起的问题。

1. 源程序文档化

虽然编码的目的是产生程序，但是为了提高程序的可维护性，源代码也需要实现文档化，这些称为内部文档编制。源程序文档化包括标识符的命名、注释的安排以及程序布局等。

(1) 标识符的命名

标识符的名字不要太长，应该含义鲜明，即“见名知意”。如果使用缩写，那么缩写规则应该一致。例如，用 sum 表示和，用 total 表示总数等。

(2) 程序的注释

注释是程序员和程序阅读者之间通信的重要手段。为提高程序的可读性，在源程序中应有足够详细的注释，人工编写的源程序中注释的行数一般不得少于源程序行数的20%。注释要简单明了。注释分为序言性注释和功能性注释。

序言性注释通常在每个模块头部，简要描述文件名、模块功能目的、主要算法、接口说明(包括调用形式、参数描述、子程序清单)、重要数据、主要函数或过程说明及开发简历(包括版本号、作者、开发时间、历史修改记录)等。对理解程序有引导帮助作用。

功能性注释嵌在源程序体中，用以描述语句或程序段的功能。注意用缩进和空行，使程序与注释容易区别。

(3) 程序布局

程序设计是一门艺术，一个好的代码布局会使阅读代码的人感到美观和清晰，更容易阅读、理解和修改。代码布局的优劣不会影响程序的执行逻辑和执行速度。

适当地利用空格、换行和分层次缩进能使程序的逻辑结构变得清晰。

2. 数据说明

编写程序时，为了使数据容易理解和维护，需要注意数据说明的风格。

(1) 数据说明的次序应该规范化。可按照常量说明、简单变量类型说明、数组说明、

公用数据块说明、所有的文件说明的顺序说明。

(2) 在类型说明中,可按照整型、实型、字符型、逻辑型的说明顺序排列。

(3) 说明语句中变量安排有序化。当在一个语句中说明多个变量时,应该按字母顺序排列这些变量。

(4) 使用注释说明复杂数据结构。对于复杂的数据结构,应该注解说明使用这个数据结构的方法和特点。

3. 语句构造

语句构造应遵循简单的原则,不要为了提高效率而使程序变得复杂、难以理解。主要应注意以下几点。

(1) 不要为了节省空间而把多个语句写在同一行。

(2) 使用空格使语句清晰。

(3) 尽量避免复杂的条件测试。

(4) 尽量减少对"非"条件的测试。

(5) 尽量避免条件嵌套和循环嵌套。

(6) 多用括号使表达式的运算次序清晰。

4. 输入/输出

输入/输出的方式和格式应尽量做到对用户友好,尽可能方便用户的使用。注意下列问题。

(1) 对所有的输入数据都进行校验,从而识别错误的输入,以保证每个数据的有效性。

(2) 检查输入项各种重要组合的合理性。

(3) 输入的步骤和操作尽可能简单,并保持简单的输入格式。

(4) 输入一批数据时,使用数据结束标记,不要要求用户指定数据的数目。

(5) 明确提示交互式输入的请求,详细说明可用的选择或边界数值。

(6) 当程序设计语言对输入格式有严格要求时,应保持输入格式与输入语句要求的一致性。

(7) 给所有的输出加注释,设计良好的输出报表。

(8) 应允许用默认值。

5. 程序效率

程序效率主要指处理机时间和存储器容量两个方面。应该明确效率是性能要求,因此应该在需求分析阶段确定效率方面的要求。软件效率以需求为准,而不应以人力所及为准。效率是依靠好的设计来提高的。程序的效率和程序的简单性相关,不要牺牲程序的清晰性和可读性来提高效率。

6. 程序设计质量的评价

程序设计质量的评价需要考虑多方面的因素。

(1) 正确性。指程序要实现设计要求的功能。

(2) 稳定性、安全性。指程序稳定、可靠、安全。

(3) 可测试性。指程序要具有良好的可测试性。

(4) 易使用性。指操作简便、易学。

(5) 易维护性。指程序易读、易理解、易修改和扩充。

(6) 简单性。指程序结构简单。

(7) 易移植性。指程序从某一环境移植到另一环境的能力。

7.5 面向对象程序设计

7.5.1 面向对象程序设计概念

面向对象程序设计(Object-Oriented Programming,OOP)是一种程序设计范型,同时也是一种程序开发的方法。OOP将对象作为程序的基本单元,将程序和数据封装其中,以达到软件工程的三个主要目标:重用性、灵活性和扩展性。

目前已经被证实的是,面向对象程序设计推广了程序的灵活性和可维护性,并且在大型项目设计中广为应用。此外,支持者声称面向对象程序设计要比以往的做法更加便于学习,因为它能够让人们更简单地设计并维护程序,使得程序更加便于分析、设计、理解。

支持部分或绝大部分面向对象特性的语言即可称为基于对象的或面向对象的语言。早期,完全面向对象的语言主要包括Smalltalk等语言,目前较为流行的语言中有Java、C#、Eiffel等。随着软件工业的发展,比较早的面向过程的语言在近些年的发展中也纷纷吸收了许多面向对象的概念,比如C→C++,C→Objective-C,BASIC→Visual Basic→Visual Basic .NET,Pascal→Object Pascal,Ada→Ada95。

近年来,面向对象的程序设计越来越流行于脚本语言中。Python和Ruby是创建在OOP原理的脚本语言,Perl和PHP亦分别在Perl 5和PHP 4中加入了面向对象特性。

7.5.2 面向对象程序设计准则

良好的面向对象程序设计风格包括传统的程序设计风格和面向对象特有的准则。

1. 提高软件的可重用性

提高软件的可重用性在编码阶段主要是代码的重用,可以重用本项目内部相同或相似部分的代码,也可以重用其他项目的代码。为了提高可重用性,程序设计应遵循以下规则。

(1) 提高方法的内聚性。一个方法应该只完成单个功能。如果某个方法涉及两个或多个不相关的功能,则应该把它分解成几个更小的方法。

(2) 减少方法的规模。如果某个方法的规模过大(代码长度超过一页纸可能就太大了),则应该把它分解成几个更小的方法。

(3) 保持方法的一致性。功能相似的操作应有一致的名字、参数特征、返回值类型、使用条件及出错条件等。

(4) 把提供决策的方法与完成具体任务的方法分开。

(5) 全面覆盖所有的条件组合。如果输入条件的各种组合都可能出现,则应该针对所有组合写出方法,而不能仅仅针对当前用到的组合情况写方法。此外,一个方法不应该只能处理正常值,对空值、极限值及界外值等异常情况也应该能够做出有意义的响应。

(6) 尽量不使用全局信息。

(7) 利用继承机制。

2. 提高可扩展性

(1) 把类的实现封装起来。

(2) 避免使用多分支语句。

(3) 精心确定公有方法。对公有方法的修改往往会涉及许多其他类,因此,修改公有方法的代价通常都比较高。

3. 提高健壮性

(1) 预防用户的操作错误。

(2) 检查参数的合法性。

(3) 不预设数据结构的限制条件。

(4) 先测试后优化。

7.6　拓展提高

下面介绍新闻发布系统中乱码的几种解决方案。

1. 中文字符转换

利用过滤器(Filter是Servlet 2.3和JSP 1.2新增加的功能)解决,继承Filter,重写doFilter方法。

```
public void doFilter(ServletRequest request, ServletResponse response,
    FilterChain chain) throws IOException, ServletException {
        HttpServletRequest httpRequest = (HttpServletRequest) request;
        HttpServletResponse httpResponse = (HttpServletResponse) response;
        httpRequest.setCharacterEncoding(encoding);
```

```
        chain.doFilter(httpRequest, httpResponse);
    };
```

2. 过滤器在 Web.xml 中的配置

```
<filter>
    <filter-name>EncodingFilter</filter-name>
    <filter-class>
        cn.handson.controller.listener.EncodingFilter
    </filter-class>
    <init-param>
        <param-name>encoding</param-name>
        <param-value>GB2312</param-value>
    </init-param>
</filter>
<filter-mapping>
        <filter-name>EncodingFilter</filter-name>
        <url-pattern>/*</url-pattern>
</filter-mapping>
```

3. Get 中文乱码的问题

(1) 代码转换

```
String keyword=new
String(request.getParameter(
"keyword").getBytes("iso-8859-1"),"GB2312");
```

(2) 修改 Tomcat 的 URIEncoding

```
<Connector port="8088" maxThreads="150"
minSpareThreads="25" maxSpareThreads="75"
enableLookups="false" redirectPort="8443"
acceptCount="100" debug="0" connectionTimeout="20000"
disableUploadTimeout="true" URIEncoding="GB2312" />
```

(3) 如果想确保参数编码,可以从 JSP 输出一个 URL 的中文参数值

```
<a href=add.jsp?keyword=
<%=java.net.URLEncoder.encode(keyword,"GB2312") %>></a>
```

4. 代码检测

Checkstyle 是一个代码检测工具,可以帮助编程人员编写符合编码规范的 Java 代码。

在项目中,使用 Ecliplse Checkstyle Plug-in 规范代码。

Checkstyle 已经成了加强编码规范的首选工具。

7.7 习 题

1. 简答题

(1) 简述组件图、配置图建模技术。
(2) 选择程序设计语言的标准有哪些？
(3) 从哪些方面评价程序设计的质量？
(4) 解释面向对象设计的概念。
(5) 面向对象程序设计的准则有哪些？

2. 操作题

(1) 完成目标系统的组件图和配置图建模。
(2) 选择合适编程语言，按照编码规范要求，完成目标系统软件的编码工作。

任务8　新闻发布系统软件的测试

• 能力目标

➢ 能够设计简单的测试用例。

➢ 能够根据项目测试计划完成测试工作。

➢ 能编写软件测试分析报告。

• 知识目标

➢ 掌握软件测试、调试的概念。

➢ 掌握白盒测试和黑盒测试的基本概念和使用环境。

➢ 掌握软件测试的基本原则、方法和步骤。

➢ 掌握软件调试的方法和策略。

➢ 熟悉面向对象测试的基本流程。

➢ 了解常见的软件测试工具。

任务导入

编码阶段结束后，开始进入测试阶段。无论采用何种开发模型开发出来的大型软件系统，虽然在软件开发的每一阶段都进行了技术审查和管理复审，也不可能把设计中所有潜在的错误都检查出来并进行纠正。软件设计环节的错误如果不进行纠正，在使用阶段可能造成的损失会很大。所以软件在交付使用之前必须进行严格的测试，通过测试找出软件在需求分析、设计和编码阶段隐藏的错误并加以改正。

软件测试的工作量和工作难度不亚于软件分析和设计，据统计测试工作量占软件开发总工作量的40%～50%以上。测试贯穿于软件的整个生命周期，而不是仅仅局限在程序编码阶段。

任务清单

(1) 设计新闻发布系统测试用例。

(2) 编写测试分析报告。

8.1　案例——新闻发布系统测试用例设计

新闻发布系统后台由用户登录、新闻栏目管理、新闻类别和新闻发布模块组成。测试工作将主要围绕后台功能模块中的各个功能进行。为了提高测试效率，降低测试成本，测试方案采用黑盒测试。在黑盒测试方案中，采用等价划分技术，把所有可能的输入数据（有效的和无效的）划分成几种等价类，测试输入输出要求是否符合要求，是否满足用户需求。

8.1.1　测试环境

硬件环境：Intel Pentium 4 2.0GHz 处理器、内存 2GB、100Mbps 网卡。

软件环境：Windows 2007 操作系统、JDK 5.0 Update 8、SQL Server 2005。

8.1.2　测试用例

测试用例是测试人员完成测试工作的重要依据，测试人员根据测试用例说明完成测试工作，提高测试工作效率。

1. 后台用户登录测试用例

后台用户登录测试用例见表 8-1。

表 8-1　后台用户登录测试用例

功能描述	登录系统	
测试目的	测试登录系统功能是否正常	
前提条件	启动新闻发布系统，数据库用户表中存在用户名为 admin、密码为 123456 的记录	
输入/动作	期望的输出/相应	实际情况
输入正确的用户名、密码，单击“登录”按钮	用户成功登录，跳转到前台用户主界面	与期望输出相同
不输入用户名，密码任意，单击“登录”按钮	提示用户“用户名不能为空!”	与期望输出相同
输入正确用户名，不输入密码，单击“登录”按钮	提示用户 “密码不能为空!”	与期望输出相同
输入错误的用户名或密码，单击“登录”按钮	提示用户“用户名或密码错误”	与期望输出相同

2. 添加新闻栏目测试用例

添加新闻栏目测试用例见表 8-2。

表 8-2　添加新闻栏目测试用例

功能描述	添加栏目	
测试目的	测试添加栏目功能是否正常	
前提条件	启动新闻发布系统,登录成功。单击栏目管理的“添加栏目”功能	
输入/动作	期望的输出/相应	实际情况
栏目名称：国内新闻;描述：国内发生的新闻。单击“保存”按钮	添加成功	与期望输出相同
栏目名称为空或者输入非法字符(如“'”)。单击“保存”按钮	提示“栏目名称不能为空!”或者“不能含有特殊字符!”,添加失败	与期望输出相同
栏目描述为空或者输入非法字符(如“'”)。单击“保存”按钮	提示“栏目描述不能为空!”或者“不能含有特殊字符!”,添加失败	与期望输出相同
栏目名称：国内新闻;描述：国内发生的新闻。单击“保存”按钮	提示“栏目已存在,添加失败!”	与期望输出相同
当添加 8 个新闻栏目后,继续添加	提示“栏目已满 8 个,不能再添加!”,添加失败	与期望输出相同

3. 管理新闻栏目测试用例

管理新闻栏目测试用例见表 8-3。

表 8-3　管理新闻栏目测试用例

功能描述	修改、删除栏目	
用例目的	测试栏目管理的修改、删除功能是否正常	
前提条件	启动新闻发布系统,登录成功,进入栏目管理页面	
输入/动作	期望的输出/相应	实际情况
将栏目名称“体育新闻”改成“学院新闻”;描述：学院内的新闻,顺序 2,单击“修改”图标	刷新当前页面,显示栏目名称为“学院新闻”,描述为“学院内的新闻”,顺序为 2	与期望输出相同
栏目名称为空或者输入非法字符(如“'”),单击“修改”图标	提示“类别名称不能为空或者不能含有特殊字符”,修改失败	与期望输出相同
栏目描述为空或者输入非法字符(如“'”),单击“修改”图标	提示“类别描述不能为空或者不能含有特殊字符”,修改失败	与期望输出相同
栏目顺序为空或者输入非数字字符,单击“修改”图标	提示“类别顺序不能为空且必须是数字”,修改失败	与期望输出相同
单击“删除”图标	提示“是否删除新闻栏目”,如果选择“是”,当栏目是“空栏目”将删除对应栏目信息;当栏目不是“空栏目”将提示“请先删除该栏目下的类别”。如果选择“否”,则取消该操作,返回栏目管理页面	与期望输出相同

4. 添加新闻类别测试用例

添加新闻类别测试用例见表 8-4。

表 8-4　添加新闻类别测试用例

功能描述	添加新闻类别	
测试目的	测试添加新闻类别功能是否正常	
前提条件	启动新闻发布系统，登录成功，单击“类别管理”的“添加类别”功能，进入添加类别页面	
输入/动作	期望的输出/相应	实际情况
类别名称：感动中国；选择栏目名称：年度人物；描述：感动中国人物，单击“保存”按钮	添加成功	与期望输出相同
类别名称为空或者输入非法字符（如“'”），单击“保存”按钮	提示“类别名称不能为空！”或者“不能含有特殊字符！”，添加失败	与期望输出相同
类别描述为空或者输入非法字符（如“'”），单击“保存”按钮	提示“类别描述不能为空！”或者“不能含有特殊字符！”，添加失败	与期望输出相同
类别顺序为空或者输入非数字字符，单击“保存”按钮	提示“类别顺序不能为空且必须是数字”，添加失败	与期望输出相同

5. 类别管理测试用例

类别管理测试用例见表 8-5。

表 8-5　类别管理测试用例

功能描述	类别管理	
用例目的	测试类别管理功能是否正常	
前提条件	管理员登录成功，进入类别管理页面	
输入/动作	期望的输出/相应	实际情况
类别名称改成“篮球比赛”，描述为“世界篮球锦标赛”，顺序为 3，单击“修改”图标	刷新当前页面，类别名称：篮球比赛；描述：世界篮球锦标赛；顺序：3	与期望输出相同
类别名称为空或者输入非法字符（如“'”），单击“修改”图标	提示“类别名称不能为空或者不能含有特殊字符”，修改失败	与期望输出相同
类别描述为空或者输入非法字符（如“'”），单击“保存”按钮	提示“类别描述不能为空或者不能含有特殊字符”，修改失败	与期望输出相同
类别顺序为空或者输入非数字字符，单击“保存”按钮	提示“类别顺序不能为空且必须是数字”，修改失败	与期望输出相同
单击“删除”按钮	提示“是否删除新闻分类”，选择“是”，删除对应分类信息；选择“否”，则取消该操作，返回类别管理页面	与期望输出相同

6. 新闻发布测试用例

新闻发布测试用例见表 8-6。

表 8-6　新闻发布测试用例

功能描述	新闻发布	
测试目的	测试发布新闻功能是否正常	
前提条件	启动新闻发布系统，登录成功，进入新闻管理页面，单击“新闻发布 ”	
输入/动作	期望的输出/相应	实际情况
输入新闻标题“迎新杯篮球赛”，选择栏目为“体育比赛”，并选择类别名称为“篮球比赛”，输入关键字为“迎新杯”，输入新闻内容为“信息工程学院第一名”，单击“保存”按钮	添加成功，提示用户“新闻发布成功，请继续添加”	与期望输出相同
新闻标题为空或者含有非法字符，单击“保存”按钮	提示“新闻标题不能为空或者含有非法字符”，保存失败	与期望输出相同
不选择信息所属栏目，单击“保存”按钮	提示“请选择新闻所属栏目”，保存失败	与期望输出相同
关键字输入为空或者含有非法字符，单击“保存”按钮	提示“关键字不能为空”，保存失败	与期望输出相同
不输入新闻内容，单击“保存”按钮	提示“请输入新闻内容”，保存失败	与期望输出相同

7. 新闻管理测试用例

新闻管理测试用例见表 8-7。

表 8-7　新闻管理测试用例

功能描述	新闻的修改、删除	
测试目的	测试新闻的修改、删除功能是否正常	
前提条件	启动新闻发布系统，登录成功，进入新闻管理页面，单击“编辑”按钮	
输入/动作	期望的输出/相应	实际情况
修改新闻标题，单击“保存”按钮	提示修改成功	与期望输出相同
修改新闻内容，单击“保存”按钮	提示修改成功	与期望输出相同
修改新闻所属类别，单击“保存”按钮	提示修改成功	与期望输出相同
修改关键字，单击“保存”按钮	提示修改成功	与期望输出相同
单击“删除”按钮	提示“是否确定删除新闻”，选择“是”，删除成功；选择“否”，返回新闻列表	与期望输出相同

8.2　软件测试基础知识

8.2.1　测试的概念、目标和对象

1. 软件测试

软件测试是对软件计划、软件设计和软件编码进行查错和纠错的活动，这个过程包括了代码执行活动和人工活动。测试的目的是找出软件开发整个周期中各个阶段的错误，分析错误的性质和位置并加以纠正。纠正的过程包括对文档和代码的修改。找错的活动称为测试，而纠错的过程称为调试。软件测试过程覆盖软件开发的整个阶段。

2. 程序测试

程序测试是对编码阶段出现的语法错、语义错、运行错进行查找的编码执行过程。通过查找编码错和纠正编码错来保证算法的正确实现。程序测试则仅限于编码阶段。

3. 软件测试的目标

(1) 测试是为了发现程序中的错误而执行程序的过程。

(2) 好的测试方案是极有可能发现迄今尚未发现的尽可能多的错误测试。

(3) 成功的测试是发现了迄今尚未发现的错误测试。

软件测试的基本目的就是要在软件产品投入生产性运用之前，尽可能多地发现软件产品中存在的各种错误，消除故障并保证软件的可靠性。即使通过了最严格的测试，仍然可能还有一些错误隐藏在程序中而未被发现。因此软件测试只能找到程序中存在的错误，而不能证明程序中没有错误。

4. 测试对象

软件测试并不等于程序测试。软件测试应贯穿于软件定义与开发的整个期间。需求分析、概要设计、详细设计以及程序编码等各阶段所得到的文档，包括需求规格说明、概要设计规格说明、详细设计规格说明以及源程序，都应成为软件测试的对象。

8.2.2　软件测试的基本原则

为了能够设计出有效的测试方案，软件工程师必须充分理解并正确运用指导软件测试工作的基本原则。

(1) 测试应以软件需求规格说明书中的需求为标准。

(2) 应该在测试工作真正开始前的较长时间就制订测试计划。一旦完成了需求分析就可以着手制订测试计划，在确定了设计模型之后就可以立即开始设计详细的测试方案。

因此,在编码之前就可以对所有测试工作进行计划和设计。

(3) 进行穷举测试是不可能的。

(4) 应该由独立的第三方来从事测试工作。

(5) Pareto 原则:测试所发现的错误中的 80%很可能是由程序中 20%的模块造成的。应该对发现错误集中的模块进行重点测试。

(6) 测试应由小到大、由部分到整体逐步进行。

(7) 测试具有可重复性。所使用的测试用例应该保存下来,供以后测试和维护使用。

8.2.3 软件测试方法

1. 静态测试

不通过运行程序,而是直接阅读、检测代码和文档来开展测试工作。静态测试包括代码审查和静态分析。

(1) 代码审查。代码审查是由有经验的程序设计人员根据软件详细设计说明书,通过阅读程序发现软件的错误和缺陷。主要检查代码和设计的一致性、可读性、代码逻辑表达的正确性和完整性、代码结构的合理性等。这种方法不需要专门的测试工具和设备,一旦发现错误就能定位错误,但是此方法具有一定的局限性。

(2) 静态分析。静态分析主要对程序进行控制流分析、数据流分析、接口分析和表达式分析等。静态分析一般由计算机辅助完成,由于使用的程序设计语言不同,相应的静态分析工具也就不同。目前,具备静态分析功能的软件测试工具有很多,如针对汇编语言和C语言开发了一些静态测试分析工具。

2. 动态测试

通过运行程序开展测试工作。动态测试包括白盒测试和黑盒测试。

(1) 白盒测试

白盒测试(White Box Testing)又称结构测试,是把测试对象看作一个透明的盒子,测试人员根据程序内部的逻辑结构和执行路径设计测试用例进行测试的过程。

白盒测试主要用于对模块的测试,包括以下内容。

① 程序模块中的所有独立路径至少执行一次。

② 对所有逻辑判断的取值("真"与"假")都至少测试一次。

③ 在上下边界及可操作范围内运行所有循环。

④ 测试内部数据结构的有效性等。

(2) 黑盒测试

黑盒测试(Black Box Testing)又称功能测试,把程序看作一个黑盒子,完全不考虑程序的内部结构和处理过程。它只检查程序功能是否能按照规格说明书的规定正常使用,程序是否能适当地接收输入数据并产生正确的输出信息,程序运行过程中能否保持外部信息的完整性。

黑盒测试主要检查以下的错误。

① 程序功能不正确或遗漏了用户需要的功能。

② 界面错误。

③ 数据结构错误或外部数据库访问错误。

④ 性能达不到要求。

⑤ 初始化和终止错误。

常把黑盒测试和白盒测试联合起来进行，这也称为灰盒测试。通常，白盒测试在测试过程的早期阶段进行，黑盒测试在测试过程的后期进行。

从理论上看，不论采用哪种测试，只要对每一种可能的情况都进行测试，就可以得到完全正确的程序。包含所有可能的测试称为穷尽测试。使用黑盒测试时，要做到穷尽测试，必须对所有的输入数据的各种可能值的所有排列组合都进行测试；使用白盒测试时要做到穷尽测试，要使程序中的每条可能通路至少都执行一次，严格地说每条通路都应该在每种可能的输入数据下执行一次。无论采用黑盒测试还是白盒测试，要做到穷尽测试，在时间上和代价上都不可能，只能选择部分测试用例尽可能多地进行测试，找到尽可能多的错误，即进行有穷测试。

8.2.4 软件测试步骤

1. 模块测试

模块测试也称单元测试，是对每个模块进行单独测试而不需要考虑模块之间的相互关系。其目的是检查每个模块是否能独立、正确地运行。模块测试通常采用白盒测试，在程序设计时由程序编写者根据设计描述进行测试。在该测试阶段所发现的错误通常是编码和详细设计的错误。

模块测试的主要内容如下。

(1) 模块接口。测试模块输入输出参数的个数、次序、类型是否正确，全局变量的定义在各模块中是否一致。确保通过模块接口的数据流是正确的。

(2) 局部数据结构。局部数据结构是常见的错误来源。测试模块内部数据是否完整，内容、形式、相关关系是否正确。如变量说明、初始化、赋值是否正确，数据类型是否相容、是否出现溢出或地址异常，局部变量与全局变量是否同名等。

(3) 重要的执行路径。选择最有代表性、最可能发现错误的执行路径进行测试。如重要的执行路径，计算、比较是否存在错误，控制流是否适当等。

(4) 出错处理。着重测试对错误的描述是否难以理解，显示的错误与实际错误是否相符，对错误的处理是否正确，错误条件在错误处理之前是否已引起系统异常，报错信息是否足以帮助确定错误的位置等。

(5) 边界测试。

模块测试的步骤如下。

(1) 配置测试环境。

（2）编写辅助模块。

（3）进行多个模块的并行测试。

模块本身不是一个独立的程序，在测试模块时，需要借助辅助模块，构成被测试模块运行的最小环境。根据辅助模块与被测试模块的关系，将辅助模块分为两类：驱动模块和桩模块（也称存根程序）。驱动模块接收测试数据，调用被测模块，把测试数据传送给被测模块，输出测试结果；桩模块是代替被测模块调用的模块。被测试模块和与它相关的驱动模块和桩模块一起构成了一个测试环境，如图8-1所示。

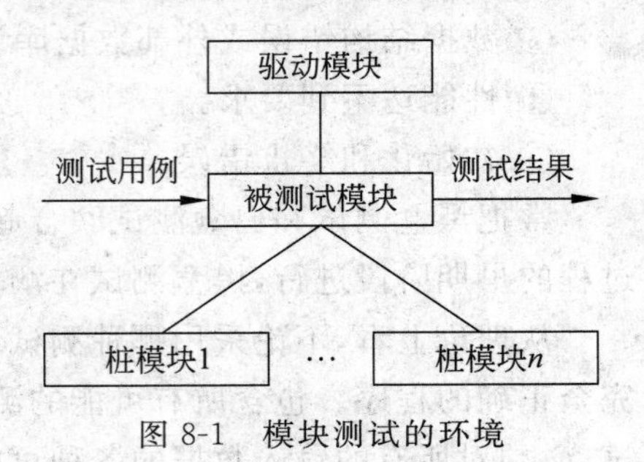

图8-1　模块测试的环境

2. 集成测试

集成测试又叫接口测试、组装测试。将经过测试的单元模块按照一定的顺序组装成系统，同时进行测试。集成测试的重点是对各个模块之间的接口，以及各个模块之间的协调和通信进行测试。

模块集成方式有非渐增式测试和渐增式测试两种。

（1）非渐增式测试。非渐增式测试是先分别测试每个模块，再把所有的模块按照设计要求一次性地组装起来。一般采用黑盒测试设计测试用例进行测试。这种方法要求为每个模块设计驱动模块和桩模块，测试工作量大，而且发现错误时很难定位。这种方法只适合小规模的软件系统。

（2）渐增式测试。渐增式测试是把下一个要测试的模块同已经测试好的那些模块结合起来进行测试，测试完后再把下一个待测试的模块结合起来进行测试，每次只增加一个模块。采用这种方式可以将错误分解，容易找到错误并容易测试成功，一般适合于大规模的软件系统。渐增式集成可分为自顶向下集成和自底向上集成。

① 自顶向下集成。从主控模块开始，将附属模块按深度优先或广度优先的方式逐个集成到整个软件结构中。优点是不需要驱动模块，能尽早验证程序的主要功能，及早发现上次模块的接口错误；缺点是测试时底层模块用桩模块替代，不能反映真实情况，重要数据不能及时回送到上层模块。

② 自底向上集成。从软件结构的底层的模块开始组装和测试。不需要桩模块，需要驱动程序。优缺点与自顶向下集成正好相反。

③ 混合模式集成。自顶向下集成测试和自底向上集成测试各有优缺点，将这两种方式结合起来可能是一种好的折中方案。在程序结构的高层用自顶向下的测试方法，对中下层采用自底向上的集成测试方法。

3. 确认测试

软件经过集成测试后，可以进行确认测试，验证软件系统是否满足需求规格说明书中规定的要求。确认测试必须有用户积极参与，或以用户为主进行。确认测试一般使用黑盒测试法来进行。确认测试的目的是向用户表明软件系统的有效性。根据软件需求说明书中的描述,使用户能够确认软件的功能与性能同他们期望的一样。

在确认测试中,不是对软件系统具有的所有功能进行测试。重点测试用户关心的软件系统可见的功能和性能。在进行测试时所选择的测试用例中的数据,应该主要来自软件系统实际运行数据,因为用户对这些数据及预期的结果比较熟悉,而且还应该设计并且执行一些与用户使用步骤相关的测试。

确认测试时应该从以下几个方面进行测试。

① 功能测试。按照需求说明书的要求,测试软件系统是否具有用户所要求的功能。

② 性能测试。系统在实际运行环境中,是否具有需求说明书上所要求的系统性能。

③ 安全测试。测试系统的安全性,测试系统能否使不合法用户不能进入系统。

④ 强度测试。加载所有负荷的情况下,运行软件系统,验证系统的负荷能力。

⑤ 背景测试。系统在实际负荷情况下,测试系统运行多道程序、多道作业的能力。

⑥ 恢复测试。测试系统在软件或硬件故障下,恢复原先控制数据的能力。

(1) 软件配置评审

软件配置评审是验收测试中的一个重要内容。主要是检查计算机程序(源代码和可执行程序)、所需数据、文档是否齐全以及分类是否有序,保证软件配置的所有成分都齐全,各方面的质量都符合要求。

(2) Alpha 测试和 Beta 测试

Alpha 测试是在开发者的场所进行的,是用户在开发者的指导下进行的测试。

Beta 测试是软件的最终用户在一个或多个用户场所进行的,与 Alpha 测试不同,开发者通常不在测试现场。

8.2.5　设计测试方案

设计测试方案是测试阶段的关键技术问题。测试方案包括具体的测试目的、应该输入的测试数据和预期的输出结果三方面内容。通常把测试数据和预期的输出结果称为测试用例。

测试用例的设计是软件测试的关键所在。不同的测试数据发现程序错误的能力差别很大,因为不可能进行穷尽的测试,因此为了提高测试效率并降低测试成本,应该选用高效的测试数据,即设计尽可能少的测试用例来发现尽可能多的错误。通常的做法是用黑盒测试法设计基本的软件测试方案,再使用白盒测试法补充一些测试方案,将多种测试方法结合起来使用。

1. 等价类划分法

由于不能穷举所有可能的输入数据来进行测试,因此,只能选取少量具有代表性的输入数据作为测试数据,以用较小的代价测试出较多的程序错误。

等价类划分法属于黑盒测试法,是将所有可能的输入数据划分成若干个等价类,然后在每个等价类中选取一个代表性的数据作为测试用例。

什么样的输入数据是最有代表性的呢？如果把所有可能的输入数据(既包括有效的

输入数据也包括无效的输入数据）划分成若干个等价类，则可以合理地做出下述假定：每类数据中的一个典型值在测试中的作用与这一类中所有其他值的作用相同。因此，可以从每个等价类中只取一组数值作为测试数据。这样选取的测试数据最有代表性，最可能发现程序中的错误。目的是使用最少的测试用例测试出最多的错误。

使用等价类划分法设计测试用例的步骤如下。

(1) 划分等价类

使用等价划分法设计测试方案首先需要划分输入数据的等价类，为此需要研究程序的功能说明，从而确定输入数据的有效等价类和无效等价类。在确定输入数据的等价类时常常还需要分析输出数据的等价类，以便根据输出数据的等价类导出对应的输入数据等价类。

划分等价类规则如下。

① 如果规定了输入值的范围，则可划分出一个有效的等价类（输入值在此范围内），两个无效的等价类（输入值小于最小值或大于最大值）。

② 如果规定了输入数据的个数，则可以划分出一个有效的等价类（输入值的个数等于规定的个数）和两个无效的等价类（输入值的个数小于规定的个数和大于规定的个数）。

③ 如果规定了输入数据的一组值，而且程序对不同输入值做不同处理，则每个允许的输入值是一个有效的等价类，此外还有一个无效的等价类（任何一个不允许的输入值）。

④ 如果规定了输入数据必须遵循的规则，则可以划分出一个有效的等价类（符合规则）和若干个无效的等价类（从各种不同角度违反规则）。

⑤ 如果规定了输入数据为整型，则可以划分出三个有效等价类（正整数、零、负整数）和一个无效等价类（非整数）。

⑥ 如果程序的处理对象是表格，则可以确定有效等价类（表有一项或多项）和一个无效等价类（空表）。

以上只是列举了一些规则，实际情况往往是千变万化的，在遇到具体问题时，可参照上述规则的思想来划分等价类。

(2) 建立等价类表

在确定了等价类之后，建立等价类表，列出所有划分出的等价类。并为每个有效等价类和无效等价类编号，如表8-8所示。

表8-8　等价类表

输入条件	有效等价类	无效等价类

(3) 设计测试用例

利用等价类设计测试用例的步骤如下。

① 设计一个新的测试用例，使其尽可能多地覆盖尚未被覆盖的有效等价类，重复这一步骤，直到所有有效等价类都被覆盖为止。

② 为每个无效等价类设计一个新的测试用例。

2. 边界值分析法

边界值分析也是一种黑盒测试方法,是对等价类划分方法的补充。实践表明,错误最容易发生在输入或输出范围的边界上。这里所说的边界是指输入和输出等价类直接在其边界值上、稍大于边界值和稍小于边界值的数据。因此,针对各种边界情况设计测试用例,暴露出程序错误的可能性更大一些。

边界值分析法与等价类分析法的区别是:边界值分析法是选取刚好等于、稍小于和稍大于等价类边界值的数据作为测试数据,而等价类分析法是选取每个等价类内的典型值或任意值作为测试数据。

通常设计测试用例时总是联合使用等价类划分和边界值分析两种技术。

边界值分析方法选择测试用例的规则如下。

(1) 如果输入条件规定了值的范围,则选择刚刚达到这个范围的边界的值和刚刚超出这个范围的边界的值作为测试输入数据。

(2) 如果输入条件规定了值的个数,则选择最大个数、最小个数、比最大个数多1、比最小个数少1的数据作为测试输入数据。

(3) 如果程序的输入或输出是个有序集合,如顺序文件、表格,则应把注意力集中在有序集的第1个元素和最后一个元素上。

(4) 如果程序中定义的内部数据结构有预定义的边界,例如数组和栈,则应选择边界值和刚好超出边界值的输入数据作为测试数据。

当遇到其他情况时,要多动脑筋,找出各种边界条件,尽量不要遗漏对可能产生错误的情况进行测试。

3. 错误推测法

错误推测法是一种依靠测试人员的直觉和经验推测可能存在的错误,并根据这些可能存在的错误设计测试用例的方法。

错误推测法的基本做法是,列举出程序中所有可能有的错误和容易发生错误的特殊情况,然后设计相应的测试用例。

4. 逻辑覆盖

逻辑覆盖是以程序内部的逻辑结构为基础的测试用例设计技术,需要测试人员对程序的结构有清楚的了解。由于覆盖测试的目标不同,逻辑覆盖可分为:语句覆盖、判定覆盖、条件覆盖、判定—条件覆盖、条件组合覆盖、路径覆盖、点覆盖和边覆盖。

(1) 语句覆盖

语句覆盖技术是指选择足够的测试用例,使得运行这些测试用例时,被测试程序中每个可执行语句至少被执行一次。例如,在图8-2中,设计一个测试用例使程序执行路径为a→c→b→e→d即可实现语句覆盖。选择测试用例A=2,B=0,X=6就可以了。

语句覆盖使被测试程序中每个可执行语句至少被执行一次,但这种覆盖对检测错误而言并不是完美无缺的。假设图8-2中两个判定条件的逻辑运算有问题,例如,把第一个判定表达式中的逻辑运算符 and 错写成 or，或把第二个判定表达式中的条件"＞1"误写成"＜1"，那么使用上面的测试用例并不能发现这些错误。所以语句覆盖是很弱的逻辑覆盖方法，为了能测试出判定条件中的错误，引入了覆盖标准。

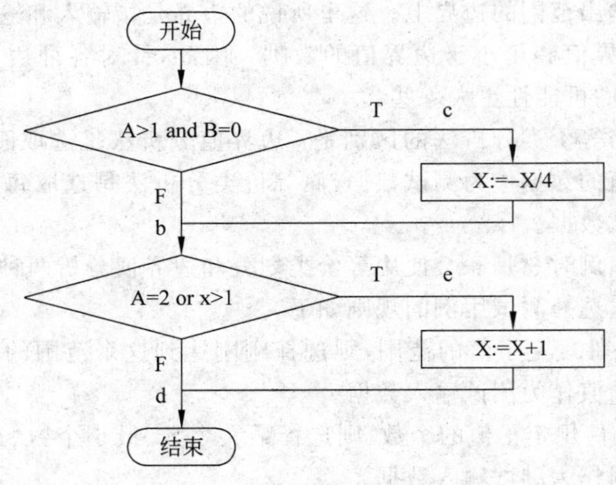

图 8-2　程序流程图

(2) 判定覆盖

判定覆盖又称为分支覆盖，是指选择足够的测试用例，使得运行这些测试用例时，被测试程序中每个判定分支也至少执行一次(即真假分支均通过一次)。

例如，对于图 8-2 的例子，要使每个分支至少执行一次，只需执行路径 a→c→b→e→d 和 a→b→d 即可。测试用例见表 8-9。

表 8-9　判定覆盖的测试用例

测试数据	A＞1 and B＝0	A＝2 or X＞1	覆盖路径
A＝2，B＝0，X＝6	真	真	a→c→b→e→d
A＝1，B＝1，X＝1	假	假	a→b→d

判定覆盖将每个判定的所有可能结果都至少执行一次，所以，程序中的所有语句也必定至少执行一次。因此，满足判定覆盖的测试用例也一定满足语句覆盖。由此可见，判定覆盖比语句覆盖强，但是对程序逻辑的覆盖程度仍然不高，上面的测试用例只覆盖了程序全部路径的一半。

(3) 条件覆盖

条件覆盖就是选择若干个测试用例，使得运行这些测试用例时，被测程序中每个判断的每个条件的可能取值至少执行一次。

例如，对于图 8-2 例子中的条件，考虑各条件取值的情况，规定以下 4 种状态。

① T1：A＞1，记作 T1；F1：A≤1，记作 F1。

② T2：B＝0，记作 T2；F2：B≠0，记作 F2。

③ T3：A＝2，记作 T3；F3：A≠2，记作 F3。

④ T4：X＞1，记作 T4；F4：X≤1，记作 F4。

选择如表 8-10 所示测试用例就可满足条件覆盖。

表 8-10　条件覆盖的测试用例

测试数据	覆盖条件	A>1 and B=0	A=2 or X>1	覆盖路径
A=2,B=0,X=6	T1,T2,T3,T4	真	真	a→c→b→e→d
A=1,B=1,X=1	F1,F2;F3,F4	假	假	a→b→d

条件覆盖通常比判定覆盖强，但是由于条件覆盖是对构成判定的条件进行分解以后孤立地满足各条件的可能取值，因此设计的测试用例可能满足条件覆盖但未必满足判定覆盖，满足判定覆盖也不一定满足条件覆盖，为解决这一矛盾，需要兼顾条件覆盖和判定覆盖。

(4) 判定—条件覆盖

判定—条件覆盖是指选择若干个测试用例，使得运行这些测试用例时，被测程序中每个判定的所有结果都至少执行一次，并且每个判定的每个条件的所有可能取值至少执行一次。

例如，对于图 8-2 所示的例子，为满足判定—条件覆盖，选择的测试用例如表 8-11 所示。

表 8-11　判定—条件覆盖的测试用例

测试数据	覆盖条件	A>1 and B=0	A=2 or X>1	覆盖路径
A=2,B=0,X=6	T1,T2,T3,T4	真	真	a→c→b→e→d
A=1,B=1,X=1	F1,F2,F3,F4	假	假	a→b→d

从表面上看，上述测试用例似乎考虑了所有条件的取值，同时照顾了判定的各个分支路径。但实际情况并非如此，因为某个条件的取值可能屏蔽了另一个条件。例如，判定表达式 A>1 and B=0，如果 A>1 为真，则须测试 B=0 的取值是否为真；如果 A>1 为假，则无须检测 B=0 的取值了，所以 B=0 条件没有被测试。所以判定—条件覆盖不一定能测试出逻辑表达式中的错误。

(5) 条件组合覆盖

条件组合覆盖是指选择足够的测试用例，使得运行这些测试用例时，被测程序的每个判定中条件取值的所有可能组合都至少出现一次。

例如，对于图 8-2 所示的例子，共有如下 8 种可能的条件组合。

① A>1,B=0。

② A>1,B≠0。

③ A≤1,B=0。

④ A≤1,B≠0。

⑤ A=2,X>1。

⑥ A=2,X≤1。

⑦ A≠2,X>1。

⑧ A≠2,X≤1。

选择如表8-12所示的四组测试用例就能满足上述8种条件组合每种至少出现一次。

表8-12　条件组合覆盖的测试用例

测试数据	满足条件组合	覆盖路径
A=2,B=0,X=6	A>1,B=0 ;A=2,X>1	a→c→b→e→d
A=2,B=1,X=1	A>1,B≠0;A=2,X≤1	a→b→e→d
A=0,B=0,X=2	A≤1,B=0;A≠2,X>1	a→b→e→d
A=1,B=1,X=1	A≤1,B≠0;A≠2,X≤1	a→b→d

显然,满足条件组合覆盖标准的测试用例一定也满足语句覆盖、条件覆盖、判定覆盖和判定—条件覆盖。所以条件组合覆盖是一种比较强的覆盖标准。但是,满足条件组合覆盖的数据并不一定能执行程序中的每条路径。例如,上述测试用例没有覆盖路径acbd。

(6) 路径覆盖

路径覆盖是指选择足够的测试用例,使得运行这些测试用例时,被测程序的每条可能路径至少执行一次(如果程序中包含环路,则要求每条环路至少通过一次)。

在图8-2所示的例子中共有四条可能的执行路径,它们分别是:acbed、abed、acbd、abd。

选择如表8-13所示的四组测试用例就能满足路径覆盖要求。

表8-13　路径覆盖测试用例

测试数据	覆盖路径	测试数据	覆盖路径
A=2,B=0,X=5	a→c→b→e→d	A=3,B=0,X=1	a→c→b→d
A=1,B=1,X=2	a→b→e→d	A=0,B=1,X=1	a→b→d

路径覆盖保证了程序中每个可能的逻辑路径至少执行一次,使测试用例更具有代表性,暴露问题的能力比较强,因此,它是一种比较强的覆盖标准。但它并没有覆盖判定中条件取值的各种可能情况,不能替代条件覆盖和条件组合覆盖,所以,在实际情况中,常常是将路径覆盖与条件组合覆盖相结合使用,可以设计出检错能力更强的测试用例。

(7) 点覆盖

把如图8-2所示程序流程图中的每个框看作一个节点,连接不同框的连线改为有向弧,就可得到程序图(见图8-3)。点覆盖是指选择足够的测试用例,使得程序执行路径至少经过程序图中的每个节点一次。点覆盖和语句覆盖要求是相同的。

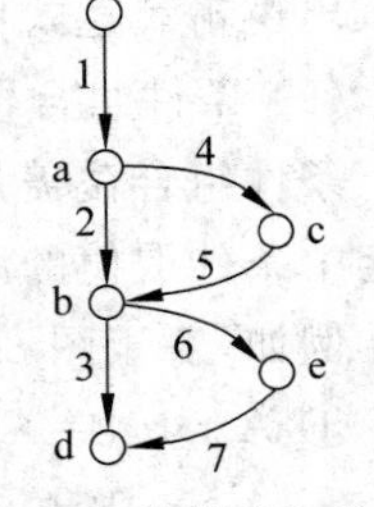

图8-3　和图8-2对应的程序图

(8) 边覆盖

边覆盖是指选择足够多的测试用例,使得程序执行路径至少经过程序图中每条边一次。

例如,选择如表8-14所示的测试用例就能满足边覆盖要求。

表 8-14 边覆盖测试用例

测试数据	覆盖路径
A=3,B=0,X=6	1→4→5→6→7
A=1,B=1,X=1	1→2→3

8.3 面向对象测试

面向对象软件的测试目标仍然是用最少时间和工作量来发现尽可能多的错误。但面向对象软件的性质改变了测试的策略和测试技术。面向对象软件的测试也给软件工程师带来新的挑战。

8.3.1 面向对象语境对测试的影响

集成、封装、多态性、基于消息的通信等概念都是面向对象软件的重要特征,它们对面向对象测试有很多的影响。

1. 单元

适用于面向对象测试的两种单元定义如下。

(1) 单元是可以编译和执行的最小软件部件。

(2) 单元是决不会指派给多个设计人员开发的软件部件。

类是面向对象软件中的单元。

2. 封装

由于属性和操作被封装在类中,因此测试时很难获得对象的某些具体信息(除非提供内置操作来报告这些信息),从而给测试带来困难。

3. 继承

测试了父类的操作后,并不表示其子类就不必对继承的操作进行测试。

4. 多态性

在测试时,应覆盖反映多态的所有实现方法。

5. 基于消息的通信

面向对象软件是通过消息通信实现类之间的协作,它们没有明显的层次控制结构,因此,传统的自顶向下和自底向上集成策略不适用于面向对象软件测试。

8.3.2 面向对象的测试策略

1. 类内测试

把类作为面向对象软件的单元，传统的单元测试等价于面向对象中的类测试，也称为类内测试。它包括类内的方法测试和类的行为测试。

2. 类间测试

面向对象中的类间测试相当于面向对象的集成测试。它有以下两种策略。

(1) 基于线程的测试(thread-based testing)。集成一组互相协作的类来响应系统的一个输入或事件，每个线程逐一被集成和测试，并通过回归测试保证其没有产生副作用。

(2) 基于使用的测试(use-based testing)。按使用层次来集成系统。把那些几乎不使用其他类提供的服务的类称为独立类，把使用类的类称为依赖类。集成从测试独立类开始，然后集成直接依赖于独立类的那些类，并对其测试。按照依赖的层次关系，逐层集成并测试，直至所有的类被集成。

3. 确认测试和系统测试

面向对象的确认测试和系统测试策略与传统的确认测试和系统测试策略相同，主要用黑盒法，根据动态模型和描述系统行为的脚本来设计测试用例，利用用例模型发现与用户需求不一致的错误。

8.3.3 面向对象测试用例设计

传统的测试用例设计方法及其思想在面向对象测试中仍是可用的。

1. 类内测试

测试类中的每个操作(相当于传统软件中的函数或子程序)，通常采用白盒测试方法，如逻辑覆盖、基本路径覆盖等。

测试类的行为(通常用状态机图来描述)，利用状态机图进行类测试时，可考虑覆盖所有状态、所有状态迁移等覆盖标准，也可考虑从初始状态到终止状态的所有迁移路径的覆盖。

划分测试(partition testing)，这种方法与等价类划分方法相似，它将输入和输出分类，并设计测试用例来处理每个类别。划分的方式有以下三种。

(1) 基于状态的划分是根据操作改变类状态的能力对操作分类。

(2) 基于属性的划分是根据使用的属性对操作分类，如使用属性 a 的操作、修改属性 a 的操作、既不使用又不修改属性 a 的操作。

(3) 基于类别的划分是根据操作的种类对类操作分类，如初始化操作、计算操作、查询操作、终止操作。

2. 类间测试

类间测试主要测试类之间的交互和协作。在UML中通常用顺序图和协作图来描述对象之间的交互和协作。可以根据顺序图或协作图,设计作为测试用例的消息序列,来检查对象之间的协作是否正常。

3. 基于场景的测试

场景是用况的实例,它反映了用户对系统功能的一种使用过程,基于场景的测试主要用于确认测试,在类间测试时也可根据描述对象间的交互场景来设计测试用例。

8.4 使用软件测试工具

软件测试的工作量很大。据统计,一般占软件总开发工作量的40%以上。为了减小测试工作量,需要借助于一些测试工具。

目前用于测试的工具已经比较多,这些测试工具一般可分为白盒测试工具、黑盒测试工具和测试管理工具(测试流程管理、缺陷跟踪管理、测试用例管理)。

8.4.1 白盒测试工具

白盒测试工具一般是针对程序源代码进行测试,测试中发现的软件缺陷可以定位到具体的代码行。根据工作原理不同,将白盒测试工具分为静态分析工具和动态分析工具。

1. 静态分析工具

不执行被测试程序,直接对源代码进行语法扫描,找出不符合编码规范的地方,也可以根据某种质量模型评价源代码质量,还可以生成系统函数模块的调用关系图等。

静态测试工具的原理是测试程序源代码文件作为输入,对程序源代码进行分析,然后与用户定制的质量模型进行比较,根据实际情况与模型之间的差距,得出对软件产品的质量评价。

静态测试工具的主要功能是对程序源代码进行规范性检查、静态结构分析和对代码复杂度进行度量。

静态测试工具很多,常用的针对Java编程语言的静态测试工具有:PMD、CheckStyle、FindBugs和Jtest。

2. 动态分析工具

采用“插桩”的方式,向被测试软件源代码编译生成的可执行文件中插入一些监测代码,利用监测代码收集并统计分析被测试软件实际运行时的关注数据,依据关注数据生成测试报告。要求被测试软件实际运行起来,且只能收集到执行过的那部分源代码的关注数据。

在动态测试中,软件测试员要观察被测软件运行时刻内部是否发生了不该发生的事情。如软件系统的所有功能都能够正常执行可就是无法长时间持续运行;还有些客户机/服务器架构的软件系统在并发登录的客户端少时可以正常运行,可是并发登录的客户端增多时系统运行就不正常。

软件动态分析工具为了收集被测软件运行时的信息大都采用插桩技术。观测软件系统在运行状态中的各种行为和各种状态,通过收集、分析得出相关的覆盖率分析、内存分析、性能分析等结果。

原始插桩技术,常常要往相关代码中插入一些打印语句;有些动态分析工具向程序源代码中插桩后,再编译插桩后的源代码,然后动态执行以收集被测软件的运行时信息;有些动态分析工具向可执行文件(包括DLL动态链接库文件)中插桩,再执行插桩后的可执行文件,以收集被测软件的运行时信息。

目前测试工具主要支持的开发语言包括:标准C、C++、Visual C++、Java、Visual J++等。

IBM公司的白盒测试工具见表8-15。

表8-15 IBM公司的白盒测试工具

工具名	支持语言环境	功　能
Purify	VC++、Java	内存错误检测
PureCoverage	VC++、VB、Java	测试覆盖程度检测
Quantify	VC++、VB、Java	测试性能瓶颈检测

此外,针对不同的编程语言,有不同的进行单元测试的白盒测试工具,例如:

- J Unit——Java
- PHP Unit ——PHP
- VB Unit ——VB
- Visual Unit ——C/C++
- D Unit ——Delphi

8.4.2 黑盒测试工具

黑盒测试工具的一般原理是采用测试脚本的录制(Record)/回放(Playback)机制模拟用户的业务操作,回放时将被测软件的输出记录下来并同预先给定(往往是脚本录制时记录的)的标准结果相比较。黑盒测试工具分为功能测试工具和性能测试工具两类。

1. 功能测试工具

功能测试工具用来检测应用程序是否能够按照预期功能进行正常运行,主要用于功能回归测试。

2. 性能测试工具

性能测试工具主要用于度量客户机/服务器架构的分布式应用软件系统的可扩展性和并发访问性能，是一种预测系统在压力情况下的性能和行为的自动化测试工具。

性能测试工具能够对整个企业架构进行测试，通过性能测试工具，企业能最大限度地缩短测试时间，优化系统性能并缩短应用系统的发布周期。

主流黑盒测试工具见表 8-16。

表 8-16　主流黑盒测试工具

工具名	公司名	功　能
WinRunner	Mercury	功能测试工具，检测应用程序是否能够达到预期的功能及正常运行
Astra Quicktest	Mercury	Web 自动化测试工具
Robot	IBM Rational	功能测试、性能测试工具
QARun	Compuware	功能测试工具，类似于 WinRunner
SilkTest	Segue	功能测试工具
LoadRunner	Mercury	负载测试工具

8.4.3 测试管理工具

测试管理工具用于对测试进行管理，包括对测试需求、测试计划、测试用例、测试实施过程进行管理，测试管理工具还包括对软件缺陷的跟踪管理。测试管理工具还能够让位于不同工作地点的测试员、开发人员或其他相关 IT 人员通过中央数据仓库方便地交流相关信息。常见的测试管理工具见表 8-17。

表 8-17　常见的测试管理工具

工具名	公司名	功　能
TestDirector	Mercury	提供测试需求、测试计划、缺陷管理
Test Manager	IBM Rational	测试管理工具。提供测试计划、测试评估、测试报告管理，以及链接测试用例与需求
ClearQuest	Rational	缺陷和变更跟踪系统
Bugzilla	Mozilla	免费的缺陷管理工具
TrackRecord	Compureware	缺陷管理工具

8.5 软件调试

测试的目的是发现软件中的错误，但是，发现错误并不是最终目标。软件工程的根本目标，是开发出高质量的完全符合用户需要的软件产品，因此，通过测试发现软件错误之后还必须诊断并改正软件错误，直到测试没有错误为止，这就是调试（也称为纠错）。

调试工作包括两方面的内容：一方面的内容是诊断错误。通过程序中存在错误的某些现象着手，找出错误的原因和准确位置，通常工作量大约占整个调试工作总量的90%。另一个方面是改正错误。认真研究出现错误的这些模块或接口，分析这段程序代码，以确定出现问题的原因，并最终设法改正这些错误。一般来说，知道错误的原因和位置，改正错误比较容易。调试要求对程序结构和算法逻辑十分熟悉，一般由程序设计者本人进行。

8.5.1 软件调试方法

1. 输出存储器内容

通过在程序中设置断点，输出寄存器和存储器的内容，打印有关变量的值等手段，获取大量现场信息，从中找出错误的原因。这是程序调试中最常用的技术，但这种技术的效率低。

2. 插入打印语句

在程序中插入若干标准打印语句以输出某些变量的值，设置程序暂停控制。这种方法可以动态地显示关键数据对象的行为，给出的信息容易与源程序对应。为程序员分析错误原因提供线索。

3. 使用自动调试工具

目前许多程序设计语言的集成开发环境都提供程序调试功能，这包括不改变源程序代码，利用调试运行功能实现语句运行跟踪，以及程序断点设置、设置变量状态观察窗口、子程序调用序列跟踪等。

8.5.2 常用调试策略

软件调试具有极强的技术性，任何调试工具只是调试的辅助工具，调试过程的关键不是使用上面的技术，而是对错误的推测分析策略。调试过程中常用的分析策略有以下几种。

1. 试探法

针对错误不复杂，程序比较简单的情况，根据错误征兆，猜测故障的大致位置，选取一种纠错方法，找到有关的出错信息，借此逐渐确定原来的分析，渐渐找出错误的原因与位置，然后纠错。

2. 回溯法

回溯法是从发现错误的地方开始，人工沿着程序的控制流往回追踪程序源代码，直至找到错误的根源为止。这种方法适用于小型程序，对大型程序，由于回溯的路径太多，难以彻底回溯。

3. 对分查找法

如果已知程序内若干个关键点的某些变量的正确值，则可在程序的中点附近用赋值语句或输入语句对这些变量赋以正确值，然后检查程序的输出结果。如果输出结果正确，则可认为程序的后半段无错，故障在程序的前半部分，反之故障在后半部分。对程序中有故障的那部分再重复使用这个方法，直到把故障缩小到容易诊断的程度，定位错误并纠错。

4. 演绎法

从测试数据中分析可能出错的原因，排除不会发生的错误原因。分析余下的错误原因，可确定的，留下继续分析，并排除错误。剩余不可确定的原因，再增加测试数据。重复上述过程，直到排除错误。演绎法是一个由普遍错误到特定错误的过程，是由一般到个别的分析排除过程。

5. 归纳法

归纳法是一种从特殊推断一般的错误推断排除法，是一个收集有关数据、组织数据、寻找假设、证明假设、排除假设的过程。其基本思想是，从一些线索(错误征兆)着手，通过分析它们之间的关系来找出错误的原因。

8.6 编写软件测试分析文档

软件测试阶段需要编写测试分析报告。测试分析报告是软件配置的重要组成部分，在软件的维护阶段起着重要的作用，需要对其进行详细的记录和保存。

《计算机软件文档编制规范》(GB/T 8567—2006)规定的软件测试分析报告的主要内容有以下几项。

(1) 引言。

① 标识。

② 系统概述。

③ 文档概述。

(2) 引用文件。

(3) 测试结果概述。

(4) 详细的测试结果。

(5) 测试记录。

(6) 评价。

① 能力。

② 缺陷和限制。

③ 建议。

④ 结论。

(7) 测试活动总结。

8.7 拓展提高

程序复杂性主要指模块内程序的复杂性。它直接关联到软件开发费用的多少，开发周期的长短和软件内部潜藏错误的多少。同时它也是软件可理解性的另一种度量。

减少程序复杂性，可提高软件的简单性和可理解性，并使软件开发费用减少，开发周期缩短，软件内部潜藏错误减少。

在目前已提出的各种复杂性度量算法中，使用得比较广泛的是 McCabe 度量法和 Halstead 度量法。下面着重介绍这两种方法。

1. McCabe 度量法

McCabe 度量法以程序流程图的分析为基础，根据程序控制流的复杂程度，定量度量程序复杂度。McCabe 度量法是比较出色和实用的方法，它能够计算出多种软件复杂度，由此可对软件进行检查、分析和查明哪些可能导致错误的代码。

首先画出程序图，然后用程序图的环路复杂度(又称圈数)来测量程序的复杂度。程序环路复杂度计算方法有以下三种。

(1) 程序的环路复杂度计算公式为

$$V(G) = m - n + 2$$

其中，$V(G)$是程序图 G 的环路复杂度，m 是 G 中的弧数，n 是 G 中的节点数。

例如，图 8-3 程序图的节点数 $n=6$，弧数 $m=7$，则有环路复杂度 $V(G)=m-n+2=7-6+2=3$。

(2) 对于单入口单出口模块，程序图 G 的环路复杂度计算公式为

$$V(G) = P + 1$$

其中，P 在程序中判定节点的个数。

源代码中 If 语句、While 语句、For 语句和 Repeat 语句的判定节点个数为 1，Case 多分支语句的判定节点个数等于可能的分支数减 1。

例如，图 8-3 程序图中判定节点数 $P=2$，则有环路复杂度 $V(G)=P+1=2+1=3$。

(3) 在强连通的程序图中，环路复杂度等于线性无关的有向环的个数。

还是以图 8-3 程序图为例，图中开始节点和结束节点没有连接，不是强连通的，需要在程序图中增加一条连接这两个节点的弧，这样整个程序图就是强连通的了，如图 8-4 所示。图中线性无关的有向环的个数为 3，也就是环路复杂度为 3。

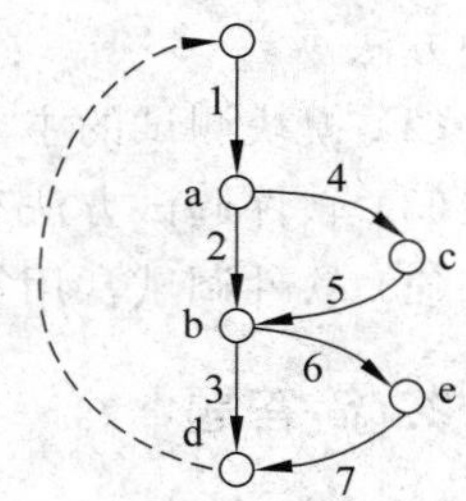

图 8-4　强连通的程序图

可见，三种计算方法计算结果是相同的。

$V(G)$越大，标志该程序越复杂。McCabe 发现当一个模块的 $V(G)$超过 10 时，这个模块可能就会出问题。Grady 和他的研究小组关于 $V(G)$的结论是：模块中允许的最大圈数为 15。

McCabe 度量法实质上是对程序控制流复杂性的度量，它并不考虑数据流，因而其科学性和严密性具有一定的局限性。

2. Halstead 度量法

Halstead 度量法通过计算程序中的运算符和操作数的数量来度量程序的复杂度。

设 n_1 为程序中不同运算符(包括关键字)的个数，n_2 为程序中不同操作数的个数，N_1 为程序中实际运算符的总数，N_2 为程序中实际操作数的总数，H 为程序的预测长度，N 表示程序的实际长度。Halstead 给出 H 的计算公式为

$$H = n_1\log_2 n_1 + n_2\log_2 n_2$$

N 的计算公式为

$$N = N_1 + N_2$$

Halstead 的重要结论之一是：程序的实际长度 N 与预测长度 H 非常接近。这表明即使程序还未编写完也能预先估算出程序的实际长度 N。Halstead 还给出了另外一些计算公式，例如，程序中的错误数预测值 $B=N\log_2(n_1+n_2)/3000$。

Halstead 度量实际上只考虑了程序的数据流而没有考虑程序的控制流，因而也不能从根本上反映程序的复杂性。

这两种度量方法都是针对传统的结构化程序设计方法的。当将其应用到面向对象程序设计方法时，不再适用于其中的某些概念，如类、继承、封装和消息传递等。但在目前尚未找到专门针对面向对象的复杂性度量方法的情况下，这些传统的度量算法也能在一定程度上反映软件开发的复杂程度。

8.8 习　题

1. 填空题

（1）静态测试包括________和________两种方法；动态测试有________和________两种方法。

（2）模块测试的主要内容有________、________、________、________、________。

（3）软件调试方法有________、________、________。

（4）软件调试常用策略有________、________、________、________、________。

2. 简答题

（1）软件测试的目标是什么？软件测试的对象是什么？

（2）软件测试的原则有哪些？

（3）简述语句覆盖、判定覆盖、条件覆盖、判定—条件覆盖、条件组合覆盖、路径覆盖、点覆盖和边覆盖的区别。

3. 操作题

（1）设计目标系统测试用例，完成目标系统的测试工作。

（2）编写测试分析报告，以项目组为单位提交。参考《计算机软件文档编制规范》（GB/T 8567—2006）中的“测试分析报告”的编写提示。

4. 名称解释

软件测试，程序测试，白盒测试，黑盒测试，模块测试，集成测试，验收测试，Alpha 测试，Beta 测试，等价类划分法，边界值分析法。

任务 9　新闻发布系统项目的发布与维护

- **能力目标**
  - ➢ 能够生成项目发布文件。
  - ➢ 能够编写便于用户操作的使用说明书。
  - ➢ 能够按要求实施软件维护工作。
  - ➢ 能够提高软件重用率。
- **知识目标**
  - ➢ 掌握软件维护类型、维护方式和可维护性度量知识。
  - ➢ 掌握软件维护过程、软件维护的方法。
  - ➢ 了解软件维护的副作用。
  - ➢ 掌握软件重用概念和基于构件的软件开发过程。
  - ➢ 掌握面向对象软件的重用技术。

任务导入

软件维护是软件生命周期的最后一个阶段，它处于系统投入生产性运行以后的时期，因此不属于系统开发过程。要想充分发挥软件系统的作用，产生良好的经济效益和社会效益，就必须搞好软件的维护。软件维护需要的工作量非常大，虽然在不同应用领域维护成本差别很大，但是平均来说，大型软件的维护成本高达开发成本的四倍左右。目前国外许多软件开发组织把 60%以上的人力用于维护已有的软件，而且随着软件数量增多和使用寿命延长，这个百分比还在持续上升。典型的情况是，软件维护费用与开发费用的比例为 2∶1，一些大型软件的维护费用，甚至达到开发费用的 40～50 倍。这也是造成软件成本大幅度上升的一个重要原因。

任务清单

（1）编写新闻发布系统用户手册。

（2）发布产品。

（3）维护软件。

（4）软件重用。

9.1 案例——新闻发布系统用户手册

与其他产品一样，软件产品在交付使用前，也应该提供用户使用说明书。用户手册要使用非专门术语的语言，充分地描述该软件系统所具有的功能及基本使用方法。使用户(或潜在用户)通过阅读手册能够了解该软件的特性、用途和操作流程，解决用户在使用过程中的疑难问题。通常用户使用说明书的内容包括以下几点。

(1) 软件产品特色。

(2) 软件产品安装与运行环境。

(3) 软件产品功能介绍。

(4) 软件产品使用介绍等。

新闻发布系统用户手册着重使用方法的介绍。

管理员登录成功后进入后台管理主页面(图 9-1)，可以进行用户管理、栏目管理、类别管理、新闻管理和使用帮助。

图 9-1 管理主页面

9.1.1 新闻栏目管理

在管理主页面中单击“栏目管理”，进入栏目管理页面，可以进行新闻栏目的添加和栏目管理。

1. 添加栏目

在新闻发布系统中，系统管理员负责添加新闻栏目。填写的内容包括栏目名称和栏目描述，栏目顺序不需要添加。当输入的内容符合要求时，单击“保存”按钮，保存成功，返回到栏目管理页面。否则，会弹出提示信息，根据提示信息操作即可。

添加新闻栏目页面见图 9-2。

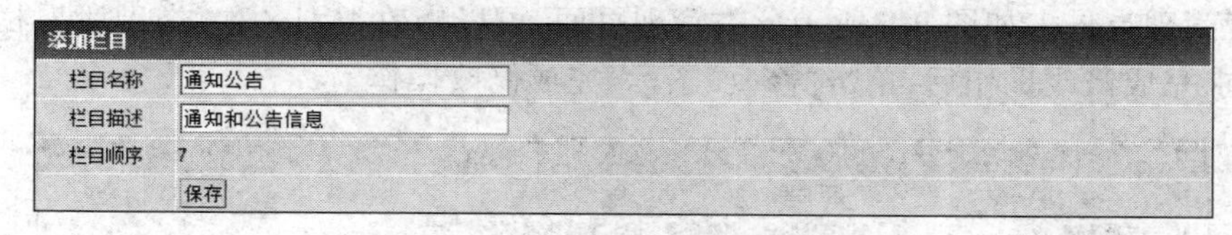

图 9-2　添加新闻栏目

2. 新闻栏目管理

(1) 修改新闻栏目

系统管理员进入如图 9-3 所示栏目管理页面，可以在此修改栏目名称、描述和栏目顺序，完成修改操作后，单击“修改”图标即可。

栏目管理

编号	栏目名称	栏目描述	栏目顺序	修改	删除
1	国内新闻	国内大事	2		
2	体育新闻	体育赛事	5		
3	校内新闻	校内大事	4		
4	社会新闻	社会大事	3		
5	国际新闻	国际大事	1		

图 9-3　新闻栏目管理页面

(2) 删除新闻栏目

单击要删除栏目后的“删除”图标，按照提示信息即可完成删除操作。

9.1.2　类别管理

在管理主页面中单击“类别管理”，进入类别管理页面，可以进行新闻类别的添加和管理。

1. 类别添加

系统管理员负责添加新闻类别。添加新闻类别页面如图 9-4 所示，要求填写的内容包括类别名称、选择所属栏目和类别描述。当输入内容符合要求时，单击“保存”按钮，保存成功，并返回到类别管理页面。否则，按照系统提示信息重填。

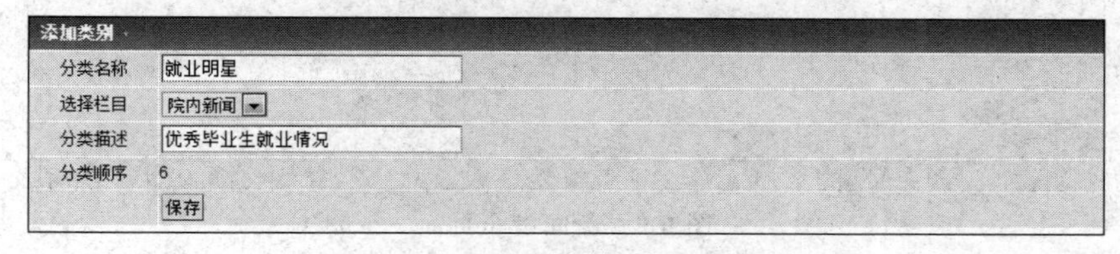

图 9-4　添加类别页面

2. 类别管理

（1）修改新闻类别

系统管理员进入如图9-5所示分类管理页面，可以修改类别名称、类别所属栏目和描述，按要求完成修改操作后，单击“修改”图标，完成修改操作。

类别管理

编号	分类名称	所属栏目	描述	顺序	修改	删除
1	技能大赛	院内新闻	教师学生职业技能比赛新	2		
2	教学改革	院内新闻	教学改革新闻	1		
3	专升本	院内新闻	学生专升本信息	3		
4	人事招聘	社会新闻	人事招聘信息	4		
5	第二课堂	院内新闻	第二课堂信息	5		

图9-5　类别管理页面

（2）删除新闻类别

单击要删除新闻类别后的“删除”图标，按照系统提示信息完成删除操作。

9.1.3 新闻管理

在管理主页面中单击“新闻管理”，进入新闻管理页面，可以进行新闻发布和新闻管理。

1. 新闻发布

（1）单击“新闻发布”，进入新闻发布页面，如图9-6所示。填写新闻标题、关键字、发布时间、信息来源和新闻内容，选择信息所属类别。用户可以选择新闻内容的字体，还可以插入图片等。

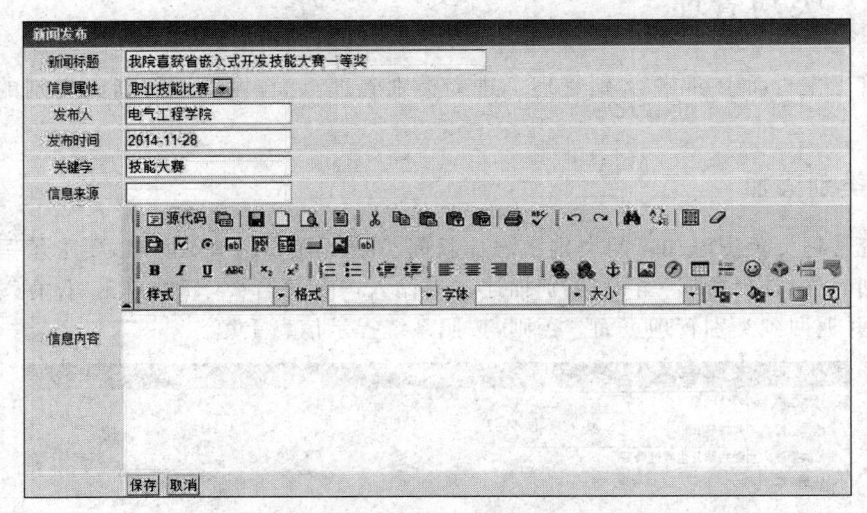

图9-6　新闻发布页面

（2）用户按要求填写好新闻后，单击“保存”按钮，若保存成功，则提示用户“添加成功，请继续添加”，如图9-7所示。

图9-7 新闻发布成功提示窗口

2. 新闻管理

在新闻管理页面中单击“新闻管理”，进入新闻管理页面，如图9-8所示，可以进行新闻检索、修改、删除和变换新闻类别的操作。

新闻检索 所有信息 搜索

编号	新闻标题	发布时间	所属类别	来源	点击次数	选中	编辑	删除
1	泛海扬帆 服务社会	2014-10-26	校务信息	航海学院	120			
2	生物工程学院召开教学资源库建设培训大会	2014-11-04	校务信息	生物工程学院	150			
3	强化教研活动 深化教学改革	2014-11-06	校务信息	医疗学院	90			

将所选信息移动到 职业技能比赛 移动 删除 全选

共有[3]条信息 分1页 10条/页 当前第1页 首页 上页 上页 下页 下页 尾页 1 Go

图9-8 新闻管理页面

（1）修改新闻

单击“编辑”图标，进入新闻编辑页面。用户可以修改新闻的标题、信息属性（新闻栏目和类别）、新闻内容、关键字等信息。按要求修改完毕，单击“保存”按钮，返回新闻管理页面。

（2）删除新闻

单击要删除新闻信息后的“删除”图标，根据系统提示信息可以删除当前新闻。选中多条新闻信息可以批量删除新闻。

9.2 发布产品

软件发布是在软件开发完成之后，为软件的安装所做的准备工作和宣传活动，是软件开发生命周期中的一个重要环节。在Windows系统下，程序员完成编程后会生产一个可执行文件，但是，如果要想在其他计算机上运行目标程序，还需要一些其他文件，如动态链接库文件、图形文件、初始化文件、资源文件等，这些文件是制作软件安装包必需的。针对Windows操作系统的安装包制作工具有很多，如Install Shield等，借助这些工具可以快速方便地制作出安装程序。

除了制作软件安装包，还需要制定相应的软件发布规范和准备一些相关文档，如安装手册、用户手册、版本注释、测试报告等。

1. 发布前的准备工作

当产品的Beta版本测试合格，并且项目管理团队、开发团队和测试团队三方都签字确认终结该产品的开发后，企业的高层管理人员就应向市场与销售中心下达《产品发布通知单》，市场与销售中心须做如下准备。

（1）编写培训教材。

(2) 产品包装设计。

(3) 产品母盘制作。

(4) 产品光盘刻录。

(5) 软件资料印刷。

(6) 销售人员培训。

(7) 发布产品检验。

(8) 发布产品交付。

(9) 确定发布方式。

2. 产品发布策略

产品的发布时机,是由市场利润、开发进度、产品功能与质量、版本管理状态、客户可接受程度等多方面的因素决定的。

例如,微软"基于版本发布"的指导原则中的第一项内容,就是 Trade-of Decision,即"折中决定"。该决定的指导思想是:当产品的"可靠性"介于"最优"与"客户可以接受"两者之间时,就可以发布了。

微软"基于版本发布"的指导原则中的第二项内容,就是项目管理团队、开发团队和测试团队三方都签字确认终结产品的开发,冻结该产品的版本,该产品才能发布。

3. 产品发布方式

软件企业市场与销售中心要通过各种媒体进行产品发布,以扩大影响、吸引客户、占领市场。软件产品发布的方式有下面几种。

(1) 聘请有关领导、新闻媒体记者和各大客户代表,召开新闻发布会,宣布新产品的优点,描述其市场前景,现场演示,厂商给嘉宾和客人送产品资料。

(2) 在报纸、刊物、电视台、电台上做广告,宣传软件产品。

(3) 在各种交易会、展览会、博览会上租用摊位,展示软件产品。

9.3 维护软件

软件产品在投入生产性运行以后就进入软件维护阶段。软件维护阶段是软件生命期中时间最长、花费精力和财力最多的阶段。软件维护需要的人力、物力都非常大,虽然在不同应用领域维护成本差别很大,但是,平均说来,大型软件的维护成本高达开发成本的四倍左右。

软件维护就是在软件运行或维护阶段对软件产品所进行的修改。

9.3.1 软件维护类型

根据软件维护的性质,分为改正性维护、完善性维护、适应性维护和预防性维护。

1. 改正性维护

软件测试不可能找出软件中所有的错误。几乎在所有软件的使用过程中,用户都会发现错误,并把他们遇到的问题反馈给维护人员,然后由软件维护人员对错误进行诊断和改正。诊断和改正错误的过程称为改正性维护。这一类型的维护工作通常情况下占整个维护工作量的20%。

2. 完善性维护

用户在使用软件的过程中常常会提出一些新的功能或性能要求。为满足这些新的要求,增加软件功能、改善软件性能而进行的软件维护过程称为完善性维护。完善性维护占整个维护工作量的一半以上。

3. 适应性维护

随着计算机的发展,计算机硬件和软件环境、数据环境都在不断地发生变化,为了使软件适应新的环境而进行的软件修改过程称为适应性维护。适应性维护占整个维护工作量的20%左右。

4. 预防性维护

为提高软件的可维护性和可靠性,为以后进一步改进软件奠定良好的基础而对软件进行的修改称为预防性维护。这种维护活动在实践中比较少见,占整个维护工作量的不到5%。

另外还有其他维护活动,约占整个维护工作量的5%。

9.3.2 软件维护方式

1. 结构化维护

有些软件有完整的软件文档,软件维护工作就可以从分析软件设计文档入手,根据文档来确定整个软件重要的结构特点、接口特点以及性能特点,分析即将进行的修改工作可能带来的影响,并设计实施方式。然后修改设计、复查,根据设计的修改,进行程序的变动,使用测试文档中的测试用例进行回归测试,并将其结果与原来的测试结果进行比较,确保修改没有引入新的错误,最后将修改后的软件再次交付使用。这种软件维护方式称为结构化维护。

2. 非结构化维护

有的软件只有源程序,文档很少或没有文档,维护工作只能从阅读、理解、分析源程序入手。如果在源程序中对于软件结构、全程数据结构、系统接口、性能和设计约束等特点注释或说明不清楚,很多问题就难以搞清楚。由于常常误解一些问题,最终对源程序修改的后果是难以预料的。这种软件维护方式称为非结构化维护。

结构化维护与非结构化维护流程图如图 9-9 所示。

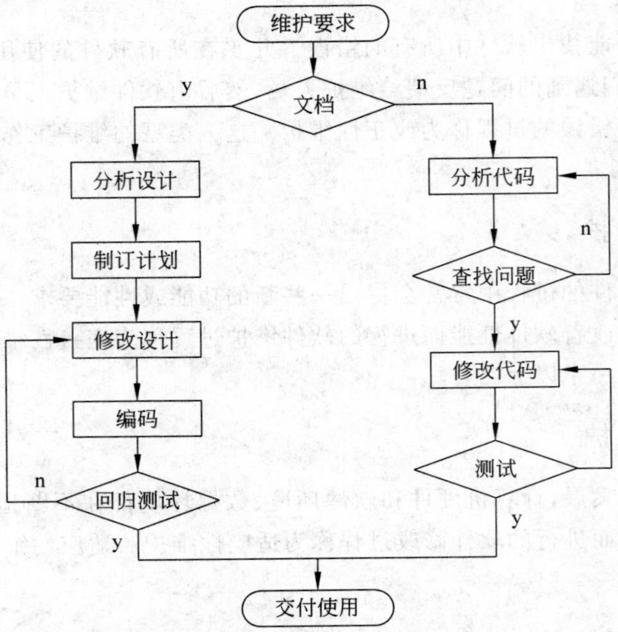

维护要求
文档
y
n
分析设计
制订计划
修改设计
编码
回归测试
分析代码
查找问题
修改代码
测试
交付使用

图 9-9　结构化维护与非结构化维护流程图

9.3.3　软件维护实施

为了更好地完成软件维护任务，软件开发机构需要成立一个正式或非正式的组织机构，申明提出维护申请报告的过程及评价的过程，为每一个维护申请规定标准的处理步骤，建立维护活动的记录保管制度，规定评价和复审的标准。

1. 成立组织机构

除了较大的软件开发公司外，通常并不需要成立一个正式的软件维护组织机构。但是在开发部门确立一个非正式的维护机构则是非常必要的。维护组织通常以维护小组的形式出现。维护小组由维护负责人、系统管理员、配置管理员和维护员等人组成。

维护申请提交给组长维护负责人，他把申请交给系统管理员去评价。一旦做出评价，由维护员确定如何进行修改。在修改程序的过程中，由配置管理员严格把关，控制修改的范围，对软件配置进行审计。

2. 维护文档

维护文档有软件维护申请报告和软件修改报告两种。

(1) 维护申请报告

维护申请报告或称软件问题报告，由申请维护的用户填写。用户必须完整地说明产生错误的情况，包括输入数据、错误清单以及其他有关材料。如果申请的是适应性维护或完善性维护，用户必须提出一份修改说明书，列出所有希望的修改。维护申请报告将由维护负责人和系统管理员来研究处理。

(2) 软件修改报告

维护组织机构对维护申请报告研究处理后相应地做出软件修改报告，指明：

① 所需修改变动的性质；

② 申请修改的优先级；

③ 满足维护要求表中提出的要求所需要的工作量；

④ 预计修改后的状况。

软件修改报告应提交维护负责人，经批准后才能开始进一步安排维护工作。

3. 维护的基本流程

首先确定更改要求，然后根据更改要求，判断维护类型。如果属于完善性维护或适应性维护，则先确定各个更改要求的优先次序，对于优先次序低的要求，把安排好的开发工作量列入计划；对于优先次序高的要求，开始问题分析，安排维护人员实施维护。对于改正性维护要先评价错误严重程度，如果错误不严重，安排改正性维护，列入计划；如果错误严重，在系统管理员指导下，分析问题，进行维护。软件维护的基本流程如图 9-10 所示。

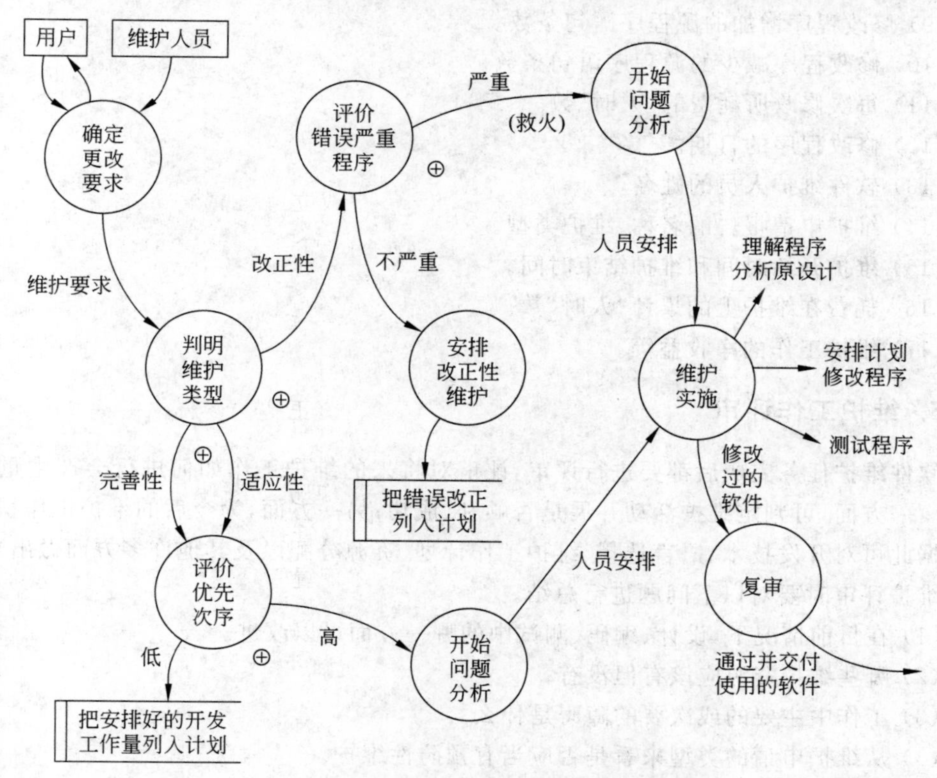

图 9-10 软件维护的基本流程

不管完善性、适应性还是改正性维护，都要进行相同的技术工作。包括修改软件需求说明、修改软件设计、设计评审、对源程序做必要的修改、单元测试、集成测试(回归测试)、确认测试、软件配置评审等。

当然，也有并不完全符合上述事件流的维护要求。例如，发生恶性的软件问题时，就出现所谓的“救火”维护要求。在这种情况下，需要立即把所有资源用来解决软件故障。

4. 保存维护记录

在软件维护过程中要记录一些与维护工作有关的数据信息，这些信息可作为评价软件维护的有效程度，确定软件产品的质量，确定维护的实际开销等工作的原始数据。

(1) 程序名称。

(2) 源程序语句条数。

(3) 机器代码指令条数。

(4) 所用的程序设计语言。

(5) 程序安装的日期。

(6) 程序安装后的运行次数。

(7) 与程序安装后运行次数有关的处理故障次数。

(8) 程序变动的层次及名称。

(9) 修改程序增加的源程序语句条数。

(10) 修改程序减少的源程序语句条数。

(11) 每次修改所耗费的“人时”数。

(12) 修改程序的日期。

(13) 软件维护人员的姓名。

(14) 维护申请报告的名称、维护类型。

(15) 维护开始时间和维护结束时间。

(16) 耗费在维护上的累计“人时”数。

(17) 维护工作的净收益等。

5. 维护工作评审

软件维护任务完成后都要进行评审，评审对将来的维护工作如何进行会产生重要的影响。一方面，可判定维护活动开展是否顺利、成功；另一方面，为今后的维护工作积累经验。据此可对开发技术、语言选择、维护工作计划、资源分配以及其他许多方面做出判定。软件维护评审时要对以下问题进行总结。

(1) 在目前情况下，设计、编码、测试中的哪一方面可以改进。

(2) 哪些维护资源应该有但没有。

(3) 工作中主要的或次要的障碍是什么。

(4) 从维护申请的类型来看是否应当有预防性维护。

具体的评价工作可从以下几个方面考虑。

(1) 每次程序运行的平均出错次数。

(2) 花费在每类维护活动上的总的“人时”数。

(3) 每个程序、每种语言、每种维护类型程序的平均修改次数。

(4) 维护工作中增加或删除每个源程序语句所花费的平均“人时”数。

(5) 用于每种语言的平均“人时”数。

(6) 维护申请报告的平均处理时间。

(7) 各类维护申请的百分比。

9.3.4　软件可维护性度量

所谓软件可维护性度量就是维护人员理解、改正和改进这个软件的难易程度。

1. 影响软件可维护性的因素

影响软件可维护性因素主要有可理解性、可测试性、可修改性和可移植性等。软件可维护性度量也就是对这些影响因素的度量。

(1) 可理解性

可理解性表现为维护人员理解软件的结构、接口、功能和内部过程的难易程度。影响软件可理解性的重要因素有：模块化、结构化设计、详细的设计文档资料、源代码内部文档、良好的程序设计语言等。

(2) 可测试性

可测试性是指证明程序正确性的容易程度。在设计开发阶段应该注意尽量把软件设计成容易测试和容易诊断的，可用的测试工具和调试工具对测试和诊断非常重要。

(3) 可修改性

可修改性是指程序容易修改的程度。一个可修改的程序应当是可理解的、通用的、灵活的和简单的。软件的可修改程度与软件设计阶段采用的原则和策略是直接相关的。如：模块的耦合、内聚、控制范围和作用范围、局部化程度都直接影响软件的可修改性。

(4) 可移植性

软件可移植性是指把程序从一种计算环境(硬件配置和操作系统)转移到另一种计算环境的难易程度。一个可移植的程序应具有结构良好、灵活、不依赖于某一具体计算机或操作系统的性能。可移植性度量的检查项目如下。

① 是否是用高级的独立于机器的语言来编写程序。

② 是否使用广泛使用的标准化的程序设计语言来编写程序，是否仅使用了这种语言的标准版本和特性。

③ 程序中是否使用了标准的普遍使用的库功能和子程序。

④ 程序中是否极少使用或根本不使用操作系统的功能。

⑤ 程序在执行之前是否初始化内存。

⑥ 程序在执行之前是否测定当前的输入/输出设备。

⑦ 程序是否把与机器相关的语句分离了出来，集中放在了一些单独的程序模块中，并有说明文件。

⑧ 程序是否结构化，并允许在小一些的计算机上分段(覆盖)运行。

⑨ 程序中是否避免了依赖于字母数字或特殊字符的内部位表示。

⑩ 程序是否避免了非标准的函数或子程序的调用。

⑪ 在几条分支结构中，是否最有可能为"真"的分支首先得到测试。

⑫ 在复杂的逻辑条件中，是否最有可能为"真"的表达式首先得到测试。

决定软件可维护性的最终因素是软件设计阶段所采用的方法，以及软件文档资料的好坏。提高软件的可维护性是软件工程的一个重要目标。

2. 影响软件维护工作量的因素

(1) 系统大小。系统越大，功能越复杂，理解掌握起来就越困难，需要的维护工作量越大。

(2) 程序设计语言。使用功能强的程序设计语言可以控制程序的规模。语言的功能越强，生成程序所需的指令数就越少；语言的功能越弱，实现同样功能所需的语句就越多，程序就越大，维护起来就越困难。

(3) 系统年龄。老系统比新系统需要更多的维护工作量。许多老系统在当初并未按照软件工程的要求进行开发，没有文档或文档太少，或者在长期的维护中许多地方与程序不一致，维护起来困难较大。

(4) 数据库技术的应用。使用数据库工具，可有效地管理和存储用户程序中的数据，可方便地修改、扩充报表。数据库技术的使用可以减少维护工作量。

(5) 先进的软件开发技术。在软件开发时，如果使用能使软件结构比较稳定的分析与设计技术(如面向对象分析、设计技术)，可以减少一定的工作量。

(6) 其他。如应用的类型、数学模型、任务的难度、IF嵌套深度等都会对维护工作量产生一定的影响。

3. 提高可维护性的方法

(1) 建立明确的软件质量目标。

(2) 使用提高软件质量的技术和工具。

(3) 进行明确的质量保证审查。

(4) 选择可维护的程序设计语言。

(5) 改进程序的文档。

9.3.5 软件维护的副作用

所谓副作用是指因修改软件而造成的错误或其他不希望发生的情况。

在软件维护时，必然会对源程序进行修改。软件修改是一项很危险的工作，对一个复杂的逻辑过程，哪怕做一项微小的改动，都可能引入潜在的错误。虽然设计文档化和细致的回归测试有助于排除错误，但是维护还是会产生副作用。副作用大致可以分三类。

1. 编码副作用

在使用程序设计语言修改源代码时可能引入错误。如删除或修改子程序、语句标号、标识符、操作符,改变程序代码的时序关系、程序的执行效率、程序占用存储的大小等,都很容易引入新的错误,应当特别谨慎。

2. 数据副作用

在修改数据结构时,有可能造成软件设计与数据结构不匹配,从而导致软件错误。数据副作用就是修改软件信息结构引起的。容易引起数据副作用的修改有重新定义全局或局部常量、重新定义记录或文件格式、重新初始化控制标志或指针等、重新排列输入/输出或子程序参数表等,都容易产生设计与数据不相容的错误,可通过详细设计文档对数据副作用加以控制,在文档中描述一种交叉引用表,把数据元素、记录、文件和其他结构联系起来。

3. 文档副作用

对数据流、软件结构、逻辑模块等进行修改时,必须对相关技术文档进行修改,否则会导致文档与程序功能不匹配,使文档不能反映软件当前的状态。因此必须在软件交付之前对整个软件配置进行评审,以减少文档的副作用。

9.4 软件重用

软件重用也称为软件再用或软件复用,是指将已有的软件成分不作修改或稍加修改后重复使用。可重用的软件成分,也称为可重用构件,它包括软件生产过程中任何活动所产生的制成品的重用,如项目计划、成本估计、体系结构、需求定义、设计、源程序、用户界面和测试用例等。

可重用的软件成分既可以从旧软件中提取,也可以专门为重用而开发。软件重用的目的是提高软件系统的开发质量与效率,降低开发成本的目的。

9.4.1 软件重用的优点与级别

1. 软件重用的优点

(1) 提高软件生产率,降低开发代价

生产率的提高不仅体现在代码开发阶段,在分析、设计及测试阶段同样可以利用复用来节省开销。

(2) 提高软件质量

因为可复用构件经过了高度优化,并且在实践中经受过检验,因此使用可复用的构件构造系统还可以提高系统的性能和可靠性。

(3) 减少维护代价

由于使用经过检验的构件,减少了可能的错误,同时软件中需要维护的部分也减少了。大量使用可重用的软件构件来开发软件,提高软件的可维护性。

(4) 互操作性好

软件复用提高了系统间的互操作性。通过使用接口的同一个实现,系统将更为有效地实现与其他系统之间的互操作。

(5) 支持原型开发

利用可复用构件库可以快速有效地构造出应用程序的原型,以获得用户对系统功能的反馈。

2. 软件重用的级别

按抽象程度高低由低到高如下排列。

(1) 代码的重用。

(2) 设计结果的重用。设计结果重用指的是重用某个软件的设计模型(即求解域模型)。这个级别的重用有助于把一个应用系统移植到完全不同的软/硬件平台上。

(3) 分析结果的重用。这是一种更高级别的重用,即重用某个系统的分析模型。这种重用特别适用于用户需求未改变,但系统体系结构发生了根本变化的场合。可能被重用的软件成分主要有项目计划、成本估计、体系结构、需求模型和规格说明、设计、源代码、用户文档和技术文档、用户界面数据和测试用例。

(4) 测试信息的重用。重用级别越高,可得到的回报也越大,因此分析软件和设计软件的重用备受重视。

9.4.2 软件构件标准规范、组织和检索

1. 软件构件标准规范

为了开发可重用的软件构件,应该考虑下述的一系列关键问题。

- 标准数据结构。所有构件都使用标准的数据结构。
- 标准接口协议。
- 程序模板。

可重用的构件应具有模块独立性强,具体高度可塑性,接口清晰、简明、可靠的特点。

随着构件技术的发展,出现了多种构件模型或构件的实现标准。目前主流构件标准规范有 OMG 的 CORBA、Microsoft 的 COM/DCOM/COM+和 Sun 的 Java Beans/EJB。

(1) OMG 的 CORBA

CORBA(Common Object Request Broker Architecture,公共对象请求代理架构)是 OMG(Object Management Group,对象管理组织)制定的一个用于开发和配置分布式应用的服务器端构件模型规范,主要包括如下三项内容。

① 抽象构件模型，用以描述服务器端构件结构及构件间互操作的结构。

② 构件容器结构，用以提供通用的构件运行和管理环境，并支持对安全、事务、持久状态等系统服务的集成。

③ 构件的配置和打包规范，CCM(CORBA Component Model)使用打包技术来管理构件的二进制、多语言版本的可执行代码和配置信息，并制定了构件包的具体内容和基于XML 的文档内容标准。

CORBA 的特点是大而全，互操作性和开放性非常好。但它庞大而复杂，并且技术和标准的更新相对较慢。

(2) Microsoft 的 COM/DCOM/COM+

COM(Component Object Model)是微软公司提出的构件组装框架的标准以及实现。它允许开发者利用 COM 通信机制来组装不同开发商提供的可重用构件以建造软件系统。COM 定义了一个应用程序编程接口(API)，该接口允许创建构件以及构件之间的互操作。但是，为了进行互操作，所有构件必须遵守微软给出的一个二进制结构标准。如果构件遵守这一标准，那么用不同语言开发的构件就能够进行互操作。

COM 具有以下特点：构件间的互操作基于指针，依赖于操作系统的 API；对 Windows 的依赖性强，对其他操作系统的支持相对不足；构件运行环境的提供者仅限于微软公司，但支持 COM 标准的开发工具比较多(例如，VC++、VB 等)。

DCOM 是 COM 的扩充，它允许基于网络的构件互操作。DCOM 允许进程在网络上进行分布。在 DCOM 的帮助下，不同平台上的构件可以互操作。

COM+并不是 COM 的新版本，我们可以把它理解为 COM 的新发展，或者为 COM 更高层次上的应用。COM+的底层结构仍然以 COM 为基础，它几乎包容了 COM 的所有内容。COM+不再局限于 COM 的组件技术，它更加注重于分布式网络应用的设计和实现，已经成为 Microsoft 系统平台策略和软件发展策略的一部分。COM+继承了 COM 几乎全部的优势，同时又避免了 COM 实现方面的一些不足。COM+紧紧地与操作系统结合起来，通过系统服务为应用程序提供全面的服务。

对象连接与嵌入(OLE)是 COM 的一部分，其定义了可重用构件的标准结构。Java Beans 标准比较简洁、完备。Java Beans 具有下述特点。

(3) Sun 的 Java Beans/EJB

Java Beans 是一种在 Java(包括 JSP)中使用可重复使用的 Java 构件的技术规范。Java Beans 具有构件模型比较完备；仅支持 Java 语言；构件运行环境主要由 Sun 公司提供，其他厂商也可提供运行环境工具较多(例如，Visual Cafe，Visual Age for Java 等)的特点。

EJB 是 Sun 推出的基于 Java 的服务器端构件规范 J2EE 的一部分，Sun EJB 技术是在 Java Beans 本地构件基础上发展的面向服务器端分布应用构件技术。EJB 给出了系统的服务器端分布构件规范，这包括了构件、构件容器的接口规范以及构件打包、构件配置等的标准规范内容。

2. 软件构件的组织

对收集和开发的软件构件进行分类，并放入可复用构件库的适当位置。可复用构件库组织应当便于存储和检索，要求如下。

(1) 支持构件库的各种维护操作。增、删、更新构件库的操作应当不影响构件库的结构。

(2) 不仅能支持精确匹配，还应支持相似构件的查询。

(3) 不仅能进行简单的语法匹配，而且能查找在功能、行为上等价或相似的构件。

(4) 对应用领域(族)有较强的描述能力和较好的描述精确度。

(5) 便于构件库管理员和用户的使用。

(6) 具备自动化的潜力。

可重用构件库的组织方法有枚举分类法、关键词分类法、多面分类法、超文本组织法、模型法等。

3. 软件构件的描述和检索

(1) 描述可重用的构件

可以用很多种方式描述可重用的软件构件，但是一种理想的描述方式是3C模型——概念(Concept)、内容(Content)和语境(Context)。

软件构件的"概念"是对构件做什么的描述，应该完整地描述构件的接口，并在前置条件和后置条件的语境中标识构件的语义。

构件的"内容"描述实现概念的方法。

"语境"把可重用的软件构件置于其应用领域中，也就是说，通过指定概念的、操作的和实现的特征，语境使得软件工程师能够找到适当的构件以满足应用需求。

(2) 重用环境

软件构件重用必须由相应的环境来支持，环境应包含下述元素。

① 软件构件库。用于存储软件构件和检索构件所需要的分类信息。

② 软件构件库管理系统。用于管理对构件库的访问。

③ 软件构件检索系统。用户应用系统通过它可以检索构件和服务。

④ CASE工具。帮助用户把重用的构件集成到新设计或实现中。

9.4.3 基于构件的软件开发过程

当重用在应用系统开发中占据主导地位时，就把这样的开发方法称为基于构件的开发或构件软件。领域工程为基于构件的开发提供了所需要的可重用构件库，这些可重用的构件中的一部分是内部开发的，另一部分是从现有的应用系统中抽取出来的，还有一部分是从第三方获取的。

1. 分析与设计

当开发一个新软件时，应该对描述需求的分析模型进行分析，以发现模型中那些指向现有的可重用的软件成分的元素。因此，应该使用能够导致“规格说明匹配”的方式从需求模型中抽取信息。

2. 构件选取

构件选取即用户根据已有软件制品的分析，寻找、比较和选择最适合需要的构件。

3. 构件鉴定

构件的鉴定是对打算用于软件开发的构件能否满足应用的需要，达到应用所需要的性能、可靠性、质量的保证进行相应的考察。

4. 构件的调整

通常在将构件重用到应用中时，构件需要进行必要的调整和修改才能适应应用的需要。

5. 构件组装

构件组装是将经过鉴定和调整以后的构件组装到应用系统中。

9.4.4 面向对象软件重用技术

利用面向对象技术，可以比较方便、有效地实现软件重用。面向对象技术中的“类”是较理想的可复用构件，称为类构件，相应地我们将面向对象的可复用构件库称为可复用类库（简称类库）。

1. 类构件的重用方式

(1) 实例重用

由于类的封装性，使用者无须了解实现细节，就可以使用适当的构造函数按照需要创建类的实例。再向创建的实例发送适当的消息，启动相应的服务。这是最基本的实例重用方式。

此外还可以用几个简单的对象作为类的成员，创建出一个更复杂的类，这是另一种实例重用的方式。

(2) 继承重用

面向对象方法特有的继承性，提供了一种对已有的类构件进行裁剪的机制。当已有的类构件不能通过实例重用完全满足当前系统需求时，继承重用提供了一种安全地修改已有类构件的手段，以便在当前系统中重用。

(3) 多态重用

利用多态性不仅可以使对象的对外接口更加一般化(基类与派出类的许多对外接口是相同的),从而降低了消息连接的复杂程度,而且还提供了一种简便可靠的构件组合机制,系统运行时,根据接收消息的对象类型,有多态机制启动正确的方法,去响应一个一般化的消息,从而简化了消息界面和构件的连接过程。

2. 类库

(1) 类库的构造

可重用基类的建立取决于领域分析阶段对当前应用(族)中有一般适用性的对象和类的标识,类库的组织方式采用类的继承层次结构,这种结构与现实问题空间的实体继承关系有某种自然、直接的对应。同时,类库的文档以超文本方式组织,每个类的说明文档中都可以包含指向其他说明文档的关键词节点的链接指针。

(2) 类库的检索

一般地,类库的组织方式直接决定对类库的检索方式。常用的类库检索方法是对类库中类的继承层次结构进行树形浏览,以及进行基于类库文档的超文本检索。

需要强调的是,对类库检索时并不要求待实现的类与类库中的基类完全相同或极其相似,只希望待实现的类与基类之间存在某种自然的继承关系,或基类能够提供属性、操作供待实现的子类选用。

(3) 类的合成

如果从类库中检索出来的基类能够完全满足新软件项目的需求,则可以直接重用,否则必须以类库中的基类为父类,采用构造法或子类法派生出子类。

构造法为了在子类中使用类库中基类的属性和操作,可以考虑在子类中引进基类的实例作为子类的实例变量,然后在子类中通过实例变量来复用基类的属性或操作。构造法用到面向对象方法的封装特性。

子类法与构造法完全不同,子类法把新子类直接说明为类库中基类的子类,通过继承、修改基类的属性和操作来完成新子类的定义。子类法利用了面向对象方法的封装特性和继承特性。

9.5 习 题

1. 填空题

(1) 根据软件维护的性质,可将软件维护分为________、________、________和________四种。

(2) 影响软件可维护性因素主要有________、________、________和________等。

(3) 影响软件维护工作量的因素有________、________、________、________、________、________。

（4）类构件的重用方式有________、________和________三种。

2．简答题

（1）软件产品发布前的准备工作有哪些？

（2）简述软件维护基本流程。

（3）简述基于构件的软件开发过程。

（4）提高软件可维护的方法有哪些？

（5）软件维护的副作用有哪些？

（6）软件重用级别有哪些？

3．操作题

（1）完成代码编写工作，生成项目发布文件。

（2）编写目标软件系统用户手册，以项目组为单位提交。参考《计算机软件文档编制规范》(GB/T 8567—2006)中的"用户手册"的编写提示。

4．名称解释

改正性维护，完善性维护，适应性维护，预防性维护，软件重用。

任务 10　软件项目管理

- 能力目标
  - ➢ 能够根据项目特点选择适当的技术估算软件规模。
  - ➢ 能够估算软件开发工作量。
  - ➢ 能够制订详细的软件开发进度表。
  - ➢ 能够制订初步的软件项目管理计划。
- 知识目标
  - ➢ 掌握估算软件规模的常用技术。
  - ➢ 掌握估算工作量的常用模型。
  - ➢ 掌握软件配置管理的任务。
  - ➢ 掌握软件质量保证措施。
  - ➢ 掌握软件生命周期各个阶段应该编写的文档种类。

任务导入

软件项目管理是在20世纪70年代提出的。国外项目管理研究小组Standish经过调查发现,软件项目中的约30%的项目被取消;约75%的项目延时完成;约61%的项目不能达到预期的功能和特性;平均每个项目超过预算成本率189%,平均项目完成超时的可能性为222%。美国国防部专门研究了软件开发不能按时提交、预算超支和质量达不到用户要求的原因,结果发现70%的项目是因为管理不善引起的,而非技术原因。项目管理是影响软件研发项目的全局因素,而技术只影响局部。根据美国软件工程实施现状的调查,大约只有10%的项目能够在预定的费用和进度下交付。

软件项目管理和其他的项目管理相比有相当的特殊性。首先,软件是纯知识产品,其开发进度和质量很难估计和度量,生产效率也难以预测和保证。其次,软件的复杂性也导致了开发过程中各种风险的难以预见和控制。

软件项目失败的主要原因有:需求不明确,计划不充分,工作量评估与实际值差距较大,管理无力,组织不当,使用新技术,缺乏有效的沟通等。在关系到软件项目成功与否的众多因素中,项目计划、工作量估计、进度控制、需求变化和风险管理等都是与项目管理直接相关的因素。由此可见,软件项目管理的意义至关重要。

随着软件开发规模和开发队伍越来越庞大,软件项目管理日益受到人们重视,各软件企业都在积极将软件项目管理引入开发活动中,对开发实行有效的管理。

任 务 清 单

（1）估算软件规模和软件开发工作量。
（2）进度管理和人员组织。
（3）软件质量保证措施。
（4）软件配置管理。
（5）制订软件项目管理计划。

10.1　软件项目管理概述

软件项目管理就是为了使软件项目能够按照预定的成本、进度、质量顺利完成，而对成本、人员、进度、质量、风险等进行分析和管理的活动。软件项目管理的对象是软件工程项目。项目管理贯穿于整个项目开发的始终。

软件项目管理的内容主要包括如下几个方面：人员的组织与管理，软件度量，软件项目计划，风险管理，软件质量保证，软件过程能力评估，软件配置管理等。

1. 软件项目管理的主要任务

（1）制订项目实施计划。
（2）对人员进行组织、分工。
（3）按照计划的进度，以及成本管理、质量管理的要求，进行软件开发。
（4）最终完成软件项目规定的各项任务。

2. 项目管理的原则

（1）用分阶段的生命周期计划严格管理。
（2）坚持进行阶段评审。
（3）实行严格的产品控制。
（4）采用现代程序设计技术。
（5）结果应能清楚地审查。
（6）开发小组的人员应该少而精。
（7）承认不断改进软件工程实践的必要性。

3. 衡量项目成功的主要指标

（1）以较低的成本开发出软件。
（2）软件具备所有要求的功能。
（3）软件的性能较好。

(4) 开发的软件易于移植。

(5) 软件在使用中仅需较低的维护费用。

(6) 能按时完成开发工作,及时交付使用。

10.2 估算软件规模

软件项目管理过程从一组项目计划活动开始,而第一项计划活动就是"估算"。由于估算是所有其他项目计划活动的基础,而项目计划为软件工程指出了通往成功的道路,因此,必须充分重视估算活动。

工作量估算和完成期限估算是项目计划的基础。为了估算软件项目的工作量和完成期限,首先需要度量软件的规模。下面介绍两种常用的估算软件规模的方法。

10.2.1 代码行技术

代码行技术是比较简单的定量估算软件规模的方法。这种方法根据过去开发类似软件产品的经验和历史数据,估计实现一个功能需要的源程序行数。把实现每个功能需要的源程序行数累加起来,就可得到实现整个软件需要的源程序行数。

为了使得对程序规模的估计值尽可能接近实际值,可以由多位有经验的软件工程师分别独立地做出估计。每个人都估计程序的最小规模(a)、最大规模(b)和最可能的规模(m),分别算出这三种规模的平均值,然后再用下式计算程序规模的估计值:

$$L = \frac{\bar{a} + 4\bar{m} + \bar{b}}{6}$$

用代码行技术估算软件规模时,当程序较小时常用的单位是代码行数(LOC),当程序较大时常用的单位是千行代码数(KLOC)。

1. 代码行技术的优点

(1) 代码行是所有软件开发项目都有的"产品",而且很容易计算。

(2) 许多现有的软件估算模型使用LOC或KLOC作为关键的输入数据。

(3) 已有大量基于代码行的文献和数据存在。

2. 代码行技术的缺点

(1) 源程序仅是软件配置的一个成分,用它的规模代表整个软件的规模似乎不太合理。

(2) 用不同语言实现同一个软件产品所需要的代码行数并不相同。

(3) 这种方法不适用于非过程语言。

10.2.2 功能点技术

功能点技术依据对软件信息域特性和软件复杂性的评估结果，估算软件规模。这种方法用功能点(FP)为单位，度量软件的规模。

1. 信息域特性

功能点技术定义了信息域的5个特性，分别是输入项数(Inp)、输出项数(Out)、查询数(Inq)、主文件数(Maf)和外部接口数(Inf)。

2. 估算功能点的步骤

用下述三个步骤，可以估算出一个软件的功能点数(即软件规模)。

(1) 计算未调整的功能点数 UFP

首先，把产品信息域的每个特性(即Inp、Out、Inq、Maf和Inf)都分类成简单级、平均级或复杂级。根据其等级，为每个特性都分配一个功能点数，例如，一个平均级的输入项分配4个功能点，一个简单级的输入项是3个功能点，而一个复杂级的输入项分配6个功能点。然后，用下式计算未调整的功能点数UFP。

$$\text{UFP} = a_1 \times \text{Inp} + a_2 \times \text{Out} + a_3 \times \text{Inq} + a_4 \times \text{Maf} + a_5 \times \text{Inf}$$

其中，$a_i(1 \leqslant i \leqslant 5)$是信息域特性系数，其值由相应特性的复杂级别决定，如表10-1所示。

表 10-1 信息域特性系数值

特性系数 \ 复杂级别	简单	平均	复杂
输入系数 a_1	3	4	6
输出系数 a_2	4	5	7
查询系数 a_3	3	4	6
文件系数 a_4	7	10	15
接口系数 a_5	5	7	10

(2) 计算技术复杂性因子 TCF

这一步将度量14种技术因素对软件规模的影响程度。这些因素包括高处理率、性能标准(例如，响应时间)、联机更新等，在表10-2中列出了全部技术因素，并用$F_i(1 \leqslant i \leqslant 14)$代表这些因素。根据软件特点，为每个因素分配一个从0(不存在或对软件规模无影响)到5(有很大影响)的值。然后，用下式计算技术因素对软件规模的综合影响程度DI：

$$\text{DI} = \sum_{i=1}^{14} F_i$$

技术复杂性因子TCF由下式计算：

$$\text{TCF} = 0.65 + 0.01 \times \text{DI}$$

因为DI的值在0～70之间，所以TCF的值在0.65～1.35之间。

表 10-2　技术因素

序号	F_i	技术因素
1	F_1	数据通信
2	F_2	分布式数据处理
3	F_3	性能标准
4	F_4	高负荷硬件
5	F_5	高处理率
6	F_6	联机数据输入
7	F_7	终端用户效率
8	F_8	联机更新
9	F_9	复杂计算
10	F_{10}	可重用性
11	F_{11}	安装方便
12	F_{12}	操作方便
13	F_{13}	可移植性
14	F_{14}	可维护性

(3) 计算功能点数FP

功能点数FP由下式计算：

$$FP = UFP \times TCF$$

功能点数与所用的编程语言无关，因此，功能点技术比代码行技术更合理一些。但是，在判断信息域特性复杂级别及技术因素的影响程度时，存在相当大的主观因素。

10.3　使用COCOMO 2模型估算软件开发工作量

软件开发工作量估算是有效进行项目管理必不可少的过程，在软件开发项目管理中占据重要的地位，估算的工作量数据可以作为项目计划制订和项目跟踪监控的基础。但工作量估算是一个复杂的系统工程，经常出现估算结果与实际情况相差甚远的现象。如果没有比较精确的软件工作量估算，就可能导致开发工作处于失控状态，不仅可能导致软件开发成本的上升，开发周期的延长，而且还可能使得项目管理失效，最终导致项目失败。

软件开发工作量估算是依据软件估算模型进行估算的。估算模型通常使用由经验数据导出的公式来预测软件开发的工作量。支持大多数估算模型的经验数据，都是从有限的一些项目样本中总结出来的，因此，没有一个估算模型能够适用于所有类型的软件和开发环境。典型的软件估算模型有静态单变量模型、动态多变量模型和COCOMO 2模型三类。下面介绍使用最广泛的COCOMO 2模型。

软件开发工作量是软件规模的函数，工作量的单位通常是人/月(pm)。

COCOMO 2 模型是 Barry Boehm 于 1981 年提出的构造性成本模型 COCOMO (COnstructive COst MOdel)的修订版，它是一种层次结构的软件估算模型。COCOMO 2 模型分三个层次，分别是应用系统组成模型、早期设计模型和后体系结构模型。

(1) 应用系统组成模型。主要用于估算构建原型的工作量，模型名字暗示在构建原型时大量使用现有的构件。

(2) 早期设计模型。适用于体系结构设计阶段。

(3) 后体系结构模型。适用于软件产品的实际开发阶段。

这三个层次的模型在估算工作量时，对软件细节考虑的详尽程度逐级增加，既可以用于不同类型的项目，也可以用于同一个项目的不同开发阶段。

COCOMO 2 模型把软件开发工作量表示成代码行数(KLOC)的非线性函数，如下式所示。

$$E = a \times \mathrm{KLOC}^b \times \prod_{i=1}^{17} f_i$$

其中，E 是开发工作量(以人月为单位)，a 是模型系数，KLOC 是估计的源代码行数(以千行为单位)，b 是模型指数，$f_i(i=1\sim17)$是成本因素。

每个成本因素都根据它的重要程度和对工作量影响大小赋予一定数值(称为工作量系数)。这些成本因素对任何一个项目的开发工作量都有影响，应该重视这些因素。Boehm 把成本因素划分成产品因素、平台因素、人员因素和项目因素四类。影响软件开发成本的工作量系数如表 10-3 所示。

表 10-3 影响软件开发成本的工作量系数

类 型	成本因素	系 数					
		非常低	低	正常	高	非常高	特高
产品因素	可靠性	0.75	0.88	1.00	1.15	1.39	
	数据库规模		0.93	1.00	1.09	1.19	
	产品复杂性	0.75	0.88	1.00	1.15	1.30	1.66
	要求的可重用性		0.91	1.00	1.14	1.29	1.49
	需要的文档量	0.89	0.95	1.00	1.06	1.13	
平台因素	执行时间约束			1.00	1.11	1.31	1.67
	存储约束			1.00	1.06	1.21	1.57
	平台变动		0.87	1.00	1.15	1.30	
人员因素	分析员能力	1.50	1.22	1.00	0.83	0.67	
	应用领域经验	1.22	1.10	1.00	0.89	0.81	
	程序员能力	1.37	1.16	1.00	0.87	0.74	
	平台经验	1.24	1.10	1.00	0.92	0.84	
	语言和工具经验	1.25	1.12	1.00	0.88	0.81	
	人员连续性	1.24	1.10	1.00	0.92	0.84	
项目因素	使用软件工具	1.24	1.12	1.00	0.86	0.72	
	多地点开发	1.25	1.10	1.00	0.92	0.84	0.87
	开发进度约束	1.29	1.10	1.00	1.00	1.00	

模型系数 a 的典型值为3.0，应该根据历史经验数据确定一个适合本组织所开发的项目类型的数值。

为了确定模型指数 b 的数值，COCOMO 2模型使用5个分级因素 W_i（$1 \leqslant i \leqslant 5$），其中每一个因素都划分成从非常低(5)到特高(0)的6个级别。然后用下式计算 b 的值。

$$b = 1.01 + 0.01 \times \sum_{i=1}^{5} W_i$$

因此，b 的取值范围为1.01～1.26。

10.4 进度管理

在软件开发项目管理过程中，项目的计划和控制是决定项目能否顺利实施的关键内容，进度控制管理是软件开发项目管理的核心内容，它直接决定着开发团队的生存质量。

项目管理者的目标是定义全部项目任务，识别出关键任务，跟踪关键任务的进展状况，以保证能及时发现拖延进度的情况。为了做到这一点，管理者必须制订一个足够详细的进度表，以便监督项目进度，并控制整个项目。

软件项目的进度安排是一项活动，它通过把工作量分配给特定的软件工程任务，并规定完成各项任务的起、止日期，从而将估算的工作量分布于计划好的项目持续期内。

10.4.1 估算开发时间

通常，估算模型也同时为我们提供估算开发时间 T 的方程。使用COCOMO 2模型估算开发时间的公式如下。

$$T = 3.0E^{0.33+0.2\times(b-1.01)}$$

其中，E 为开发工作量（以人月为单位），T 为开发时间（以月为单位）。

用上式计算出的 T 值，代表正常开发时间。有时，客户往往希望缩短软件的开发时间，为了缩短开发时间应该增加从事开发工作的人数。

但是，经验告诉我们，随着开发小组规模增大，个人的生产率将下降。出现这种现象主要原因有两个。

(1) 当小组变得更大时，每个人需要用更多时间与组内其他成员讨论问题、协调工作，因此，通信开销增加了。

(2) 如果在开发过程中增加小组人员，则最初一段时间内项目组总生产率不仅不会提高反而会下降。这是因为开始时新成员还不是生产力，而且在他们学习期间还需要花费小组其他成员的时间。

因此，存在被称为Brooks规律的下述现象：向一个已经延期的项目增加人力，只会使得它更加延期。进度和人数之间是不存在线性关系的，增加的人手会导致更多的沟通问题，最后导致进度会更加延迟。

10.4.2 进度控制

很少的进度计划能够在没有问题和延迟的情况下完成。导致计划“延迟”，不能按时完成的原因可能有：所定期限不现实；客户需求发生变化；工作量或资源估计不足；风险考虑不周；事先无法预计的技术困难；事先无法预计的人力困难；项目成员交流不畅；管理不善，未发现进度拖后，等等。项目经理必须随时根据项目的目标、进度安排以及成本花销对项目的进度进行监控和报告，并做出适当的计划调整。

1. 进度控制原则

(1) 明确的任务划分。项目工作必须被划分成若干可以管理的活动和任务，保证每个任务的独立性和完整性。

(2) 严谨的工作流程。任务之间的顺序必须是确定的，注重顺序进行和并行进行两种方式。

(3) 合理的工作量分配。为每个任务指定开始和结束日期，每个项目都有预定数量的人员参与，必须注意工作总量和个人能力上限。

(4) 明确的责任和结果定义。每个任务都应有特定的负责人，每个任务都应该有一个明确的质量目标。

(5) 里程碑定义与实施。一个里程碑意味着一个阶段的完成，定期的总结和提交会保证项目质量，合理的里程碑能够调节团队的节奏。

2. 分配工作量

工作量分配的一般原则为：可行性研究占总工作量的2%～3%，需求分析占总工作量的10%～25%，软件设计占工作量的20%～25%，编码工作占总工作量的15%～20%，测试和调试工作占总工作量的30%～40%，如表10-4所示。

表10-4 软件开发工作量分配表

软件开发阶段	工作量	软件开发阶段	工作量
可行性研究	2%～3%	编码	15%～20%
需求分析	10%～25%	测试和调试	30%～40%
软件设计	20%～25%		

3. 进度控制方法

为监控软件项目的进度计划和工作的实际进展情况，为表现各项任务之间进度的相互依赖关系，需要采用图示的方法。

用图来表示进度计划和实际进展情况时，图中必须明确标明以下信息。

(1) 各个任务计划的开始时间和完成时间。

(2) 各个任务完成的标志(即文档编写和评审)。

(3) 各个任务与参与工作的人数,各个任务与工作量之间的衔接情况。

(4) 完成各个任务所需的物理资源和数据资源。

10.4.3 甘特图

甘特图(Gantt)又称横道图或条形图,是历史悠久、应用广泛的进度计划工具。它能形象地描绘任务分解情况,以及每个子任务(作业)的开始时间和结束时间,因此是进度管理的有力工具。不足之处在于不能表达出各任务之间复杂的逻辑关系。甘特图大多用于小型项目。

甘特图是用水平线段表示任务的工作阶段。线段的起点和终点分别对应着任务的开始时间和完成时间;线段的长度表示完成任务所需的时间。甘特图示例如图 10-1 所示。

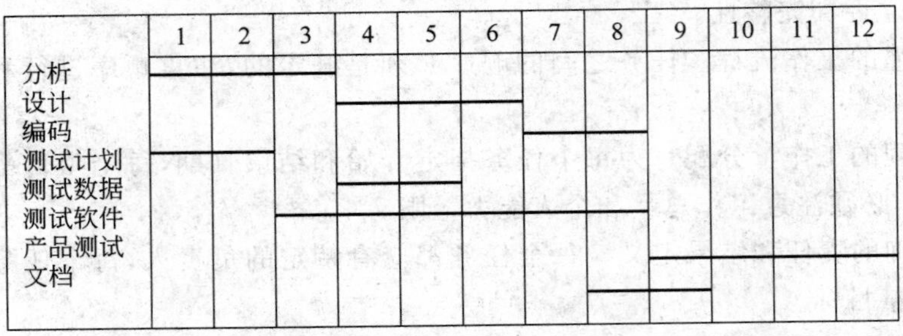

1 2 3 4 5 6 7 8 9 10 11 12

分析
设计
编码
测试计划
测试数据
测试软件
产品测试
文档

图 10-1 甘特图示例

10.4.4 工程网络图

当把一个工程项目分解成许多子任务,并且它们彼此间的依赖关系又比较复杂时,仅用甘特图作为安排进度的工具是不够的,不仅难于做出既节省资源又保证进度的计划,而且还容易发生差错。

工程网络图(PERT)是制订进度计划时另一种常用的图形工具,它同样能描绘任务分解情况以及每项作业的开始时间和结束时间,此外,它还显式地描绘各个作业彼此间的依赖关系。因此,工程网络是系统分析和系统设计强有力的工具。

在工程网络图中每个圆圈表示一项开发活动及持续时间,圆括号内是起止日期,箭头表示活动顺序。某软件项目工程网络图示例如图 10-2 所示。

当调整软件项目进度时,首先在工程网络图中找出关键路径,即决定项目开发时间的任务链,然后通过调节关键路径上的某些任务,控制整个进度。在关键路径上的各个任务都是时间余量为零的关键任务,不能有任何时间延误。在图中有几项任务的起止日期相同,这些任务定义了关键路径。例如,图 10-2 所示某软件项目调整进度后的工程网络图如图 10-3 所示。其中粗线箭头指示的是关键路径。

软件工程项目的管理人员应该密切注视关键开发活动的进展情况,如果关键活动出现的时间比预计的时间晚,则会使最终完成项目的时间拖后;如果希望缩短工期,只有往

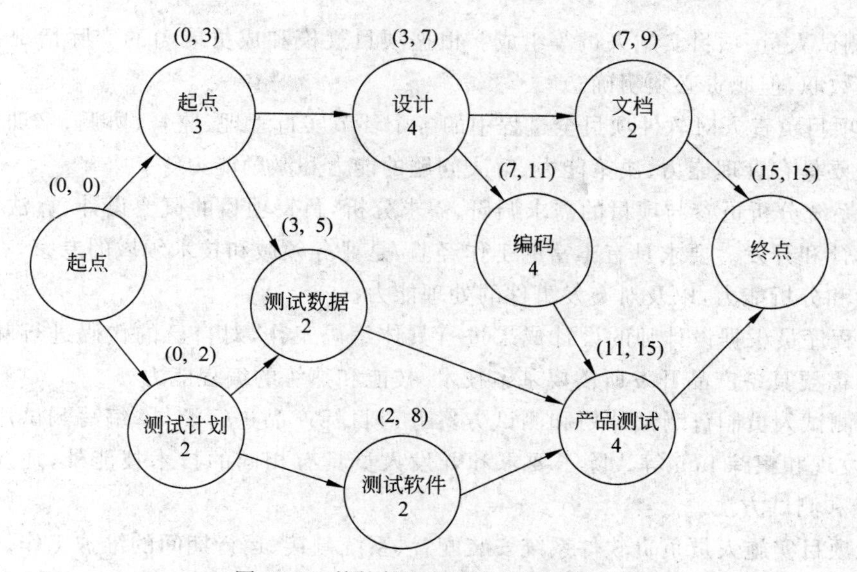

图 10-2 某软件项目工程网络图示例

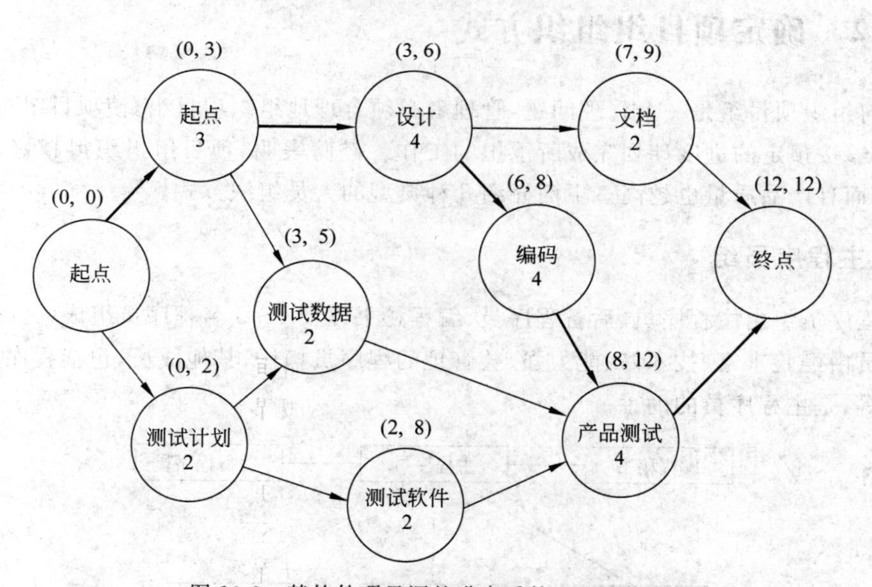

图 10-3 某软件项目调整进度后的工程网络图

关键开发活动中增加资源才会有效果。

10.5 人 员 组 织

10.5.1 确定项目组成员

软件开发项目组一般由项目负责人、系统分析员、高级程序员、程序员、初级程序员、资料员、测试人员、项目实施人员等组成。根据项目规模和成员能力的实际情况，有的人可以身兼数职，但职责必须明确。

(1) 项目负责人对软件项目全过程中的各个环节实行管理、监督、协调、培训、计划等工作。需要具有管理能力、决策能力、解决问题的能力和激励能力等。

(2) 系统分析员参与项目的需求调研、需求分析，负责项目的概要设计、算法设计，指导详细设计和开发。要求具有丰富的工作经验，是业务领域和技术领域的专家，有较强的沟通能力和分析能力，以及对突发事件的处理能力。

(3) 程序员根据设计师的设计成果进行具体编码工作，对自己的代码进行基本的单元测试。需要具备产品开发所需要基本技术、技能和熟练的编程能力。

(4) 测试人员制订测试计划和测试方案并对目标产品进行测试；编写测试用例和测试代码，发现和跟踪 bug 等。除了要求和开发人员具有相同的技术技能外，还应该熟悉测试理论和测试方法。

(5) 项目实施人员负责软件系统安装配置、系统割接、运行期间的维护工作。

10.5.2 确定项目组组织方式

如何组织项目组是一个管理问题，管理者必须合理地组织项目组，使项目组有较高生产率，能够按预定的进度计划完成所承担的工作。经验表明，项目组组织得越好，其生产率越高，而且产品质量也越高。下面介绍几种典型的人员组织方式。

1. 主程序员组

主程序员组由主程序员、后备程序员、编程秘书以及1～3名程序员组成(见图10-4)。主程序员由经验丰富、技术好、能力强、会管理的程序员担任，其他成员，包括程序员、后备程序员等，是主程序员的助手。

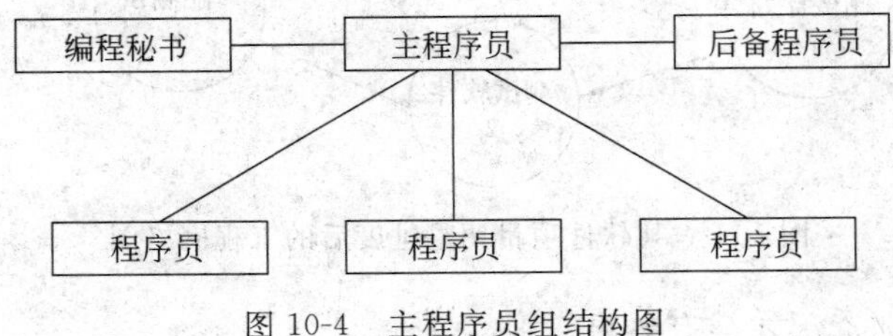

图10-4　主程序员组结构图

(1) 主程序员全面负责系统的设计、编码、测试和安装工作，协调和审查小组的全部技术活动。

(2) 后备程序员是主程序员的助手，必要时能代替主程序员领导小组的工作并保持工作的连续性。

(3) 程序员协助主程序员工作。

(4) 编程秘书负责保管和维护所有的软件文档资料、源代码、数据及所依附的各种磁介质；规范并收集可重用软件，对它们分类并提供检索机制；协助软件开发小组准备文档，对项目中的各种参数，如代码行、成本、工作进度等，进行估算；参与小组的管理、协调和软件配置的评估。

此外，软件开发小组还可以根据任务需要配备有关专业人员，如数据库设计人员、测试员等。这种组织形式的成败主要取决于主程序员的技术和管理水平。

2. 民主制程序员组

民主制程序员组的重要特点是组内成员人人平等，享有充分民主，组内问题均由集体讨论决定，通过协商做出技术决策。小组成员间的通信是平行的，如果一个小组有 n 个成员，则可能的通信信道有 $n(n-1)/2$ 条。这种组织形式有利于集思广益，互相取长补短，但工作效率比较低。

3. 现代程序员组

小组由项目经理、技术负责人和程序员组成。项目经理负责所有非技术的管理决策，技术负责人负责小组的技术活动。项目经理和技术负责人最好由一个人担任。现代程序员组结构如图 10-5 所示。

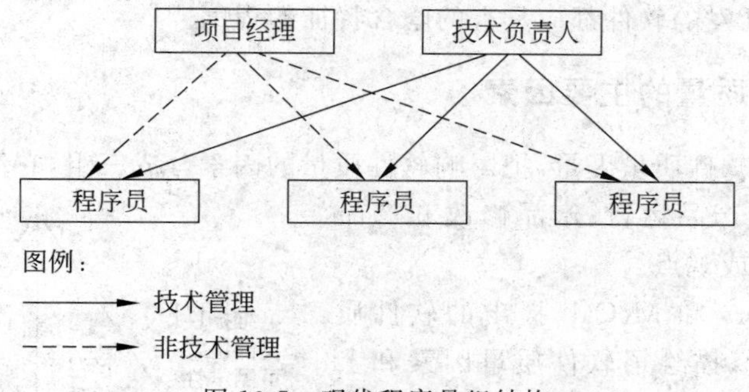

图 10-5　现代程序员组结构

当软件项目规模较大时，应该把程序员分成若干个小组，一般来讲，程序员小组人数以 2～5 人为宜。采用如图 10-6 所示的组织结构。

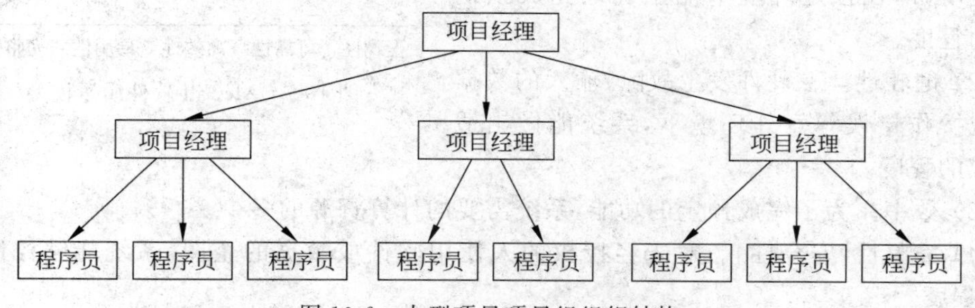

图 10-6　大型项目项目组组织结构

10.6 软件质量保证

质量是产品的生命，不论生产什么产品，质量都是极其重要的。软件产品开发周期长，耗费巨大的人力和物力，更必须特别注意保证质量。

10.6.1 软件质量

1. 软件质量概念

ISO8402定义："对用户在功能和性能方面需求的满足、对规定的标准和规范的遵循以及正规软件某些公认的应该具有的本质。"

ANSI/IEEE定义："与软件产品满足规定的和隐含的需求能力有关的特征和特性的全体。"

概括地说，软件质量就是"软件与明确地和隐含地定义的需求相一致的程度"。更具体地说，软件质量是软件符合明确地叙述的功能和性能需求、文档中明确描述的开发标准，以及所有专业开发的软件都应具有的隐含特征的程度。

2. 影响软件质量的主要因素

从管理角度对软件质量度量，把影响软件质量的因素分成三组，它们分别反映用户在使用软件产品时的产品运行、产品修改和产品转移三种不同倾向或观点。

1977年Walters和McCall提出的软件质量层次模型与度量，描绘了软件质量因素和上述三种倾向(或称为产品活动)之间的关系。McCall软件质量模型如图10-7所示。

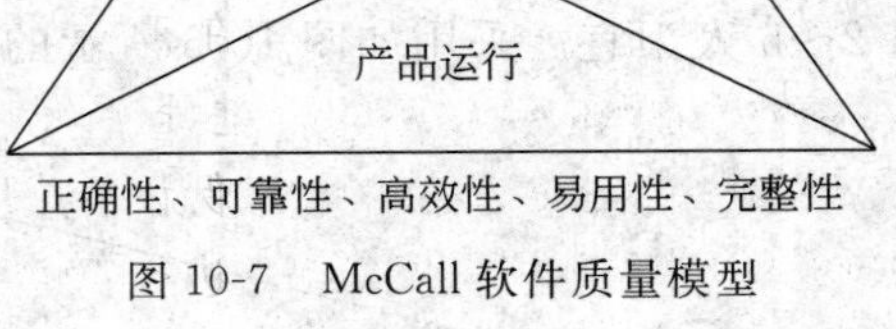

可维护性
灵活性
可测试性
产品修改
产品升级
可移植性
可重用性
互操作性
产品运行
正确性、可靠性、高效性、易用性、完整性

图10-7 McCall软件质量模型

(1) 正确性。系统满足规格说明和用户目标的程度，即在预定环境下能正确地完成预期功能的程度。

(2) 健壮性。在硬件发生故障、输入的数据无效或操作错误等意外环境下，系统能做出适当响应的程度。

(3) 效率。为了完成预定的功能，系统需要的计算资源的多少。

(4) 完整性(安全性)。对未经授权的人使用软件或数据的企图，系统能够控制(禁止)的程度。

(5) 可用性。系统在完成预定应该完成的功能时令人满意的程度。

(6) 风险。按预定的成本和进度把系统开发出来，并且为用户所满意的概率。

(7) 可理解性。理解和使用该系统的容易程度。

(8) 可维修性。诊断和改正在运行现场发现的错误所需要的工作量的大小。

(9) 灵活性(适应性)。修改或改进正在运行的系统需要的工作量的多少。

(10) 可测试性。软件容易测试的程度。

(11) 可移植性。把程序从一种硬件配置和(或)软件系统环境转移到另一种配置和环境时,需要的工作量多少。有一种定量度量的方法是:用原来程序设计和调试的成本除以移植时需用的费用。

(12) 可重用性。在其他应用中该程序可以被再次使用的程度(或范围)。

(13) 互操作性。把该系统和另一个系统结合起来需要的工作量的多少。

10.6.2 软件质量保证措施

软件质量保证(Software Quality Assurance,SQA)的措施如下。

(1) 采用保证质量的技术手段(方法、工具等)。如采用实行面向用户参与的快速开发原型系统、面向对象方法和可复用构件技术等。

(2) 进行正式的里程碑式的技术评审。在软件生命周期的每个阶段结束之前,都正式使用结束标准对该阶段的成果进行严格的技术审查,如果发现问题,就可以及时在阶段内解决。

(3) 全面测试。采用适当的手段,对系统调查、系统分析、系统设计、实现和文档进行全面测试。

(4) 推行软件工程标准。根据软件工程标准制定机构和标准适用的范围,将软件质量标准分为 5 个级别,即国际标准、国家标准、行业标准、企业标准和项目规范。

(5) 对软件的变更进行控制。通过给文档和程序文件编上版本号,记录每次的修改信息,使软件项目组的所有成员都了解文档和程序的修改过程。

(6) 对软件的质量进行度量。

(7) 对软件质量情况及时记录和报告。

国际标准化组织(International Standards Organization,ISO)公布的国际标准 ISO9000 强调质量并不是在产品检验中得到的,而是在生产的全过程中形成的。ISO9000 要求"在生产的全过程中,影响产品质量的所有因素都要始终处于受控状态"。ISO9000-3(质量管理和质量保证标准第三部分:在软件开发、供应和维护中的使用指南)阐述了供方和需方应该怎样进行有组织的质量管理活动,才能得到较为满意的软件产品;规定了从双方签订开发合同到设计、实现和维护的整个软件生命周期中应该实施的质量管理活动。为使软件产品达到质量要求,ISO9000-3 要求软件开发机构建立质量管理体系。ISO9000-3 标准中规定的各项质量活动都要求以文档作为各阶段活动的结果,文档在标准中占有十分重要的地位。我国国家标准《计算机软件质量保证计划规范》(GB/T 12504—1990)的制定参考了国际标准。

"ISO/IEC 12207 软件生命周期过程标准"是指导软件过程实施的一个标准,它从多个角度阐述了软件生命周期各个过程中的活动,对规范软件开发过程,协调各类人员之间的关系，都具有指导作用。

“ISO/IEC TR 15504 软件过程评估标准”是从过程评估的角度对软件过程进行规范的标准。它为软件过程评估提供了一个框架，并为实施评估以确保各种级别的一致性和可重复性提出了一个最小需求。该需求有助于保持评估结果前后一致，并提供证据证明其级别、验证与需求相符。这些标准的制定对软件工程起到了强有力的推动作用。

10.7 软件配置管理

在软件开发的过程中，变化（或称为变动）是不可避免的。如果不能适当地控制和管理变化，势必造成混乱并产生许多严重的错误。

软件配置（Software Configuration）是指软件产品在软件生存周期各个阶段产生的各种形式和各种版本的文档、数据、程序的集合。

软件配置管理（Software Configuration Management，SCM）是在软件整个生命期内管理变更的一组活动，目的是建立和维护在整个软件生命周期中软件项目产品的完整性和一致性。配置管理的主要工作包括标识、组织和控制修改，以最大限度地提高软件开发效率和质量。软件配置管理不同于软件维护。维护是在软件交付给用户使用后才发生的，而软件配置管理是在软件项目启动时就开始，并且一直持续到软件终止使用后才终止的一组跟踪和控制活动。

1. 基本概念

（1）软件配置项

软件配置项（Software Configuration Item，SCI）是软件过程输出程序（源代码和可执行程序）、描述程序的文档和数据全部信息。主要有系统规格说明书、软件项目规划、软件需求规格说明书、设计规格说明书（数据设计、总体结构设计、模块设计、界面设计、对象描述）、源代码清单、测试规格说明书、测试计划和过程、测试用例与测试结果、操作和安装手册、可执行程序（可执行程序模块、链接代码）、用户手册、维护文档等。

（2）基线

为了有效地控制变更，软件配置管理引入了“基线”（Basic Line）这一概念。

IEEE 对基线的定义是这样的：“已经正式通过复审和批准的某规约或产品，它因此可作为进一步开发的基础，并且只能通过正式的变化控制过程改变。”根据这个定义，把所有在软件的开发流程中需加以控制的配置项分为基线配置项和非基线配置项两类。基线配置项可能包括所有的设计文档和源程序等；非基线配置项可能包括项目的各类计划和报告等。

在软件配置项变成基线之前，可以迅速而非正式地修改它。一旦建立了基线之后，虽然仍然可以实现变化，但是，必须应用特定的、正式的过程（称为规程）来评估、实现和验证每个变化。

2. 软件配置管理主要任务

软件配置管理是软件质量保证的重要一环，它的主要任务是标识配置项、控制软件配置的全部变动(控制变更)、配置审计和报告配置状态。

(1) 标识配置项

为了控制和管理软件配置项，必须单独命名每个配置项，然后用面向对象方法组织它们。配置项应该被唯一标识，同时应该定义软件配置项的表达约定，一个项目可能有一种也可能有很多种的配置项标识定义，例如，文档类的、代码类的、工具类的配置项标识定义等，或者统一的规范定义。

(2) 控制变更

软件项目配置项可能由于种种原因会发生变更。变更如果没有得到很好的控制，就会产生很多的麻烦，以至于导致项目的失败。所以，变更应受到控制，这种变更要经配置控制委员会(可以是一个人也可以是一个小组，基本是由项目经理及其相关人员组成)授权，按照程序进行控制并记录修改的过程。变更控制过程包括变更请求、变更评估、变更批准或者驳回，以及批准后的变更实现。

进行变更时，首先填写变更请求表，提交给配置控制委员会，由配置控制委员会组织相关人员分析变更的影响，其中包括范围的影响、规模的影响、成本的影响、进度的影响等，根据分析的结果，决定是否同意变更，或者对变更的一部分提出意见。然后，项目经理根据批准的结果，指导项目组进行相应的修改，包括项目计划、需求、设计或者代码等相应的文档、数据、程序或环境等的修改。

(3) 配置审计

配置审计包括两方面的内容:“配置管理活动审计”和“基线审计”。“配置管理活动审计”用于确保项目组成员的所有配置管理活动，遵循已批准的软件配置管理方针和规程。“基线审计”是审核基线化软件工作产品的完整性和一致性，其目的是保证基线的配置项正确地构造并实现。基线的完整性可从以下几个方面考虑：基线库是否包括所有计划纳入的配置项；基线库中配置项自身的内容是否完整。此外，对于代码，要根据代码清单检查是否所有源文件都已存在于基线库中。同时，还要编译所有的源文件，检查是否可产生最终产品。一致性主要考察需求与设计以及设计与代码的一致关系，尤其在有变更发生时要检查所有受影响的部分是否都做了相应的变更。审核发现的不符合项要进行记录并跟踪，直到解决。

在某些情况下，配置审计被作为正式的技术审核的一部分，但当软件配置管理是一个正式的活动时，配置审计活动就应该由软件质量管理人员单独执行。

(4) 配置状态报告

配置状态报告是软件配置管理的一项任务。配置状态报告对于大型软件开发项目的成功起着至关重要的作用。它提高了所有开发人员之间的通信能力，避免了可能出现的不一致和冲突。配置状态报告的内容一般包括以下各项。

① 各变更请求概要：变更请求号、日期、申请人、状态、估计工作量、实际工作量、发行版本、变更结束日期。

② 基线库状态。

③ 发行信息。

④ 备份信息。

⑤ 配置管理工具状态。

⑥ 配置管理培训状态。

每次新分配一个配置项或更新一个已有配置项或更新一个已有配置项的标识，或者一项变更申请被变更控制负责人批准，并给出了一个工程变更顺序时，在配置状态报告中就要增加一条变更记录条目，一旦进行了配置审计，其结果也应该写入报告中。配置状态报告可以放在一个联机数据库中，以便开发人员或者维护人员可以对它进行查询或修改。此外在配置报告中新记录的变更应当及时通知给管理人员和其他工程师。

10.8 软件工程文档的编写

为了保证软件项目开发成功，便于运行和维护，在开发工作的每一阶段，都需要编制一定的文档。这些文档是计算机软件中不可缺少的组成部分，它的作用是：开发人员阶段性的工作成果和结束标志；向管理人员提供软件开发过程中的进展和情况，提高软件开发过程的能见度；记录开发过程中的技术信息，便于使用和维护；提供软件运行、维护和使用的信息；介绍软件的功能和性能等。

在软件生存周期内，《计算机软件文档编制规范》(GB/T 8567—2006)要求编写的文档如下。

可行性分析(研究)报告、软件(或项目)开发计划、软件需求规格说明、接口需求规格说明、系统/子系统设计(结构设计)说明、软件(结构)设计说明、接口设计说明、数据库(顶层)设计说明、(软件)用户手册、操作手册、测试计划、测试报告、软件配置管理计划、软件质量保证计划、开发进度月报、项目开发总结报告、软件产品规格说明和软件版本说明等。

这些文档从使用的角度可分为用户文档和开发文档两大类。其中，用户文档必须交给用户。用户应该得到的文档的种类和规模由供应者与用户之间签订的合同规定。

在可行性分析(研究)与计划阶段内，要确定该软件的开发目标和总的要求，要进行可行性分析、投资—收益分析、制订开发计划，并完成可行性分析报告、开发计划等文档。

在需求分析阶段内，由系统分析人员对被设计的系统进行系统分析，确定对该软件的各项功能、性能需求和设计约束，确定对文档编制的要求，作为本阶段工作的结果，一般来说软件需求规格说明(也称为软件需求说明或软件规格说明)、数据要求说明和初步的用户手册应该编写出来。

在设计阶段内，系统设计人员和程序设计人员应该在反复理解软件需求的基础上，提出多个设计，分析每个设计能履行的功能并进行相互比较，最后确定一个设计，包括该软件的结构、模块的划分、功能的分配，以及处理流程。在被设计系统比较复杂的情况下，设计阶段应分解成概要设计阶段和详细设计阶段两个步骤。在一般情况下，应完成的文档包括：结构设计说明、详细设计说明和测试计划初稿。

在实现阶段内，要完成源程序的编码、编译(或汇编)和排错调试得到无语法错误的程序清单，要开始编写进度日报、周报和月报(是否要有日报或周报，取决于项目的重要性和规模)，并且要完成用户手册、操作手册等面向用户的文档的编写工作，还要完成测试计划的编制。

在测试阶段：该程序将被全面地测试，已编制的文档将被检查审阅。一般要完成测试分析报告。作为开发工作的结束，所生产的程序、文档以及开发工作本身将逐项被评价，最后写出项目开发总结报告。

在整个开发过程中(即前几个阶段中)，开发集体要按月编写开发进度月报。

这些文档分别由不同人员使用。

管理人员使用的文档有：可行性研究报告、项目开发计划、软件配置管理计划、软件质量保证计划、开发进度月报和项目开发总结报告。

开发人员使用的文档有：可行性研究报告、项目开发计划、软件需求规格说明、接口需求规格说明、软件设计说明、接口设计说明书、数据库设计说明、测试计划和测试分析报告。

维护人员使用的文档有：软件需求规格说明、接口需求规格说明、软件设计说明、测试分析报告。

用户使用的文档有：软件产品规格说明、软件版本说明、用户手册和操作手册。

10.9 软件项目管理计划

“IEEE1058.1 软件项目管理计划标准”中规定，一个软件项目管理计划主要由三部分组成：要做的工作、要用的资源、要花的经费。

“IEEE1058.1 软件项目管理计划标准”的软件项目管理计划内容如下。

1. 引言

(1) 项目概览

简要地描述项目目标、要交付的产品、有关活动及其工作产品。此外，还要列出里程碑、所需的资源、主要的进度以及主要预算。

(2) 项目交付

列出所有要交付给客户的软件配置项和交付的日期。

(3) 软件项目管理计划的演变

在这部分描述改变计划的正式规程和机制。

(4) 参考资料

在这部分列出软件项目管理计划引用的所有参考文档。

(5) 术语定义和缩写词

这些信息确保每个人都能以同样方式理解软件项目管理计划。

2. 项目组织

从软件过程的角度和开发者的组织结构的角度，说明了产品是怎样开发的。

(1) 过程模型

过程模型的关键内容有里程碑、基线、评审、工作产品以及可交付性。

(2) 组织结构

描述开发组织的管理结构。在组织中划定权限和明确责任是很重要的。

(3) 组织的边界和界面

在许多软件组织内部包含两种类型的组织：完成特定开发项目的开发组和起支持作用的支持组(例如配置管理组和 SQA 组)。如果本项目有支持组介入，则项目组和支持组之间的行政、管理界线必须清楚地定义。

(4) 项目责任

针对每个项目职责(例如 SQA)和每项活动(例如产品测试)，必须明确地指定好个人的责任。

3. 管理过程

(1) 管理的目标和优先级

描述管理的原理、目标和优先级。

(2) 假设、依赖性和约束

列出在规格说明文档及其他文档中包含的所有假设、依赖性和约束。

(3) 风险管理

列出项目中存在的多种风险因素和跟踪风险的机制。

(4) 监督和控制机制

详细地描述项目报告机制，包括复查和审计机制。

(5) 人员计划

列出所需人员的类型和数量，并且指明需要他们参与工作的时间。

4. 技术过程

(1) 方法、工具和技术。

详细地描述有关软件和硬件的技术方面，应该覆盖的内容包括：开发产品所用的计算机系统(硬件、操作系统和软件)，以及产品运行的目标系统。其他需要描述的内容有：所用的开发技术、测试技术、开发小组的结构、编程语言和 CASE 工具。此外，也应该包括技术标准，比如文档标准和编码标准，以及可能参考的其他文档，还有开发和修改工作产品的过程。

(2) 软件文档。

(3) 项目支持功能。

给出关于支持功能(例如配置管理和质量保证)的详细计划，包括测试计划。

5. 工作包、进度和预算

（1）工作包。详细说明工作包，并把与之相关的工作产品分解为活动和任务。

（2）依赖性。模块编码是在设计之后，集成测试之前进行的。一般来说，工作包之间有相互依赖性，并且依赖于外部事件。

（3）资源需求。

（4）预算和资源分配。

（5）进度表。对项目的各个部分都制订一个详细的进度表，然后确定主计划，以便在预算之内按时完成项目。

6. 附加部分

对于特定的项目，可能需要在项目计划中再增加一些内容。根据IEEE结构框架，把这些附加的内容列在一个计划的最后。附加的部分可能包括转包商管理计划、安全计划、测试计划、培训计划、硬件采购计划、安装计划和产品维护计划等。

10.10 习题

1. 简答题

（1）软件配置管理主要任务是什么？

（2）软件项目管理的主要任务是什么？项目管理的原则有哪些？

（3）衡量软件项目成功的主要指标有哪些？

（4）软件开发工作量分配的一般原则是什么？

（5）软件开发项目组一般由哪些人员组成？

（6）影响软件质量的因素有哪些？

（7）保证软件质量的措施有哪些？

2. 操作题

制订目标系统软件项目管理计划，以项目组为单位提交。

3. 名称解释

软件项目管理，主程序员组，民主制程序员组，现代程序员组，软件质量，软件配置项，基线。

参考文献

[1] 张海藩.软件工程导论[M].4 版.北京：清华大学出版社，2003.

[2] 陆惠恩.软件工程[M].北京：人民邮电出版社，2008.

[3] Joseph Schmuller . UML 基础、案例与应用[M]. 3 版. 李虎，赵龙刚，译.北京：人民邮电出版社，2004.

[4] 张京.面向对象软件工程与 UML[M].北京：人民邮电出版社，2008.

[5] 刘振安，董兰芳，刘艳群.面向对象技术与 UML[M].北京：机械工业出版社，2008.

[6] 彭晓青. MVC 模式的应用架构系统的研究与实现[D].上海：华东师范大学，2007.

[7] 王少锋.面向对象技术 UML 教程[M].北京：清华大学出版社，2004.

[8] 邓良松，刘海岩，陆丽娜.软件工程[M].西安：西安电子科技大学出版社，2004.

[9] 陆惠恩.实用软件工程[M].北京：清华大学出版社，2006.

[10] 郑人杰，殷人昆，陶永雷.实用软件工程[M].2 版.北京：清华大学出版社，1997.

[11] 计算机软件工程规范国家标准汇编 2003[S].北京：中国标准出版社，2003.

[12] 中国国家标准化管理委员会.计算机软件文档编制规范 GB/T 8567—2006[S].北京：中国标准化出版社，2006.